2024.2.

虛擬現實的哲學探險

翟振明　著

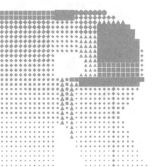

開明書店

序言一

翟振明教授的這本著作對於虛擬現實領域來說，是一本具有開創性的著作，在我看來，這本書既是屬於歷史的，也是屬於未來的。

之所以說這本書是屬於歷史的，緣其英文版出於 1998 年，當時虛擬現實技術尚不成熟，虛擬現實商用環境更遠未形成，該作即採用科學技術哲學方法對虛擬現實進行了深刻的思考，論述了虛擬現實是什麼，以及將如何改變人類未來生活等根本性問題，在國內虛擬現實領域起到了啟蒙作用。

Gartner 公司每年都發佈一次新興技術成熟度曲線。這條曲線的橫軸是技術所處的階段，縱軸是市場預期，曲線有兩個波峰。新興技術一般都會從曲線的最左側開始，經歷一輪飛速的市場預期膨脹，即我們所說的「innovation trigger」階段，在這個階段，隨着新興技術研究成為學術熱點，媒體與資本會接踵而至，並往往將新興技術推向輿論與資本估值的高峰。在被資本市場過度認知後，新興技術難以避免地會經歷一次資本市場破滅，之後進入爬坡階段，並逐步走向成熟，這是新興技術發展的規律。

虛擬現實技術第一次出現在這條曲線上是 2008 年。彼時，該書的英文版則已經面世十年，為後來者普及了很多概念，並成功地預言了不少技術應用的場景。二十多年來，當初的一些概念已經從大眾無法理解的「科幻」，成為了我們日常生活中處處可見的「科技」，這本書既開了時代的先河，又是那個時代的見證。

二十多年來，中文的技術語言環境也發生了改變，有些原來沒有約定俗成譯法的專業詞彙，現在已經成了標準術語，但本書基本保持了原版的語言風格，這可能會讓當下的從業者讀來有些距離感，但這也是時代的烙印，別有趣味。對那個時代的技術從業者來說，這本書打開了一扇窗口，帶來了一個全新的世界，在這個意義上，這本書是屬於歷史的。

同時，這本書也是屬於未來的。今天的虛擬現實技術，已經邁過技術成熟度曲線的第一個高峰，結束了資本祛魅階段，產業發展進入了爬坡期，穩步向着第二個高峰攀登。虛擬現實的時代已經浮現在我們眼前。然而這本書所涉及的核心內容，從科學技術哲學的視野來說，已遠遠走到了曲線的右側。它描繪了虛擬現實技術高度商業化，深深浸蘊乃至超越了我們的生活之後，會給人類社會帶來怎樣的改變。

當我們的生活、繁衍、工作都處於虛擬幻境中後，我們該如何面對我們虛擬世界與自然環境的關係，我們要如何處理「人」與「人」，或者我們與自己的關係？我們技術工作者、商業投資者可以將人類帶入到這個時代，但是對於進入到這個時代以後會發生什麼，我們很少考慮。

在那個商用計算機還是「奔騰機」，虛擬現實還停留在科幻小說裏的時代，翟振明教授勾勒出一個在如今 5G 網絡支持下可能實現的技術環境。這充分地體現了他的哲學專業素養，特別是利用思想實驗推演複雜問題的能力。長年的哲學訓練，使他能夠在頭腦中以實驗的方式展開理性思維活動，經縝密的邏輯推理，構建出一個個超前於時代的推論。

有的思想實驗易於驗證，比如伽利略的重力實驗。翟老師的書中就有很多在現有技術條件下便於驗證的思想實驗，例如書中兩個人通過外接設備「交換身體」的例子，翟老師正是從這個例子出發，演繹出了一套複雜的虛擬社區的交互邏輯，乃至觸及了更為廣闊的虛擬與真實的關係。有的思想實驗卻不易驗證，比如人工智能領域的「中文房間」，還有著名的「缸中之腦」。對於前者，AI 技術正在逐步接近這個思想實驗所要求的實驗條件，而後者在可預見的未來都無法有效地在現實中實現模擬。而這正是翟老師所關注的一類核心問題。

　　科學需要大膽推論，小心求證，而求證往往需要一定的技術水平支持，這也是為什麼很多智者的思想能跨越千年的歲月，卻無法在當時帶來有效的生產力提升。可喜的是，我們在 VR 領域的技術發展，正在以前所未有的速度逼近本書所描繪的那個世界。所以，從這個角度來說，本書是屬於未來的，而且是並不遙遠的未來。

　　賴欣巴哈在他的《科學哲學的興起》一書中說：「科學哲學在我們時代的科學裏已找到了工具去解決那些在早先只是猜想對象的問題」，「科學哲學用邏輯分析方法達到像我們今天的科學結果那樣精確、完備、可靠的結論。它堅持真理問題必須在哲學中提出，其意義與在科學中提出一樣。」我想說的是，從某一科學技術領域的創新進步，到一個國家發展成為創新型國家，都必須加大科技投入、匯聚創新人才、完善創新體系。同樣不可或缺的，是科普事業和科學技術哲學的繁榮，以及培育創新文化。

　　是為序。

中國工程院院士

2020 年 7 月

六根重塑

—— 元宇宙的盛宴？

　　過去十年來，與人工智能相比，虛擬現實（VR）的熱度，似乎沒那麼高。這個詞或許是整個 IT、互聯網領域預熱時間最為漫長的一個。直到 2021 年 3 月，美國沙盒遊戲廠商 Roblox 將它寫入自己的招股說明書，繼而臉書（Facebook）將公司名字改成 Meta（元宇宙），虛擬現實這個詞語隨之火爆全球，也成為理解元宇宙的入門級概念。

　　人們接觸 VR，更多是從遊樂場、科技館，或者博覽會的展台上，戴上 VR 頭盔，玩一把虛擬賽車、滑雪、登山，體驗心跳加速的感覺，發出陣陣尖叫。

　　與大把大把的 AI 應用，比如機器翻譯、語音識別、面部識別、無人機、自動駕駛，還有各式各樣的智能機器人相比，虛擬現實似乎更多還是玩具，是用來炫酷的。當然，越來越多驚豔非凡的虛擬現實畫面，是通過科幻大片呈現的，也着實讓人刺激得感到腦仁兒疼。

　　不過，元宇宙這個概念大不一樣。這個「概念筐子」把虛擬現實、人工智能、區塊鏈、物聯網、大數據等高科技名詞一網打盡，以「聚合框架」的形態，聚焦符號表徵、計算、交互、具身性、沉浸體驗等數字世界建構的基礎技術，擺出一副「重塑現實」「重塑認知」「重塑世界」的駭人姿態，

致力於構建與實體世界相互連通、相互影響、相互塑造的數字世界。

2021 年後半年至今，元宇宙的概念名聲大振。一時間，元宇宙攪動商圈、資本圈、媒體圈，多部元宇宙相關圖書出版，眾多元宇宙相關公司誕生，一波元宇宙概念股藉勢飛漲，連篇累牘的峰會演講呼嘯而至，一大批元宇宙題材的項目上馬，而且被寫入了各級智慧城市、智慧園區、智慧產業的發展規劃，大有 25 年前互聯網初期橫掃一切的氣勢。元宇宙到底是什麼？在眾說紛紜之間，靜心閱讀翟教授的這部富有原創思想的著作，或可打開更大的探索空間。

翟振明教授的這本書，最鮮明的特點並非在虛擬現實、元宇宙等概念之上填火加薪，而是從底層思想領悟虛實之間的「無縫穿行」，以及心靈、身體、意識、終極關懷、交叉通靈、自我認知、主體性、因果性等重要哲學思想的無窮魅力；更重要的是，探討和闡釋虛實世界的基本原理，以及被大大激發的「造世」浪潮所應遵循的「造世倫理學」。

在高技術、高感知時代，技術思想的「驚悚」程度，絲毫不亞於一場科幻大片。溫馨提醒您，繫好安全帶，深吸一口氣，細細品味。

「虛擬現實」的重生

「其實，元宇宙就是我所謂的擴展現實（ER）。」這是 2021 年 5 月 1 日，翟振明教授在微信上發給我的一句話。

「擴展現實」是翟老師持續研究 VR/AR（虛擬現實 / 增強現實）二十餘年後提出的一個核心概念，它不只是對現實的模擬、延伸，更是虛實互鑒、交叉融合。在元宇宙概念名聲日盛的當下，翟振明教授的這本書可謂正當其時。

2016 年 1 月 8 日，我在北京見到翟教授，得知教授在騰訊公司等機構的資助下，設立了中山大學虛擬現實實驗室。我能感受到教授言談間充滿激情，但同時也有一絲隱憂。當時他還沒有提出擴展現實的概念，不過研究的方向和思路是十分清晰的，用教授的話說，就是「探索虛擬現實最

大可能的邊界」。

2018 年 11 月，我邀請翟教授參加第二屆互聯網思想界大會並發表演講，方知教授經歷了一年的病痛折磨，正處於恢復中。後來，令人欣喜的是，教授除了馬不停蹄地展開對虛擬現實的研究，並獲得了 VR 頭盔、3D 視覺成像眼鏡、VR 投影成像系統等多項專利之外，開始迷上了數字繪畫，他的多幅數字藝術作品，在這兩年火爆的 NFT（「非同質化通證」）上售賣，並在 2020 年度第四屆互聯網思想者大會上展示。

我答應為翟教授撰寫的推薦序，從兩年前的第一稿，也多次輾轉修改，直到「撞上了」當下流行的這個詞：元宇宙。

主體性：虛擬現實的起點

翟振明教授是哲學博士科班出身，1993 年獲美國肯塔基大學哲學博士。他研究虛擬現實，更多是從哲學視角來看的。比如他關心的核心問題就是：如果「虛」和「實」可以無縫穿越了 —— 這正是翟教授在中山大學設立 VR 實驗室所做的工作 —— 這對人意味着什麼？二十多年前，翟教授的論斷就很清晰：人與技術的關係將陷入一種互相浸蘊（immersion）的狀態，「使得我們第一次能夠在本體層面上直接重構我們自己的存在。」

換句話說，教授在嚴肅地思考並研究虛和實的「邊界」問題。這既是一個複雜的技術問題，當然也是一個板板正正的哲學問題。

對人的主體性的關注，是西方哲學兩千年的主脈。從柏拉圖開始一路到康德，西方古典哲學始終在追問「我是誰？」的問題。答案自然五花八門、流派眾多，而且迄今為止這一難題非但沒有答案，反倒越弄越複雜了。

350 年前的法國思想家笛卡爾曾經為這個問題萬分糾結：我怎麼才能證明我自己的存在？藉助「夢境分析」，笛卡爾最終整出一個金句：「我思故我在」。當然，影響後世的還不是這個金句（這個金句太多人都能脫口而出），而是笛卡爾創立的「思維方法」，人稱「主體與客體的兩分法」。簡單說，就是在笛卡爾看來，橫亙在主體、客體之間的邊界是清晰的。

　　兩分法可謂塑造了此後數百年人們看待世界、思考問題的基本框架。稍微想一想，可不是這麼回事嘛！一個人，比如您，站在這裏，眼觀六路，耳聽八方，感知着周遭世界，盤算着、思忖着，與這個世界打着交道。這個世界就明晃晃地擺在那裏，那可是「客觀存在」啊，不管您看或者不看，「世界」就在那裏。

　　當然哲學家眼裏的世界，要比各位讀者朋友眼裏的世界複雜得多。「主體性」的問題這個挑戰，在真正的哲學家眼裏從未斷過。「忒修斯之船」就是一樁典型的公案。這一公案說的其實是「萬物流變」——用中國話說，是「抽刀斷水水更流」，或者「子在川上曰，逝者如斯夫，不捨晝夜」。翻譯成大白話，就是「太陽每天都是新的」，或者「每一秒鐘的您都與眾不同」。

　　說這些閑話，其實是想說，不管各位對哲學有多深的造詣、多濃的興趣，「主體性」這一問題是一個迄今為止仍然說不清道不明的問題。笛卡爾的兩分法簡單又奏效，且頑固地植入到人們的思想底層。不過，在過去的 100 年裏，它正被漸漸破拆。

　　憑着中學課本裏講過的相對論、量子力學常識，很多人都明白了一件事，就是「觀察者視角」，這比笛卡爾那個單純的「主客兩分」又複雜了一個數量級。因為，當您意識到有「觀察者視角」這回事的時候，其實心中已經悄然植入了比「觀察者視角」更高的視角，暫且稱之為「上帝視角」。用卞之琳的詩，就是「你站在橋上看風景，看風景的人在樓上看你。」

　　胡塞爾的現象學之後，一些哲學家將主體的問題暫時「懸置」起來（因為這道題實在是太難了）。哲學家開始回到現象本身。這時候，哲學家思考問題的角度，與笛卡爾「旁觀式」的姿態相比，已經有了巨大的變化。哲學家在思考「主體進入客體」的可能性（或者反過來，客體進入主體的可能性）；比如海德格爾，就試圖用精妙的語言，描述、辨認被拋來拋去的、千變萬化的「主體」，以及在上下翻騰、糾纏不休的存在——這一刻的存在以及稍縱即逝、面目全非的無數個此在之間說也說不清的

關係。

　　沒辦法，西方哲學就是這樣。東方哲學的表述不是這樣的。東方哲學若面對這種令人輾轉反側的話題，便不是把酒臨風、吟詩作賦，就是結跏趺坐、面壁不語了。

　　話說回來，不管西方哲學如何流派繁多，我們也不得不承認笛卡爾「兩分法」的思想底座還是太強悍了。在主體和客體之間劃了一條清晰的邊界，以便能「把持住」這個世界，依然是各位觀者揮之不去的樸素情懷。

　　這件事，是翟教授哲學思考的起點。幫助他進行驚險的哲學思考的得力工具，就是這個 VR —— 虛擬現實。

意識與體驗：虛擬現實的難點

　　意識問題是「身心問題」的核心。自打笛卡爾確立「主客兩分」的世界模型之後，身心問題糾纏了人們 300 餘年，迄今不能釋然。

　　美國哲學家大衛・查爾默斯（David John Chalmers，1966 — ）是一位「60 後」，作為哲學家他可謂年少成名。在不到 30 歲的年齡，他就留下了一個迄今都知名度很高的哲學名詞：「意識的難問題」，這在哲學家裏還是比較罕見的。這個問題說來簡單：查爾默斯只不過把「意識問題」一刀分為兩類：一類可以通過測量、實驗、分解、還原來探測意識活動相關的大腦、神經元、肌肉、行為等的所謂「實證分析」，這個是「意識的易問題」；剩下的就是「意識的難問題」。在查爾默斯看來，「意識的易問題」回答的只不過是意識的「處理過程」，刻畫的是乾巴巴的「工作機理」，但這些刻畫遠不能回答人的體驗、感知、意義，以及「如何從這些生理與行為數據、生物與電信號中『湧現』出來」的「難問題」。

　　當然，對這個問題的回答，首先有一個立場問題：虛擬現實到底是「真實」的，還是「虛幻」的？對這個問題的回答自然五花八門。在查爾默斯看來，翟振明 1998 年出版的那本 *Get Real* 所詮釋的「無縫穿越」，與著名英國哲學家、大主教貝克萊（George Berkeley, 1685－1753）的「存

在就是被感知」，以及美國哲學家普特南（Hilary Whitehall Putnam,1926－2016）的「缸中之腦」隱喻，說的是同一回事，就是虛擬現實並不比現實更加虛擬。順便說，查爾默斯 2022 年的新著《現實＋：虛擬世界和哲學問題》（*Reality+: Virtual Worlds and the Problems of Philosophy*）對此有深入的評述，當然他不同意這種觀點，他認為現實依然是更為基本的存在。

思考這些艱澀深邃的問題，自然是哲學家所擅長的。

技術變革影響世界的程度，已經遠遠超過了工具理性的範疇。在技術飛速發展的今天，人們對哲學、對思想的渴望就更加急迫，這種「急迫性」更體現出將思想轉化為行動的熱情。200 年前西方啟蒙運動之後的哲學家們，漸漸認識到「以往的哲學致力於解釋世界，而今天的哲學則致力於改造世界」。從古希臘到康德、黑格爾的古典體系，總是試圖給出關於整個世界的完滿認識的哲學姿態，已經遠遠不夠了。翟教授一邊做着實驗，一邊進行他對「虛實困境」的哲學思考。他把這一困境稱作「造世倫理學」「造世大憲章」。

虛擬現實的危險是什麼？就是「界限消失」（1985 年發表「賽博格宣言」的哲學家唐娜‧哈拉維也是這個觀點，認為賽博格將導致「界限消失」）。用我這些年講述「認知重啟」課程的話說，就是「六根重塑」。技術深度介入世界的後果，就是人的感官被大大重構。我們所見、所感的世界，早已不是純粹的「第一自然」，而是「第二自然」甚至「第三自然」。

如果還是沿用笛卡爾的「兩分法」看世界，就會感到莫名的困惑和焦慮：過去硬邦邦、明晃晃的「主客分界線」，是這個世界平穩運轉的保證，也是主客之間不可逾越之門。但是今天，至少這個門被打開了，甚至被拆掉了。

今天談論前沿科技，往往會彈出一長串技術名詞：5G、物聯網、大數據、人工智能、機器人、虛擬現實，如果再加上神經網絡、基因編輯、腦機接口，那就更不得了。這些名詞背後的技術聚合起來，這個世界的面貌必然大變。翟教授將這一畫面，描述為三個層級：最底層的是物聯網為核心的冷冰冰的網絡；中間是「主從機器人的遙距操作」，也就是交互層；

上面還有一層，就是虛擬現實環境下的人際網絡。

這就是說，未來我們可能會告別今天這個熟悉的世界：和煦的風，狂暴的雨，嘈雜的鬧市，寧靜的泊船……畫面還是那個畫面，但你知道這一畫面中，有多少添加劑，多少合成物，摻入了多少劑量的代碼調製？

翟教授的思考，就站在這一畫面的邊緣處。在他眼裏，這個世界不但是危險的，而且可能是「邪惡」的。或者換一個委婉的說法是，這個世界具備相當的「邪惡的可能性」。

為什麼？因為這個世界將摧毀自由意志，摧毀人。與諸多具有人文情懷的工程師、科學家一樣，翟教授堅定地認為，他之所以做這些實驗，觸碰虛擬現實的「危險邊緣」，甚至申報技術專利，是希望「捍衛人的尊嚴」，希望像古羅馬的門神雅努斯那樣，守望過去，祈禱未來。萬丈深淵的邊界，善惡的分水嶺在哪裏？他沒有畫地為牢，作出一元論或者二元論的假設（這恰恰是西方文化數千年爭執不休的一個元問題），他內心只有一個願望：為萬丈深淵的邊緣，插上警示牌。

這場元宇宙的「盛宴」，似乎正行走在某種「深淵」的邊緣。

無縫穿越：真正的危險邊緣

頭盔是虛擬現實的標誌性裝備。如果從美國計算機科學家、工程師薩瑟蘭（Ivan Edward Sutherland，1938 — ）發明第一款可跟蹤頭盔算起，虛擬現實的起源，比互聯網的前身阿帕網還要早一年，即 1968 年。數十年裏，虛擬現實主要還是用在遊戲、仿真等場景，作為工具來使用的，是人的感官的延伸；但今非昔比，如今的虛擬現實已經使人們可以穿越虛實邊界，進入有無之境。翟教授 2016 年設立實驗室的目的，正在於從技術上探索這種「無縫穿越」，可能對人的情緒、心智、認知帶來哪些令人震撼的衝擊和影響。如果說巨大的「衝擊」在探查技術邊界的話，那麼對深遠「影響」的思考，就屬於哲學範疇了。

這是真正的危險邊緣。

科幻大片總是給人們展現各種超越當下物理定律的景觀，典型的就是時空隧道。人們對黑洞、星際旅行、時空隧道總是充滿好奇和激情。在技術手段還十分匱乏的年代，科幻作者們就曾設想過時空穿梭機。不過，那畢竟是科幻大片的藝術展現。在翟教授的實驗室裏，這種被稱作「交叉通靈境況」的穿越，還真是「嚇」到了不少參訪者。

人們對當今的「黑科技」最大的恐懼和擔憂，就在於我們可能被某種不可知的力量所操控。從技術角度看，這是完全有可能的。這種可能性，體現在兩點：一點是虛擬現實提供的。虛擬現實可以深度侵入人的感官系統，重塑人的感知界面，達到「以假亂真」的境地，也就是翟教授說的「無縫穿越」。另一點是代碼化。所有的數字裝置，都依賴開放編碼來運轉。這些代碼可能是事先寫好的，也可能是動態生成的，還可能根本就像「被污染」的紙巾一樣，是「粘」到乾淨的代碼片段上的。這兩點讓無論是專業人士，還是吃瓜群眾，都對技術驅使下的未來世界，既充滿好奇，也充滿恐懼。

六根重塑：亟待探索的造世倫理學

這本書的導言，開宗明義地提出了一個重要的問題，值得抄錄於下：

> 以往的技術已經在很大程度上幫助我們創造了歷史，我們製造了強有力的工具來操縱自然和社會過程：錘子和螺絲刀、汽車和飛機、電話和電視以及其他東西。它們之所以是「工具」，是因為它們是獨立於我們的，對它們的使用通常不會影響我們感知世界的基本方式。無論是否被使用，一個錘子始終是客觀世界中的一個錘子。當我們撿起它來並揮動它時，它不會消失或者變成我們的一部分。當然，在這個被工具影響了的環境中，作為製造和使用這些工具的結果，我們這些工具的主人在社會－心理層面上也改變了我們的自我感知方式以及對我們的同類夥伴的感知方式；就像一個陷入自設陷阱中的獵熊者，我們有時甚至成為我們自己的工具的犧牲品。

翟振明早期曾與一位人工智能大師討論過，這位大師的名字叫赫伯特‧亞歷山大‧西蒙（Herbert Alexander Simon，1916－2001，1975年圖靈獎得主，1978年獲諾貝爾經濟學獎）。電腦與網絡技術深度介入我們的生活，技術的造物確如翟教授所描述的那樣，總體上形成了一個外在的世界，任我們驅使、拆解、重組。新的工具出現後，情形大不一樣了。

　　由於虛擬現實的出現，我們與技術的關係發生了劇烈的轉變。同先前的所有技術相反，虛擬現實顛覆了整個過程的邏輯。一旦我們進入虛擬現實的世界，虛擬現實技術將重新配置整個經驗世界的框架，我們把技術當成一個獨立物體 —— 或「工具」—— 的感覺就消失了。這樣一個沉浸狀態，使得我們第一次能夠在本體層次上直接重構我們自己的存在。僅當此後，我們才能在這一新創造的世界裏將自己投身於這種製造和使用工具的迷人的方式中。

翟教授的論斷很清晰，人與技術的關係將陷入一種互相浸蘊的狀態，「使得我們第一次能夠在本體層面上直接重構我們自己的存在」。這是一個大膽的判斷。不過且慢，在這一點上，千萬別以為翟教授的觀點與時下流行於世的「改造、重組生命」的豪情沒什麼區別，其實二者區別很大。翟教授所說的「重構對象」，是作為「主體的存在」，而流行觀點所言的量子力學、生命科學的目的，則在於「增強人對這個世界的掌控能力」。一個是將「自我」作為標靶，而另一個則依然把「自我」當作控制萬物的中心。

　　這些流行觀點展現出的豪情，其骨子裏的邏輯是笛卡爾式的，他們虔信科學至上主義，並虔信科學是「人作為自然的主人」的最有效、最直接的證據。現代高科技商人們最喜歡的，就是這種情態，因為這個版本以科學的正當性和有效性，強力地支援了新經濟、新財富的正當性和合法性，簡直是神諭。

　　翟教授的觀點不同，他只是看到了這樣一種交融的勢頭在加劇，這種主體與客體之間無可阻擋的交融，就像當年物理學家德布羅意發現波粒二象性一樣，完全擊碎了幾百年來的波與粒子各居一隅的情態，非把這兩樣勢同水火的狀態攪在一起，讓人心煩。

　　人與人的造物，彼此浸蘊、滲透，幾百年以來高揚着現代科技代表文明進步的龐大基石開始軟化、移動，甚至顯露出冰融跡象。

意義問題：一個不能缺席的話語場

　　翟教授這本書令我眼界大開，也心潮難平，附錄特別講述了他在中山大學期間所做的「實踐」。教授的實踐過程，可以說不但漂亮地驗證了他 20 多年前對虛擬現實的諸多思考，更拓展了視野，增加了不少倫理學的、政治學的視角。

　　在我看來，本書最為重要的意義是兩個：一個是它提出並深化了這個重要的問題，就是隨着技術的發展，隨着虛實邊界的消弭，這個世界「墮落」的可能性有多大？另一重意義，我覺得是暗含的，即教授作為東方文化背景的哲學家，他在思考這一問題的時候，所指向的希望的路徑，是東西方文化的對話。

　　這些年，在對未來世界進行預測時，出現的悲觀論調其實已經不少了。比如翟教授在書中一再批評的馬斯克的「腦機接口」。其實馬斯克本人在這一問題上也異常分裂。他一邊義無反顧地試驗着各種大腦植入芯片的可能性，另一邊對未來世界極度擔憂，甚至認為「人工智能可能在五年內接管人類」。另一位當紅歷史學家，以色列的「70 後」歷史學教授赫拉利，在《未來簡史》中宣稱，99% 的人在高科技面前都會蛻化為「無用之人」。這個說法其實並非赫拉利首創。1995 年 9 月，在美國舊金山費爾蒙特大飯店，聚集了 500 位世界級的政治家、商界領袖和科學家，他們所描繪的人類「正在轉入的新文明」中，有一個重要的特徵，就是「在下個世紀（即 21 世紀），啟用佔勞動能力居民的 20% 就足以維持世界經濟的繁

榮。」那麼剩下的 80% 的人幹嘛呢？美國政治家布熱津斯基還專門用一個詞表達這層意思：「靠餵奶生活（tittytainment）」。今天人們更熟悉的說法叫「奶頭樂」（參見《全球化陷阱：對民主和福利的進攻》）。

當越來越多的頭盔被賣出去的時候，當越來越多的裸眼 3D 成為日常生活無法擺脫的常態的時候，某種潛藏得很深的認知重塑過程其實已經開始了。

比如「注意力」這個話題。注意力的問題，長久以來游離於嚴肅的科學之外。科學家認為這是一個心理學問題，心理學家認為這是個哲學問題，而哲學家又認為這只不過是一個「感知測量」的實驗問題。過去四十年來對這個問題的探究，證明這個問題至關重要。美國藝術史家喬納森·克拉里（Jonathan Crary，1951 —）在《知覺的懸置：注意力、景觀與現代文化》一書中指出，人們以為的「注意力」，與其說是一個「自然的過程」，不如說是對「意識」擠壓的過程。通俗地說，就是人們以為「看世界」是一個完全自主的過程，人們可以自由地行使自己的「看視權」。但殊不知，經過千百萬年與周遭世界的視聽感知交互，「本能與天性」中已經慢慢滲透、沉澱、擠壓而形成了大量看世界的「取景框」，這些個取景框，構成了人們「看世界的意識構造」。

在電學和光學效應被用於廣播、電話、電視，直到今天的電腦、互聯網、手機的 150 年裏，一系列聲光電的生活裝置和生產裝置其實已經悄然改變了人的「六根」。現代人的「六根」與秦漢時期、唐宋時期人們的「六根」已經大大不同。那麼，「三觀」又怎麼可能毫無變化地沿襲至今呢？

六根重塑，其實在哲學、倫理學的意義上，就是重塑三觀的過程。

新世界的畫布

技術對生活世界的重構，從石器時代就已經開始了。只不過這種重構時而緩慢，時而急速。講一點與近代藝術相關的話題，近代藝術家為何在 19 世紀中葉之後，陷入某種煩躁不安的境地？為何在數百年宮廷畫、寫

實主義的土壤中，忽地長出了「印象派」的色彩斑斕？有很多因素，但其中一個因素，可能是化學顏料的出現。

對達芬奇、魯本斯、拉斐爾那個時代的人來說，手工調製顏料，是一個畫家的本分。現代畫家已經沒有了這一「福分」。化學顏料的出現，仿佛給畫家裝上了「義肢」——換一種說法，就是畫家其實被截肢了。這就是「六根重塑」的真實過程。

當這件事情一旦發生，或者一旦被意識到已經發生，剩下的事情就變成「遙遠的追憶」了。生命列車，已經駛入了另一股道岔。

由此，我們不難體會翟教授的良苦用心。他在書中羅列出多達八條的「準則」簡錄如下：

1. 建造「擴展現實」小模型；

2. 堅持虛擬世界中的「人替（avatar）中心主義」；

3. 人摹（agent）與人工智能的結合要服從人替中心的掌控；

4. 嚴格禁止直接對大腦中樞輸入刺激信號；

5. 採用分佈式服務架構；

6. 以「造世倫理學」協作研究為起點，形成共識性的行業倫理規範；

7. 堅持「人是目的」的原則，形成豐富多彩、自由、自律的虛擬世界文化共同體；

8. 編撰「虛擬世界和擴展現實大憲章」，為面向未來的立法和政策理念奠定基礎。

教授在研究中，逐漸形成了自己的術語體系。比如感知化身 avatar 被翻譯成「人替」，由算法驅動的數字代理 agent 被翻譯成「人摹」等等。可以說，上述「翟八條」是教授從哲學思考、理論研究和擴展實驗中歸納而成的「長期演化路徑」所應遵從的「綱領」，核心思想是這樣一個願望：提醒人們「要開始應對無節制的技術顛覆」了。

在翟教授眼裏，虛擬現實絕不僅是技術，而是事關人類文明的存續。翟教授雖然在做着一個又一個的技術實驗，但更有價值的，是他的思想實驗。

　　翟振明的思想實驗，圍繞所謂「現代通靈術」的思想內涵。他暢想，「假如我們進一步將機器人技術與數字化感知界面相結合，我們將能在虛擬世界內部向外操縱自然世界的所有過程」。這樣，如果我們願意，「我們可以終生在虛擬世界中生活並一代代繁衍下去」。翟振明設想的虛擬生存雖不新鮮，但論斷極為大膽。

　　在不遠的將來，你戴上頭盔（或眼鏡），穿上數字緊身衣，就可以進入虛擬世界。這個場景比爾・蓋茨在 1995 年出版的《未來之路》中就描述過。這不僅是看上去像一場遊戲，這實際上就是一場遊戲。對現在的遊戲玩家來說，遊戲意味着手裏拿個鐵盒子，眼睛盯着屏幕，或者頂多加上一點虛擬現實技術。而對未來的遊戲玩家來說，全身的五官可能都將被數字轉換器、感應器包裹得嚴嚴實實，你可以完全「沉浸」在遊戲的場景中，甚至你根本無法分辨到底哪些是遊戲場景，哪些是現實場景。這種狀態叫浸蘊。

　　比如一個戰鬥場面，你能感覺到自動武器的後坐力和槍彈射擊時的火舌和聲響，能看到射中巖石的火星。當有人中彈後，你會聽到真的慘叫，鮮血直流，一命嗚呼。如果是你自己中彈，你會體驗到真實的令人心悸的劇烈痛苦和暈眩 —— 別擔心，那只是心理上的 —— 卸下電子行頭，你自己回到自然世界，你還好好地活着。

　　這種奇妙體驗，死而復生，生生死死竟然可以隨意把控，這已經從很大程度上突破了肉身之人所能感知的過去的經驗。就算人們再木訥愚頑，也會讚歎這玩意的刺激，它讓你實現了現實中無法實現的夢想，帶給你現實中無法達成的夢境。讓你隨心所欲，在多重空間、多次生死、多重人格間，遍歷多重體驗。

　　其實我們知道，所有的遊戲都在利用人的弱點，比如人的「感受閾值」。舉「視覺」的例子：初中物理告訴我們，家裏的電燈發出的光實際上是閃爍的，閃爍的頻率是 50HZ。由於視覺暫留的緣故，人的眼睛無法分辨出這個頻率，所以我們看到的燈光是柔和的、「穩定的」。電影院裏也是如此，每秒播放 24 幀圖片，就可以讓肉眼感覺到流暢的連續畫面。

以這樣的「視覺分辨率」，現在的電腦則可以將色彩之美用數萬象素表達出來，令人驚歎其高度亮麗的色澤與豐滿。人的感覺閾限很低，騙過人的感覺其實很容易、很簡單。

感官並不牢靠的結論，當然用不着電腦時代才能得出。歐洲理性主義哲學在與經驗主義哲學的對壘中，已經系統地考察了感覺經驗不牢靠的全部哲學基礎。不過，以往哲學層面的思辨與今天互聯網上的體驗截然不同，思辨的哲學一點也不好玩，主要是因為沒人搞得懂，也勾不起人的慾望，遠不如「人的切身體驗」這種雖然不牢靠、但真真切切的享受來得爽快。

充分利用人的感知閾限，這就是虛擬現實、賽博空間的真相。哲學、感覺、經驗、自我、物自體等，第一次可以讓一個不讀康德、不懂斯賓諾莎的人，穿上頭套，戴上眼罩，扎扎實實深刻體驗一把 —— 真的爽得很。但這種局面、這般體驗需要認真看待，認真思考。

當然，僅僅注意到這種「利用人的感受閾限」是遠遠不夠的。值得警惕的是這種思維方式的強大「驅動力」。比如翟教授說：那些浸蘊式的體驗娛樂，其重大意義在於「自人類歷史以來，我們有可能第一次在人類文明根基處進行一場本體上的轉換」，「我們可能已經開始了這一最激動人心的歷程，即在本體層面上為我們的未來子孫創造一種全新的棲居環境。」翟教授的觀點我並非全然贊同，但透過他的分析和闡釋，尤其值得深思的是，被當下元宇宙引爆的豐富的商業想像力固然令人耳目一新，但一上升到哲學層面，這些技術狂人的論調中陳腐的古典科學決定論、確定論、心物二元論的調子便暴露無遺。

今天的技術天才可能全然忘了真正謙遜的科學 —— 如波普爾揭示的那樣 —— 永遠不說「是」，只說「不是」。這一點頗似於中國禪宗的智慧，「當你說自己抓住了禪，其實禪已遠離你而去」。愛因斯坦也說：「人類一思考，上帝就發笑。」

這種認為自己抓住了、擺脫了什麼的興奮宣言，和以科學的名義來宣示的東西，與其說離真理近一些，不如說離商業的秀場更近一些。

邁向深邃的星空

　　翟振明教授是哲學出身，更重要的是，他是中國人。100 年來的哲學思潮，最偉大的發現，其實是發現不可能。「空無」，並不是「空白」。中國古代賢哲的智慧，對超越有無之辯、有無之境，天然地有自己的獨到視角和言說。無論孔孟或者老莊，駕馭有無的至妙法門是除卻黑白的第三極：中道。

　　用中道的思想「統攝」有無。這一點需要極大的耐心、極強的意志和精妙的自我把持能力。

　　這個世界並非用鑽探、挖掘、還原法就可以窮盡。但今日之中國人，已經走出了明清時學者的那種局限性。那種在船堅炮利的威懾之下出現的兩極分化的選擇 —— 要麼投身於富國強兵，要麼退居祖地、再度閉關鎖國 —— 已不再是這個時代的唯一辦法。中國人在兵略上的祖訓講進可攻、退可守，進退自如。在複雜多變、縱橫交錯的當下世界，要進退有度顯然不是那麼容易的事情，特別在人工智能、大數據、物聯網、5G、虛擬現實、數字貨幣等高科技正在鑄造未來數字世界新的基礎設施的時代，一邊要有扎扎實實的硬核實力，另一邊，還要保持巨大的虔誠和敬畏。能很好駕馭「為」與「不為」兩者的，恰恰是中道。

　　但是，中道並非坐而論道。這又是翟教授實驗室的另一番啟示。我們需要改造世界，同時也不能忘記解釋世界。這個世界不但需要重新解釋，更需要在改造中解釋。

　　沒有現成的答案。

段永朝

2022 年 2 月 16 日

虛擬現實的回鄉之路

——虛擬現實的形而上學終極意義

> 我們切不可為了時代而放棄永恆。
>
> ——胡塞爾

不久之前，翟振明教授聯繫我，希望我為他的著作寫個序言。為翟教授寫序言，我還是頗有壓力的，首先我不是學哲學的，沒有受過虛擬現實技術和相關思想實驗訓練。還有，現在本書已經有了中國工程院院士趙沁平、網絡思想家段永朝的兩篇序言；更重要的是，讀懂本書是需要花功夫的。直到昨天下午，我將閱讀之後的認知與翟教授做了電話溝通，終於認為我可以為這本書寫些文字。其實，談不上是序言，只是學習體會，歸納這樣幾點：

第一，不存在唯一的「客觀世界」，所謂的「客觀世界」僅僅是眾多「可能世界」的一種存在方式。相比較「客觀世界」，「主觀世界」更具備普遍必然性。而「主觀世界」最終決定於自然的實在與虛擬現實。

第二，對於人類而言，自然的實在與虛擬現實，或者說「真實」與「虛幻」是等價的。因為「基本粒子物理學」在虛擬世界和自然世界都是成立的，且有同等的合法地位，所以「虛擬現實的基礎部分和自然實在同樣地實在或者同樣地虛幻」。只是自然實在是強加於人類的，而虛擬現實為人類參與和創造的。

　　第三，虛擬現實技術和之前的傳統技術存在本質差別，不再是人類的工具，或者獨立的物體，而是「重新配置整個經驗世界的框架」，並通過數碼模擬、視頻眼鏡、穿戴設備等引導感覺沉浸「迷人的方式」，將人們置於一個「新創造的世界裏」。

　　第四，自然實在和虛擬世界之間具有「一種反射對應關係」。「如果認為虛擬世界是自然世界的衍生物，那麼，也因此要接受這樣的推論：則自然世界也必須被看成是更高層次世界的衍生物」。自然實在和虛擬世界具有「同樣的有效性和無效性」。這是因為，人們通過眼睛作為傳感器所認知的物理世界的真實性，與通過複雜信號傳輸設備所感受的虛擬世界的真實性，沒有本質差別。

　　第五，人類經驗包括兩個來源：其一，由與生俱來的生物學感知器官的功能所引發的經驗；其二，因為虛擬現實所造成的經驗。「這種人工生產的體驗在原則上與自然體驗不可分別」。於是，產生了「可替換感知框架間對等性原理」：「所有支撐着感知的一定程度連貫性和穩定性的可選感知框架對於組織我們的經驗具有同等的本體論地位」。也就是說，「本體地講，對於組織我們經驗的各種感知框架，沒有哪一個具有終極的優先性」。

　　第六，在物理空間的「後面」，存在更為豐富的虛擬世界。或者說，物理世界和虛擬世界都是世界存在的狀態，既是二元的，也是一元的。從本體層面上，是承認虛擬世界是「實在的」，且決定於主體的立場。不僅如此，本體還會形成來自物理世界和虛擬世界的「交叉感知」。

　　第七，虛擬世界與自然物理世界不僅僅是平行關係，因為虛擬現實更具有張力和力量。「假如我們進一步將機器人技術與數碼化感知界面相結合，我們將能夠在虛擬世界內部向外操縱自然世界的所有過程」，也就是「在賽博空間操縱物理空間過程」，最終實現自然世界的每一個可被感知的對象在虛擬世界中都有一個設定的「對應項」。

　　第八，虛擬世界更具有意義，不僅因為人類可以實現在虛擬世界一代代繁衍、更具創造性和更為豐富的人格，更為重要的是，虛擬世界展現新文明的「無限可能性」，「可能重新奠立整個文明的根基」，而且「它

將允許我們參與我們的整個文明的終極再創造的過程」。需要強調的是，意義不同於快樂。例如，藝術、詩意、智慧、自由和許多其他富於意義的好東西不總是快樂的。虛擬世界和賽博空間同與阿道司‧倫納德‧赫胥黎（Aldous Leonard Huxley, 1894 — 1963）所描述的「美麗新世界」正好相反：「它將前所未有地激發人類創造力並且分散社會權力」。

　　第九，感知框架的轉換和經驗的不同形式，不會影響心靈的深層次的自身統一性。心靈的存在與解釋，未必與複雜的大腦結構存在對應關係。在心靈面前，人類的局限性是顯而易見的。「我們不能通過硬接連線或符號程序使計算機具有意識。換句話說，我們能成為以電子為中介的新經驗世界的集體創造者，但是不能通過電子操作手段創造出更多的有意識的創造者」。也就是說，「因為意識從來就不是任何超符號性的東西」，技術虛擬現實能夠重新創造可經驗感知的整個宇宙，卻無法創造出心靈。心靈顯然處於更高層次，從心靈的立場看，「任何感知框架下的經驗內容都是可選擇的」。所以，需要引入「不依賴特定感知框架」的量子力學，尋求建立心靈統一理論的可能性。

　　第十，因為虛擬現實，人們需要重新思考「意義和造物主」的關係。尼采在 19 世紀 80 年代宣稱「上帝已死」，到了 20 世紀 60 年代，福柯宣告「人之死」。其實，無論是「上帝已死」，還是「人之死」，都涉及人類能力（包括尼采的「超人」）具有有限性的問題。如果認為，「我們能夠創新創造可經驗感知的整個宇宙」，那麼這裏就包含了「上帝是我們」的隱喻。問題是，人類沒有可能複製心靈在內的宇宙，實現靈魂的永久存在，這意味着人類存在不可克服的局限性，永遠不可替代造物者。

　　在以上十點歸納的背後，是作者崇尚非物質性永恆的價值觀。作者最終觸及的核心問題是：究竟是什麼使靈魂的永久存在成為有意義，使物理元素的永久性存在成為無意義？我們如何在不必經歷消極的寂滅的情況下就可以看穿所謂「物質厚重性的把戲」？

　　對此，本書的第五章第七節「虛擬現實：回鄉之路」做了回答：「如此看來，虛擬現實於經驗和超驗層面都是內在善的。既然此內在的善在兩

種意義上都不依賴於客觀世界的物質性，虛擬現實絕不會剝奪人類生活的內在價值。相反，虛擬現實以革命性的方式增進了這些價值。它將我們從錯誤構造的物質性世界帶回到意義世界 —— 人的度規的家園。我們可以說黑格爾式的絕對精神正在從一個異化的和暫時的客觀化的物質世界回歸家園嗎？」。[1]

　　在本書中，作者提及了若干中外著名的哲學家和科學家，包括老子、柏拉圖、笛卡爾、萊布尼茨、康德、貝克萊、黑格爾、胡塞爾。作者特別肯定了胡塞爾以意識的給定結構作為客觀性和主體性的同一根源的新理性主義。作者最終提煉出他的哲學理念：「我們不是物質論者，也不是觀念論者 —— 如果觀念是指在我們的有意識心靈中的那些東西的話。假如我們仍選擇使用『實在』一詞意指此終極者的話，則我們可以說終極實在就是強制的規律性。但是為了避開『實在』一詞的傳統內涵，我們最好還是不要使用這一概念。因此，如果你願意，你可以稱此觀念為『跨越的非物質主義』（transversal immaterialism）或『本體論跨越主義』（ontological transversalism）。」

　　最終，作者認為，隱喻地講，中國的老子是第一位虛擬現實哲學家。在老子看來：任何二元對立都是暫時性的，因為它需要基於一個特殊感知框架看才有效。而道不是某一時間或某一地點被發現，它甚至不能被說成是在任何一個特殊的人之內或之外。它無處不在又處處都在，它無刻不在又刻刻都不在。

　　歷史已經證明，並且還會繼續證明翟振明教授在虛擬世界認知的思想超前性和現實意義。翟振明教授是虛擬現實回鄉之路的開拓者和引領者，元宇宙就是正在構建的驛站。

朱嘉明

2022 年 4 月 27 日

北京

1　根據作者的定義，「人的度規」（humanitude）即我們成為獨一無二人的特徵整體。

目　錄

導論

　　虛擬現實第一原理（個體界面原理）：人的外感官受到刺激後得到的對世界時空結構及其中內容的把握，只與刺激發生界面的物理生理事件及隨後的信號處理過程相關，而與刺激界面之外的任何東西不相關。

　　虛擬現實第二原理（群體協變原理）：只要我們按照對物理時空結構和因果關係的正確理解來編程協調不同外感官的刺激源，我們將獲得每個人都共處在同一個物理空間中相互交往的沉浸式體驗，這種人工生成的體驗在原則上與自然體驗不可分別。[1]

　　以往的技術已經在很大程度上幫助我們創造了歷史，我們製造了強有力的工具來操縱自然和社會過程：錘子和螺絲刀、汽車和飛機、電話和電視以及其他東西。它們之所以是「工具」，是因為它們是獨立於我們的，對它們的使用通常不會影響我們感知世界的基本方式。無論是否被使用，一個錘子始終是客觀世界中的一個錘子。當我們撿起它來並揮動它時，它不會消失或者變成我們的一部分。當然，在這個被工具影響了的環境中，作為製造和使用這些工具的結果，我們這些工具的主人在社會 - 心理層面上也改變了我們的自我感知方式以及對我們的同類夥伴的感知方式；就像一個陷入自設陷阱中的獵熊者，我們有時甚至成為我們自己的工具的犧牲品。

　　然而，由於虛擬現實的出現，我們與技術的關係發生了劇烈的轉變。同先前的所有技術相反，虛擬現實顛覆了整個過程的邏輯。一旦我們進入虛擬現實的世界，虛擬現實技術將重新配置整個經驗世界的框架，我們把技術當成一個獨立物體 —— 或「工具」—— 的感覺就消失了。這樣一個

1　此兩條原理添加於 2019 年 3 月。

沉浸狀態，使得我們第一次能夠在本體層次上直接重構我們自己的存在。僅當此後，我們才能在這一新創造的世界裏將自己投身於這種製造和使用工具的迷人的方式中。

　　雖然所有先前的技術首先是關於客體一方的工具製造，虛擬現實技術卻首先與主體一方的經驗構成有關。換句話說，虛擬現實同遙距操作結合在一起，是自文明開始以來使我們能夠創造一個可選擇的經驗世界整體的第一個技術。當我們選擇了一個新的經驗世界時，我們同時也選擇了一個新的經驗科學系統。公平地說，歷史上很少有其他事件能夠具有類似的重要性和深遠意義，

　　然而，這種世界面貌和各種科學的重大變革依賴於我們的感覺感知的給定方式和內時間意識。這是絕對的東西，沒有這些將不會有任何技術能夠實現任何版本的經驗的實在：當所謂的「客觀世界」只是無限數目的可能世界中的一個時，感知和意識的所謂「主觀世界」就成為普遍必然性之源。然而這並非聲稱經驗世界在我們的頭腦中；相反，我們的頭腦是經驗世界的一部分。因此，我們必須防範兩種常見的自然主義的錯誤：1. 將主體性等同於以個人偏好為轉移的意見的主觀性；2. 將心靈等同於作為身體部分的頭腦。要記住，我們能夠理解為什麼自然實在和虛擬現實同等地「真實」或「虛幻」，是就它們同等地依賴於我們的給定感知框架而言的。但是如果虛擬現實同自然實在是對等的，為什麼我們還要費心去創造虛擬現實呢？當然，明顯的不同是，自然實在是強加於我們的，而虛擬現實是我們自己的創造。

　　在本書中，我將給出這樣兩個斷言並為之辯護：1. 在虛擬現實和自然實在之間不存在本體論的差別。2. 作為虛擬世界的集體創造者，我們 —— 作為整體的人類 —— 第一次開始過上一種系統的意義性的生活。

　　因此，這不是一部預言技術的發展對不遠的將來會產生什麼影響的書，也不是一部推理性的科技幻想作品 —— 本書採用虛構故事的目的，是幫助我們理解虛擬現實在其邏輯極限處的狀況。當你被它們深深吸引時，不要忘記，要時時注意這些故事如何支持着從它們自身推出的那些結

論。通過對這些扣人心弦的故事的分析，我們將認識到，如果數碼模擬、感覺浸蘊以及功能性遙距操作等技術的恰當結合發展到它的頂點，將會出現什麼樣的情形。因此，現在的技術能夠對此做到什麼程度不是真正的問題。關鍵是，一方面，虛擬現實的發明為我們更深刻地理解實在的本性提供了一個契機；另一方面，對實在本性的充分理解將打開我們的眼睛，使我們能夠看到虛擬現實技術 —— 儘管還處於其原始形式 —— 如何正在促使我們做一個基本抉擇。

在第一章，通過一系列思想實驗，我們同時達到了兩個目的。可選擇感知框架間對等性原理表明，從超越自然實在和／或虛擬現實的更高視角看，一個虛擬世界的感知框架同自然世界的感知框架之間具有一種平行關係而非衍生關係。我們的生物學感知器官，就如同我們為浸蘊於虛擬現實（VR）之中而穿戴的眼罩和緊身服一樣，不過起着信號傳輸器和信號轉換器的作用。我們還將看到，無論感知框架如何轉換，經歷此轉換的人的自我認證始終不會打亂。故一個人感知框架的轉換僅使外部觀察者對此人的同一性認證發生混亂，而不會使其自我認證發生動搖。僅當我們擁有一個不變的參照點，我們才能夠理解感知框架的轉換；此不變的參照點根植於人的整一感知經驗的給定結構中。

在第二章，我證明了自然世界的一切功能性同樣能夠在虛擬世界實現，從而增強了我們對交互對等性的理解。我們在此先拋開「人的不變的自我認證」的看法不管，我們發現因果聯繫概念對於理解虛擬現實經驗的基礎部分是不可缺少的，正是基礎部分使得我們能夠遙距操作自然世界的物質過程。這種遙距控制對於我們的生存是必需的。我們使用「物理的」一詞表示因果過程，它優先於任何感知框架。由於空間性關係依賴於特殊感知框架，這裏我們的因果性概念獨立於距離、連續性、位置性等觀念。因此我們所討論的自內對外的遙距控制只是一個比喻性的說法，因為如果對「內」和「外」進行空間性理解的話，則根本就不存在什麼「內」或「外」。但是如果我們將「外」理解為「外在於」整個空間，因而指的是物理規律性，則這一比喻似乎更為恰當一些。

為了表明虛擬現實在實現人類生活的功能性方面**完全**同自然世界對等，我論證了為實現人類生育而必需的賽博性愛是如何可能的。由於我們仍以自然世界的立場為出發點，我們考察了虛擬世界兩性之間的性行為如何能夠像在自然世界一樣帶來有性的生育過程。

如果虛擬現實僅能滿足我們的基本經濟生產和生育的需要，也就是說，如果虛擬現實僅具有其基礎部分，則它對於整個人類文明將不會具有如我們所說的那種重要內涵。正是擴展部分的無限可能性，使得我們成為我們自己的新文明創造者。如果我們用「本體的」一詞指謂我們稱之為「**實在的**」東西，則我們**除了**能夠在基礎部分以本體創造者的身份改變我們同自然過程的感知聯繫**外**，還能夠在擴展部分創造我們自己的有意義經驗。

在第三章，我們首先假定了我們用來區分真實與虛幻所隱含使用的一套漸強的臨時規則，然後着手解構它們；我們發現，在何為真實、何為虛幻的問題上，虛擬現實與自然實在之間具有一種反射對稱結構。甚至在第二章中被保留的，屬於更高層次因果聯繫領域的物理性和因果性概念，同樣適用於虛擬世界並具有與自然世界一樣的規律性。即如果我們能夠在通常意義上將物理性和因果性理解成自然世界的一部分，則我們同樣可以將其看成虛擬世界的一部分。並且如果我們試圖將虛擬世界看成是自然世界的衍生物，則自然世界也必須被看成是更高層次世界的衍生物，如此以至無窮。這樣，我們再次以某種獨立於任何感知框架（甚至時間和空間）的先驗決定性而告終。

接着，我分析了我們的終極關懷在自然世界和虛擬世界中如何是相同的；我們將追問同樣類型的哲學問題而不會改變它們的基本意義，並因此，自柏拉圖《理想國》以降至本書所包含的一切哲學命題 —— 只要它們是純粹哲學的 —— 將在兩個世界中具有同樣的有效性或無效性。

在第四章，我表明，無論我們的感知框架如何從一個轉換成另一個，也不管經驗本身可能呈現為多少種不同的形式，心靈總是在最深層次保持其自身的統一性。約翰・塞爾、丹尼爾・丹尼特以及許多其他對心靈問題

持傳統神經生理學或計算模式觀點的人都犯了整一性投射的謬誤。如果我們採納量子力學這樣的理論 —— 它不依賴於特定感知框架 —— 我們就能夠避免這樣的謬誤並且有希望開始建立心靈問題的統一理論。我提出，或許 -1 的平方根是量子理論和狹義相對論的靈智因子，對其進行重新詮釋可能會在科學探詢的根底處產生真正的突破。

在第五章，我們討論為評價虛擬現實所必需的基本的規範概念。我採納了我的前一本書中的概念，帶領讀者對為了理解人類生活所必不可少的兩套概念進行了對比，這個對比是建立在實在性和觀念性之間的基本對照的基礎上的。人的度規（humanitude）和人格概念（personhood）被確定為規範原理的基礎，它們不依賴於世界的所謂物質性。由於創造性被理解為一切價值之源，虛擬現實 —— 它增強我們的創造性 —— 將使我們過上更加有意義的生活。

在第六章，虛擬現實的潛在危險被表明不過是技術文明脆弱性的一個特殊事例。它來自兩個根源：1. 我們不可能擁有為了完全控制虛擬現實的基本結構以防止這一系統整體崩潰所必需的全部知識。2. 可能有少數邪惡的人通過遙距操作掌握巨大的能量。由於這樣一種潛在的危險，我們應該始終把自然實在作為後備系統。但是這也不能夠提供最終的安全保證，因為自然系統同樣可能背叛我們。

我們終將一死。但是在某種較弱的意義上我們能夠實現不朽：我們的人格作為意義結的構成物超越出我們生活的經驗內容。由於虛擬現實使我們更加具有創造性，它也使得我們能夠籌劃超越我們生活的更豐富的人格。賽博空間因而是人的度規的一個棲居地，它將允許我們參與我們的整個文明的終極再創造的過程。

第一章
如何繞到物理空間「背後」去

有另一個世界
　　　在其中
　　　　此世界乃另一世界

有另一個夢境
　　　在其中
　　　　此夢境乃另一夢境

沒有另一個我
　　　在其中
　　　　這個我就是另一個我

——《我與世界》，翟振明，1997

　　當前，虛擬現實作為一種新型娛樂遊戲正被熱炒着。只是，不知是碰巧還是另有緣由，「娛樂（recreation）」一詞也可以被看作是「再創造（re-creating）」一詞的變種。這一娛樂不要緊，卻開啟了一個能夠在本體層面改變人類文明根基的關鍵過程：我們正「重新創造（re-creating）」整個感知世界並回歸到普遍意義之源頭。與此相應，我們將從更高的視點，重新解釋什麼是「實在的」，什麼是「虛幻的」。虛擬現實是我們通過符號程序和浸蘊技術創造出來的，但是如果我們沉浸於其中並在沉浸中開展這個創造和再創造的過程，自然世界和虛擬世界間的即時經驗的界線將變得撲朔迷離而無從把握。

　　假如我們進一步將機器人技術與數碼化感知界面相結合，我們將能夠在虛擬世界內部向外操縱自然世界的所有過程。在這種情形下，如果我們願意，我們可以終生在虛擬世界中生活並一代代繁衍下去。我們甚至可以這樣設計我們的虛擬世界，從而讓自然世界的每一個可被感知的對象在虛擬世界中都有一個設定的對應項；此外，我們還可以激發純粹的無客體對應的數碼刺激體驗。如果原則上我們能夠這樣做的話，那麼即使在本體層面上，我們又如何能夠對虛擬世界和自然世界進行最終的區分呢？如果我們是經驗主義者，我們會把我們所沉浸其中的賽博空間看成是「實在的」；如果我們是柏拉圖主義者或者佛教徒，我們會將其看成是「虛幻的」，這和我們通常對自然的物理世界的看法是一樣的。可以舉個例子來說，我們的視覺系統通過眼睛這個傳感器與物理世界相聯繫，而眼睛和一個複雜的信號傳輸轉換設備沒什麼兩樣。如果我們戴上一個頭套使信號經歷更多的轉換程序，這可能會使我們的感知多了一點人工成分，但是這些感知會因此少掉一些真實性嗎？

不論「真實」與否，這不正是赫胥黎《美麗新世界》的數碼化版本嗎？在虛擬世界中「活着」意味着什麼？為了準備討論類似這樣的問題，我在本章將建立起一個原理，叫作「可替換感知框架間的對等性原理」，即：**所有支撐着感知的一定程度連貫性和穩定性的可選感知框架，對於組織我們的經驗具有同等的本體論地位。**這一原理將能夠使我們繞到所謂物理空間的「後邊」，去看一看為什麼我們所熟悉的空間結構不過是許多可能的感知框架之一。如果你想知道一個相對較小的計算機 —— 它不過是物理空間中的一個物體 —— 如何能夠「容納」像整個物理世界一樣大的空間，你必須繞到空間的「後邊」去才有可能看個究竟。在空間的「後邊」，你將會清楚為什麼「小中有大」的說法並不是自相矛盾。不但不是自相矛盾，你還會知道是什麼機制使它成為可能。

一、埋頭遊戲，玩網得惘

無論如何，我們在這裏必須從可感的場景入手，而不能從概念到概念。畢竟，我們要討論的首先不是邏輯問題，而是實質性的關於世界本性的洞見。為了這個目的，讓我們先進入一個奇妙的娛樂世界，在這種極致的娛樂（再創造，re-creation 的雙關）中開始我們的哲學探險。我想，你有望在不久的將來通過先進的虛擬現實技術親身體驗下面所描述的情境。

在你開始進入這個最新奇的虛擬現實遊戲之前，你和你的同伴將被要求戴上頭套（或眼鏡），這樣，除了眼睛正前方兩個小屏幕上的電視動畫圖像之外，你不能看到其他任何東西；並且除了耳機傳出的聲音外，你也不能聽見任何其他聲音。你看到的都是三維動畫圖像，聽到的都是立體聲音。你可能還要穿上緊身服，包括一對手套，它不僅能夠監控你身體的運動，而且隨着你在遊戲中耳聞目見的東西的不斷變換，它還會給你身體的不同部位施加相應的不同程度的壓力感和其他內在於觸覺的質地感。然後，你站在一個滾動的跑道上，這樣你可以在原地自由地走動；與此同

時，監控器探測到你的動作，信號立即輸入到計算機中，緊接着就會在你的感官界面出現與你的移動相對應的所有視覺和聽覺信號。於是你完全被連接到這個人工自然的世界中了。你的同伴在另一個房間裏，被連接到同一個計算機上，情況與你類似。

　　一旦遊戲開始，你就會進入一個脫離於外在自然環境的獨立王國，但你還是用你的眼睛去看，用你的耳朵去聽，用你的手和整個身體去感覺。換句話說，你浸蘊於賽博空間中了。讓我們假定你正在體驗下面一種典型的遊戲內容：你的同伴和你各持一支自動步槍，準備向對方開火。三維圖像做得非常逼真，你的整個身體的移動和你眼前的圖像如此協調，以至於你幾乎不能區分出動畫圖像中的身體與你原來身體之間的差別。你的同伴，看起來也和你一樣真實。你們中間可能會有幾棵樹或幾塊石頭，旁邊還可能有一處房子，你能夠從門口走進或走出。你能摸到樹上的葉子，感覺到牆的硬度。你開始跑動、轉身、躲藏，中間不斷地磕磕絆絆，你一會兒緊張恐懼，一會兒又興奮不已，你還能聽到從不同方向發出的聲音。當你的同伴向你射擊時，你感到子彈正打在你的身體上。你猶豫了一下，接着扣動扳機反擊……這樣不斷地射來射去，突然你們中的一個中了致命的一彈，倒了下來，鮮血流了滿地，這個人最終輸了這場遊戲。遊戲結束了，不過，即使你是輸家，你也感覺不到臨死前的劇烈疼痛或暈眩。你會很快卸掉所有連接，回到遊戲前的自然世界，你發現你仍然好好地活着，只是心有餘悸，覺得不可思議，並為此驚歎不已。

　　在當前或者不久的將來，最好的虛擬現實遊戲可能就是這樣給你提供娛樂和消遣的，但這僅僅是一個開始。在本書中，我將試圖表明，這種娛樂將可能以怎樣的方式以及在何種意義上把我們推往終極娛樂（再創造）之途：自人類歷史以來，我們有可能第一次在人類文明根基處進行一場本體上的轉換。我們可能已經開始了這一最激動人心的歷程，即在本體層面上為我們的未來子孫創造一種全新的棲居環境。

　　說到棲居，可能會招來許多人的奚落。因為，這似乎意味着我們可以

在非隱喻的意義上生活在遊戲中。有人可能會說,「什麼?你的意思是讓我們永遠呆在虛擬現實遊戲中不再出來?別那麼傻氣、那麼自命不凡了!遊戲就是遊戲,如此而已!」我的回答將是:是的,現在看起來這只是一個遊戲,但它無論如何不是一個普通的遊戲。一旦我們進入這種遊戲,我們就開始摧毀我們過去無意地建造起來的一堵「牆」,這座「牆」被認為在某種所謂的感知優先權基礎上將實在的東西和虛幻的東西區分開來。我們將最終認識到,如果虛擬世界具有某種相對穩定的結構,則自然世界和虛擬世界之間就不存在根本差別。理由很簡單:從本體上和功能上講,**視頻眼鏡就相當於我們自己的眼睛,緊身服相當於我們的天然肌膚;在兩個世界裏,我們能夠具有同樣合法的基本粒子物理學知識** —— 它們之間沒有什麼根本性區別使得自然世界是實在的而人工世界是虛幻的;區別僅在於它們同人類創造性之間的關係:其中一個世界是被給予我們的,而另一世界則是我們參與創造並有可能選擇的。現在讓我們一步一步地看看,這是如何可能的。

二、如果現在就⋯⋯

我們將要充分放縱我們的想像力,這樣我們就開掘了一個為我們提供嚴格的理性認知所需的豐富內容的源泉了。為了從一個優越的視角理解虛擬現實的本質,我們需要找到一種新的思維的進路來進一步消除我們所習慣的對實在的物理主義假定。不過請注意,我們這裏討論的還不是虛擬現實本身,而是在尋找將要引導我們理解虛擬現實的某種原理。為了這一目的,我將訴諸思想實驗或者如胡塞爾所稱的「自由想像變換」的方法。

正如我們所知,任何思想實驗的設計都是為了澄清概念之間的關係,或者凸顯單個概念的本來意義,而不必考慮實驗的實際操作困難,因此思想實驗的有效性不依賴於技術發展的程度。鑒於其自身的獨特目的,思

想實驗原則上只要求理論上的可能性。[1]我們之所以能夠依賴這種方式，是因為在本章中我們試圖建立的是一個將自然世界同虛擬世界聯繫在一起的哲學原理，而不是一個建造虛擬現實的技術原理。在準備進入這樣的實驗時，我們要時刻牢記思想實驗的本質和目的。跟隨邁克爾·海姆（Michael Heim），我們提出這樣一個問題：「難道不是所有的世界 —— 包括我們前反思地看作現實的世界 —— 都可以看成是符號性的嗎？」[2]

笛卡爾的《沉思集》被認為是近現代哲學的里程碑著作。下面的思想實驗可以說是其第一沉思的新版本，不過我們將會更深入討論一些重要情節，這些情節將引導我們掌握理解虛擬現實與自然實在關係問題的關鍵所在。也許，下面的情節聽起來像是科幻故事，但我們也許會發現，這樣的情節並不以未來某種高度發展的技術為必要前提。它要是讓你覺得失魂落魄的話，正是因為它能讓你立即聯繫到自己當下的形而上學處境。

假設迪斯尼世界開放了一個新的遊樂園，叫作「深度空間探險旅行」。假期間，你決定帶領全家（假定是你的妻子和四歲的女兒）去那兒玩。就在魔幻王國以東幾百米處，你看到一個奇特的新大門，就像一個通

1　對於那些不熟悉作為哲學常用方法之思想實驗的人，進行一定的說明是必要的。思想實驗設計的是一種假定情形，用來檢驗一個理論各概念間的邏輯聯繫或通過某一概念理解現象的本質。它不關心這一情形所涉及的過程在實踐層面的可行性，也不暗示這一過程在世界上真的存在。但是，它要求這一情形在理論上是可能的。

在日常生活中，我們也經常使用思想實驗做論證。如果有人聲稱一個人的個子「越高越好」，你可能會做一個簡單的思想實驗向他表明這種說法是不恰當的。你可能會問他：「如果你比世界上的任何建築都高，這比跟邁克爾·喬丹一樣高更好嗎？」他想像着自己高過世上任何建築，又同邁克爾·喬丹的高度做一下對照，可能就會認識到他所說的「越高越好」是沒道理的。他真的需要長高到超過每個建築後才能認識到這一點嗎？當然不必。我們需要知道如何使他達到那個高度嗎？也不必。在這個簡單的思想實驗中，兩個概念，即「是高的」和「是好的」之間的關係就被澄清了一些。

我們這裏的討論中的思想實驗遠為複雜得多。我們試圖抓住實在、感知、人格同一性等觀念的本質要素和它們之間的概念聯繫。為了跟上思想的理路，我們需要完全的專注。你可能會問：「為什麼我們不用現實生活中那些更容易理解的例子？」理由是：當存在着概念的混淆並因而需要哲學上的澄清時，這混淆通常正是被我們日常生活經驗的不完全性引起的。在上面的例子中，由於我們在日常生活中很難遇見身材高引起不便的人，而我們確實知道一些人抱怨自己太矮，我們可能會得出印象，高一些總是好一些。為了打破這樣的誤解，我們必須超越這種常規性。同樣，哲學上的思想實驗也經常需要用非常奇特的設想來打破人們原始的但不正確的信念。

2　Michael Heim, *The Metaphysics of Virtual Reality*, New York: Oxford University Press, 1993, p.130.

道的入口，從那裏你們將進入一個完全未知的奇妙世界去探險。你們到了門口，但是安全警衛讓你們止步，告訴你們在進門之前必須進行檢測。他用一個像是脈搏探測器的東西捲起你的一個手腕，上面有兩根導線接到一個櫃子裏。大約幾分鐘後，安全警衛告訴你通過了檢測並為你除下「探測器」。你的全家都進行了同樣的檢測，然後你們作為一個小組進入了遊樂園。你問自己：「這個園子同別的園子有什麼重要的不同，以至於在進去之前就不得不接受這種令人不快的檢測？」

突然，你聽到一聲爆炸的巨響，接着就看到一團巨大的烈火吞沒了眼前的一切，同時還聽到你的家人在尖叫。此時此刻，你對自己說：「我的天，我們完了……」

「預演結束了，先生。」這是安全警衛那熟悉的聲音，「現在該回到現實中來了。」令你驚訝不已的是，你發現自己毫髮無損地站在大門口，你的家人依然站在你身旁！

如果你夠聰明的話，你大約會猜到，你們第一次體驗到的「除下」探測器不是真的發生過，因此根本沒有什麼後來的烈火將你吞沒。「探測器」實際上是一個向你大腦發送信號的設備，使你體驗到事先設計好的、在現實世界中並無對應物的事件。那個被安全警衛稱作「模擬爆炸」的事件，只是為你即將開始的探險旅行設計的一場預演。

你們一家人停止了抱怨，進入園中。你們首先選擇的是行星爆炸探險。你們一家三口挨着坐好，按要求繫緊了座位上的安全帶，因為你們將要經歷一場地球和另一行星的劇烈碰撞。你們按照要求做好了準備，想像着碰撞「真的」發生後會給你們全家帶來什麼樣的震撼。

旅行開始了，你意識到地球即將飛離軌道，因為你看到天空中各種奇怪的物體和光束越來越快地穿梭而過。突然，你看見一個閃亮的東西變得越來越大，快速地向你直衝過來。你知道這就是那個將要與地球撞到一起的外來行星。景象是如此逼真，以至於你的心開始咚咚跳起來！但是你仍記得這不過是一個遊戲，不會有什麼危害發生。然而，與你的預料相反，就在這外來物撞到你之前，你看到你前面的人們首先遭到襲擊並被撕

裂成碎片！你大聲地尖叫起來，然後 …… 原來一點事都沒有。你再次發現自己和家人仍安全地站在大門口，完好無損，而安全警衛正微笑着看着你們。

此時此刻，你真的開始憤怒了，因為你有種被愚弄的感覺，接着這憤怒變成了極度不安的焦慮。你後悔自己居然想來這種地方。於是你對妻子說：「親愛的，咱們還是回家吧。」你的妻子同意了。你們除下身上的電線，叫來一部的士。你們一家三口上了車，向機場駛去。幾小時後，你看到了你們的家，多麼甜蜜溫馨的家啊！你將手伸進口袋掏出鑰匙，插入匙孔，然後旋轉，接着 …… 你沒有打開門，你發現自己又回到深度空間探險樂園的大門口！整個回家過程的經歷仍然是事先編好的程序 ── 假的。

現在你開始想知道是否你的「回到大門口」經驗也是給你輸入的夢一般的預定程序的一部分。從現在起，你怎麼能夠確定自己是回到了現實生活中還是僅具有一些被輸入的經驗？可能你永遠不會知道答案，當然你將永遠不能確定你到底是在哪個世界中。

如果這聽起來有點恐怖的話，作為本書的讀者，你可能會安慰自己說，這種迪斯尼世界的玩意不過是個設想，它不會真的發生在你身上。然而，笛卡爾會問你一個新問題：「這只能發生在遊樂園的背景下嗎？或許，這也能夠發生在完全不同的場合？」說得明確些，現在你能否確信你正在讀一個叫翟振明的人寫的一本稱作《虛擬現實的哲學探險》的書？還是你僅僅感知到如此？你怎麼確定你現在不是被連接在一個輸送信號的機器上 ── 它使得你認為自己沒有連接到任何東西，而是在讀實際上並無實存的這本書的這行字？

進一步說，如果你現在（你的現在）不能確定你是否真的在讀這本書，我現在（我的現在）也不能確定我是否真的在寫這本書。我，翟振明，可能是你或者他人夢中的人物，在夢中他將自己夢成了翟振明，也可能是任何其他人的虛構。或者你甚至想知道那個安全警衛 ── 如果在你眼中他是真實的話 ── 如何能夠知道他自己作為安全警衛的經驗不是由

電子設備誘發的。他能夠站在更高的認知位置上作出確切的判斷，從而知道自己的處境嗎？如果「實在」被理解為自足的實體，那麼任何人，包括上帝，能夠確知沒有更高層次的實在造成他們對實在的感知嗎？笛卡爾過去設想一個全能的惡魔自始至終在欺騙他，現在我們應該怎樣看待這一問題？

不過，你早就研究過笛卡爾，更是熟知後來的哲學家對他的批評。他關於整個生活都可能是夢的想法，早就被批得體無完膚了。我也和你一樣，所以如果你問我，我是否在這裏斷言所有東西都是不真實的，我會回答你說，那可不見得。因為我知道，要想使某些東西成為不真實的，必須有真實的東西作參照。如果一切都是虛幻的，那麼「虛幻」一詞就成了沒有對立面的空概念，因此也就取消了虛幻相對於真實的特定意義。換句話說，為了將所有東西理解成一個夢，你必須設定一個做夢者。否則這個「夢」根本就不是夢了，因為根據定義，夢屬於一個其自身不是夢的一部分的夢者主體。斷言每個人生活中的一切都是夢，是一種無意義的說法。

此外，即使現在你並不是像看起來那樣真的在讀一本書，並因此你所感知到的白紙黑字實際上不是由一個真的人寫的，然而你從這些句子中讀到的意義不會是假的，因為意義本身從關鍵層面看是不依賴於物質的實在性的。更重要的是，那些清晰表達意義和感知經驗的意識，不管它是來自感覺還是被注入進來的，都必定是真正的意識，無論我們怎樣或是否用別的東西解釋它。這是因為 —— 正如我們將要看到的那樣 —— 無論選擇哪種感知框架，意識的自我認證都不會被割裂或破壞。由此看來，剛才的迪斯尼探險思想實驗並不是要把我們導向徹底的懷疑主義。

只是，在現象學的層面上，我們需要懸擱這樣一個假定，即任何被認定為真實的東西必須滿足某種外部強加的標準，如可觀察性或可測量性。相反，我們可以認定，即使沒有這樣的標準，我們也可以將不可或缺的東西和偶然的東西分開。我們的程序是這樣的：我們看看哪些要素在所有情況下總是保持其單一性和自我同一性，哪些因素在情況變化時失去其單一性和自我同一的特性，前者是內在規定性的，後者則是偶然性的。

新版的笛卡爾沉思已經使我們認識到感知的相對性，但總的說來這並不必導致本體上的相對主義。在我們進一步論證之前，感知的只能先僅僅被理解成是感知的，實在的觀念最初並不需要被等同於感知的東西。至於虛擬現實，它不一定像剛才的「探測器」那樣直接侵入我們的神經系統；或至少在本書中，這種「夢式注入」**不**被當作虛擬現實的一種。我們從剛才的娛樂遊戲中得出的結論是，如果你浸蘊於同原先世界結構相似的另一個感知世界中，你沒有任何理由確定哪一個是真的，哪一個是假的，至少從經驗上看是如此。

我們討論至今的只是感覺結構相同的諸種框架之間的平行關係，這種平行關係的揭示並沒有多少哲學上的新意，我們費了些筆墨，只是以感性的方式拋出一個引子罷了。但是，如果另一感知世界與原先世界的結構不同，會發生什麼呢？也許，這會給我們稍微多一點的啟示？讓我們姑且舉一個利用現代科技很容易實現的簡單例子看看，這樣的情景，我稱之為「交叉感知」。

如果你的兩種感官類型被以這樣的方式改變：原先第二種感官的刺激源現在向第一種感官提供刺激，反過來，原先第一種感官的刺激源給予第二種感官以刺激，這樣你將會出現交叉感知狀態。舉個例子，假定我們製造一個類似眼鏡的器具，你可以把它戴到眼睛上，這個器具的功能是按照相應的變量將聲波轉換成光波（實際上這樣的聲波 — 光波轉換器在普通的電子工程實驗室就可以很容易地造出來）。另一方面，我們也製造一個類似於助聽器的光波 — 聲波轉換。如果我們戴上這兩個小器具，我們將會看到那些通常被我們聽到的東西，聽到那些通常被我們看到的東西。

在這種情形下，起初，由於從過去熟悉的感覺範式轉到這種不熟悉的範式，我們會幾乎失去行動能力。想像一下：你要想區分白天和夜晚，就得傾聽周圍的聲音是嘈雜的還是安靜的。如果有一輛救火車衝過來並發出火警，你將聽不到警笛聲，而是看到它像一道眩目的光束一樣射過來。此外，你將會看到我所說的話，聽到我寫在書本上的詞句。不過經過一段時間的適應期之後，依靠每個人特有的適應性，你很可能會在不同程度上

較好地應付這種情況了。如果讓我們的孩子從很小就開始戴上這樣的小器具，或許當他們長大後取下時，為了適應我們的所謂「正常」生活，還要反過來面臨同樣的困難。

當然，這樣的轉換將會造成一些信息的缺損。但即使在這種轉換之前，我們通過自然感官看到和聽到的信息僅僅是許多可能信息中的一小部分（比如，我們不能看到紫外線和紅外線）。因此問題在於：如果我們聲稱「自然的」就是「真實的」，而轉換了的就是「不真實的」，這能否得到本體上的有效辯護？

如果我們繼續考察，我們將會看到這樣的本體性辯護是無效的。我們還將看到有一個穩定的基點將所有的變化聯繫起來，那就是，無論選擇何種感知框架，總有一套固定的量綱為所有的可能經驗所共有，下一節我們將進一步討論這是如何可能的。不過，首先讓我們記住，至此為止我們在本節的論述所得出的結論：

既然我們完全浸蘊於一個自為一體的感知框架中，我們永不可能知道我們的感知經驗背後是否有一個更高層次的經驗動因主體；如果真有一個，那個動因主體將由於同樣的理由對他／她／它自己的處境一無所知。

三、交叉通靈境況

從其連接人的頭部和身體其他部分功能的角度看，人的頸項除了純粹的機械連接功能外，還有兩部分功能：第一部分維持正常體液循環，使人的頭部及其內的大腦得到新陳代謝所必需的養分（如維持血液循環等）；第二部分是在人的頭部和頸部以下的部分之間來回傳遞信息，使我們的大腦可以處理身體各個部分的信號而獲得內感覺和外感覺，同時也發出各種信號控制身體各部分的動作。

現在假設有兩個人，從外部觀察看，我們設定他們是亞當（簡稱 A）和鮑伯（簡稱 B）。在他們的頸部，第一部分的功能保持原樣，而第二部分的功能，即傳遞信息的功能，做如下無線連接處理：A 頸部的信息傳輸

通路被割斷，上下兩個斷口各接上一個微型無線電收發機後，再植回頸部；B 的頸部也做同樣的處理。於是，我們可以把四個收發報機的發射和接受頻率進行調製，使 A 的頭部與 B 的頸下部分來回傳遞信息，而 B 的頭部與 A 的頸下部分來回傳遞信息。這樣，A 與 B 之間就形成了一種「交叉通靈境況」（cross-communication situation，或簡稱 CCS）—— 原亞當的頭與原鮑伯的身相結合為一個整體，原鮑伯的頭與原亞當的身相結合為一個整體。（圖 1）

在這種交叉通靈境況下，A 和 B 各自看到的仍是原來自己從頭到腳的整個身體，但只能感覺和控制原屬對方身體的頸下部分。如果 A 與 B 之間相距足夠遠，那麼整個情況如下表：

表 1　在交叉通靈境況下亞當和鮑伯分別看到和控制的部分

	亞當（A）	鮑伯（B）
能看見（用鏡子）	原來的 A 的整個身體	原來的 B 的整個身體
不能看見	原來的 B 的整個身體	原來的 A 的整個身體
能感覺和控制	原 A 的頭部和原 B 的頸下部分	原 B 的頭部和原 A 的頸下部分
不能感覺和控制	原 A 的頸下部分和原 B 的頭部	原 B 的頸下部分和原 A 的頭部

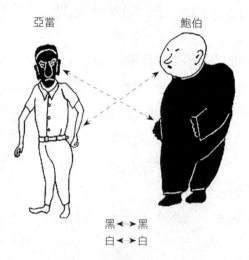

亞當　　　　　　鮑伯

黑 ←→ 黑
白 ←→ 白

圖 1　亞當和鮑伯間的交叉通靈境況（CCS）

為了加深對這種境況的理解，我們考慮以下幾種場景：

場景 1：A 和 B 間相距很近，相互可以看見，並且是第一次在自己不知道的情況下進入這種狀態。假設他們身處同一房間，坐在相距十呎遠的椅子上。A 看着 B，B 看着 A，一切如常。在他們任一方試圖挪動自己的身體以前，他們看不出自己所處的狀態與平時有什麼明顯的差異。現在 A 試圖站起來走向門口，內部的感覺是自己站起來了並向前走動，但卻看到自己的身體沒有反應，仍舊坐着沒站起來。與此同時，他卻發現 B 站起來了，並行走起來，方向與 A 想要走的方向一樣。另一方面，B 吃驚地發現自己的身體站起來並向前走動，而自己既沒有站立行走的意念也沒有站立行走的內部感覺，覺得自己還是坐在椅子上（因為 A 這時正坐在椅子上）。B 由於不知道到底發生了什麼事，他首先試圖停住自己正向前走動的身體，但由於他的內感覺是自己還坐着，他必須先努力站起來，然後向相反的方向走動。當他進行站立行走的努力時，內部地，他感到自己站起來了，接着也感覺到自己在走動。但他發現自己的身體並沒有按照自己的意念動作，倒是看到 A 站了起來，並向相反的方向走動，與自己的內在感覺相一致。而 A 此時發現自己的身體與自己的意願和努力相反，站起來向相反的方向行走。這樣一陣混亂過後，A 和 B 都有可能意識到兩者之間的特殊關係，並開始相互配合，休戚與共。

場景 2：A 和 B 知道自己處在交叉通靈狀態，但相互間不可見並且不能相互交談。假設 A 和 B 經歷了上面的事件後遠遠地分開了，A 在紐約的某個辦公室裏，B 在東京的某個辦公室裏，都坐在椅子上。現在 A 聽到電話鈴響了，就伸手去拿聽筒。如果沒有 B 的配合，A 就不能拿到聽筒，因為他在紐約作出的伸手的努力只能導致在東京的 B 向前伸手，而對自己眼前的手無所作為。然而，如果 A 和 B 之間先前有個約定，每當 B 看到自己頸下部分的身體有任何動作，他就試圖做同樣的動作。這樣，當在東京的 B 看到眼前的手由於紐約那邊 A 的意願而向前伸出時，他就做同樣的伸手努力使得在紐約的 A 的手向前伸。如果這種合作在訓練有素的情況下做得非常及時準確，A 就會覺得好像眼前的手的動作真是自己努力的

直接結果，與他進入交叉通靈狀態之前沒啥兩樣。但是 B 卻總是知道自己是在配合他人，因為它是看到由 A 控制的手的動作以後才學着去做同樣的動作，意念總是在看到的動作的後面。如果 B 打算不按約定辦，開始按自己的意念發起 A 的動作，那就會一塌糊塗了。不久，他們雙方都有可能撞到牆上，或更糟。

如果現在 A 出了事故，一條腿受傷流血了。A 會看到他的腿傷得很重，但卻覺不出疼痛。B 感覺到腿的某個地方似乎痛得厲害，但看上去卻根本沒有什麼物理性的損傷（由於 A 和 B 的姿勢和動作不同，對 B 來說，疼痛的地方與他看的地方可能會有令人困惑的錯位）。

場景 3：A 和 B 相互間不可見但可以通過無線電話交談。在這種情況下，如果 A 和 B 之間不存在敵意且身材基本相同，他們之間就很有可能相互合作達到基本的動作協調而毋須先有一個考慮周到的約定。假設他們雙方還是一個在紐約，一個在東京，都坐在椅子上，各自手裏拿着無線電話的聽筒，且相互知道對方手拿聽筒。現在，在紐約的 A 要到室外售貨機那裏買一罐飲料。當然，A 不能自己起身走出門外，因為他行走的意念只會使在紐約的 B 站起來行走。但是，A 可以根據內感覺把 B 的手抬到耳邊。當 B 看到自己的手抬至耳邊時，知道 A 要打電話給他，就做同樣的抬手動作，讓 A 的手也舉到耳邊。電話接通後，A 就可以指揮 B 幫助自己，直到 A 走到售貨機投幣取回飲料為止。然後，B 也可以指揮 A 給予同樣的配合。

至此，我們描述了 A 和 B 在交叉通靈狀態下的三種不同的協調方式。我們之所以能夠進行這種描述，是因為我們只是以第三者的旁觀態度把「A」和「B」作為純粹的標籤，對應於外在地觀察到的兩個作為物理上的連續整體的身體。但是，如果我們還沒忘記的話，「A」原來是代表「亞當」這個人，「B」是代表「鮑伯」這個人。在這裏，我們將會看到一個根本性的含混。

讓我們假定 A_1 代表亞當在紐約那個完整身體的頭部、A_2 代表其身軀，B_1 和 B_2 相應代表鮑伯在東京那個完整身體的頭部和身軀。現在我

們問：在剛才所說的交叉通靈境況下，亞當和鮑伯這兩個人各自在哪裏？為了將這種類型的問題與人格同一的標準傳統哲學問題區別開來，我稱這裏要討論的問題為位置同一問題。由於同一性的根本性質就是單一性，任何認為 A 或 B 同時在一個以上地方的看法都不是對此問題的合法回答。

第一種可能的答案是亞當在紐約而鮑伯在東京，就如同他們的身軀沒有交換時一樣。這種回答的根據，是假定人的位置同一具有空間連續性。按照這種看法，由於 A_1 和 A_2 在空間上是連續的，無論發生什麼事，它們都屬於同一個人 —— 亞當，只要 A_1 和 A_2 之間沒有空間上的分離，亞當就不多不少是 A_1 和 A_2 的結合。A 和 B 要想調換他們的軀體部分，他們的身體必須被肢解然後重新組合。同樣的情形，也適用於 B。

如果這種回答是正確的，一個死的身體將會同活的一樣可以說明人格的同一性，只要這個身體沒有支離分解。但是很明顯，一個死的身體的存在不能說明這個人存在，因為按照定義，死是一個人存在的終結。既然這種同一性理論的錯誤已在以往的哲學文獻中進行過廣泛的討論，我在此就不多說了。

第二種可能的答案是亞當和鮑伯都同時跨越紐約和東京，因為自進入交叉通靈境況以來，儘管他們的軀體並無跨距離的物理位移，但實際上卻對調了，並進行了重新組合。這種回答的根據，是假定人的位置同一的基礎是信息可傳遞性。所以現在亞當的身體是 A_1 和 B_2 的結合，而鮑伯的身體是 B_1 和 A_2 的結合，他們在交叉通靈境況中糾結在一起。所以如此，是因為身體的頭部和軀幹若要屬於同一個人，它們之間必須能夠進行信息的傳遞。按照這種觀點，由於 A 和 B 的身體兩部分同時分在兩處並保持着信息聯繫，則他們的空間同一性並沒有打斷，只是被荒謬地拉長了，由不可見的無線電波維繫着身體的空間連續性。

第三種可能的答案同第一種一樣膚淺，即，亞當在紐約而鮑伯在東京，但是理由不同。之所以如此認為，是因為亞當只能看到紐約的地方，而鮑伯只能看到東京的地方。這種回答的依據，是假定一個人僅能看到他

所處的地方。但是,後面我們討論人際遙距臨境時,將表明這種假定是成問題的。

第四種可能的答案結論同上,只是在解釋時給出了不同的理由。它認為亞當在紐約而鮑伯在東京,是因為他們用以控制其活動的大腦分別在紐約和東京。顯然,這種回答的依據,是假定信息處理和命令發出地是這個人的所在地。而身體同環境進行相互作用的地方,則與人所在地點無關。

然而,第三種和第四種回答並未說清楚這兩個身體的頸下部分到底屬於誰。尤其是第四種,為了使信息的處理和命令的發出有意義,必須要求 A_1-B_2 和 B_1-A_2 這樣的組合,這似乎不得不導致對第二種回答的認同。

以上四種回答中,第二種似乎是最有道理的。但是這種觀點預設了一個假定,即通過無線電波進行信息傳遞,可以將身體的兩部分連為一體。但是我們知道,無線電波在空間中並不指向任何特定目標,它們不加區分地同所有事物相連,因此單靠這種聯繫並不能將 A_1 和 B_2 以及 B_1 和 A_2 挑選出來進行連通。而且無線電波不通過任何媒介(如所謂的以太)進行傳播,因此當信息傳遞不在進行時,從標準意義上講,身體兩部分間的物理聯繫是不存在的。按照這種觀點,當亞當和鮑伯熟睡時,他們的位置同一性便中止了。但是,任何同一理論都不能允許一個人的位置同一性有隨時中止、終止後又可以隨時恢復的可能,因為這樣的可能與同一概念的本性不相容。因此,這種位置同一理論是不恰當的。但是,這種回答似乎又是對人的位置同一性的最接近正確的說明,關鍵問題是什麼呢?

如果我們直覺地洞察到,只要 A_1 和 B_2 之間**能夠**進行信息傳遞並且它們也**只能**在彼此之間進行信息傳遞,則,即使 A_1 和 B_2 之間不處於聯繫狀態時(如昏迷時),A_1 和 B_2 仍屬於同一個人,這樣我們就不能將人的位置同一性建立在空間整一性的基礎上。A_1 和 B_2(或者 B_1 和 A_2)之間的可聯繫性依賴於信息發出端和接受端的某種協同作用,與任何可空間辨明的媒介無關。它們的聯繫僅依賴於一種潛在的相互**協調**功能。因此,按照這

種解釋，人的同一性不依賴於通常意義上的空間連續性（圖2）。[1]

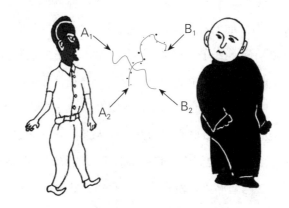

圖2　A_1-B_2 和 B_1-A_2 作為兩個身體分離的統一個體
是被潛在的協同功能連接在一起的嗎？

　　對位置問題的第五種可能回答是，作為人的亞當和鮑伯，哪兒都不在，也就是說，他們不佔據空間位置，因為空間只是人（以意識為特徵）**用來**感知對象統一性的框架。因此，人本身不是空間中的一個物體。此時，我們還不能確定康德式的觀點是否正確，但是它一定帶來這樣一個問題：如果沒有空間定位，那麼人本身到底是什麼？為了更深刻理解這一問題，我們現在以交叉通靈境況為基礎進一步展開我們的思想實驗。

四、人際遙距臨境：我就在這裏！

　　上面我們討論了三種場景以及關於空間定位問題的可能解釋，但是那些解釋並沒有使我們得到對位置同一性問題的最後解答。但是，我們真正需要的，並不是這種解答。為了幫助我們理解問題的實質，現在我們再設

1　根據愛因斯坦的狹義相對論，在赫爾曼‧閔可夫斯基（Hermann Minkowski）的空時連續統（space-time continuum）內，任何以光速傳播的東西由於間隔總是為零，故被理解為非傳播的。因此無線電波在交叉通靈境況中可以被理解為靜止不動的，並因而在 A_1 和 B_2 或 B_1 和 A_2 之間不存在「距離」。在閔可夫斯基的框架中，物理的單一性和人格的單一性可能是相同的。

想一個場景：場景 4。在這裏，A 和 B 處於何地暫且不管。關鍵的不同，是他們從一開始就是盲人，沒有視覺功能。在這種情況下，由於他們從未用過視覺感知事物，他們在交叉通靈境況下的感知同平時不會有多大差別。不過由於頭和頸下部分位於兩個不同的地方，它們有時會從各自所處環境中接受到不同的刺激。頸部以下部分可能會覺得非常熱，而頭部可能會感到比較冷；頭撞到了牆而手卻摸不到牆在哪裏，等等。但是，這種感覺的不一致只是偶爾地困擾他們。通常，盲人進入交叉通靈境況後不會立刻感到強烈的反差 —— 他們從未有過關於空間位置的視覺感知，[1] 因此，位置同一問題，在他們那裏同視覺感知沒有多大關係。這樣一個場景的設定，為我們討論人際遙距臨境帶來了好的轉機。

當然，這種雙盲境地並不就是人際遙距臨境。為了知道後者是什麼情形，我們必須讓視力正常的人重新使用頭套，不過這裏頭套需要做一些改進，並且不必連接到計算機上。我們不變動小屏幕和耳機裝置，它們就像電視機和收音機那樣接受電磁波信號。頭套外部雙眼的位置，裝上兩個攝像頭，雙耳的位置裝兩個麥克風，它們能夠從外界接收圖像和聲音，當然它們收到的圖像和聲音是從遠方轉播過來的。此外，我們還要在頭套的內部緊貼耳朵處增加兩個小喇叭，它們能夠被來自另一方的信號激活。而且，在交叉通靈境況下，來回傳送的還包括了從一個身體轉到另一個身體的控制頭部運動的信息。

順便提一提，據報道，美國航天局（NASA）已經利用機器人和計算機進行遙距臨境工作許多年了，這一技術能夠讓連接到線路上的人看見遙遠地方的機器人所「看」到的東西，並通過移動自己的身體來控制機器人的活動。當機器人的「手」觸摸到某個東西時，其控制者會感到他／她自己正觸摸着這個東西。因此，如果你的機器人在月球上，即使你身處地球

1　例如，當其中的一方感到臉部有點癢然後伸手去抓時，他會發現他的手抓到一張臉上但他自己的臉並未被觸及，癢還在繼續着。另一個人沒有感覺到癢（除非有巧合），但他的臉卻被手抓了一下。這是因為，在身體兩部分的感知之間仍然存在着不一致。

上的實驗室中，你也能像真的一樣在月上漫步，或者揀起一塊月球上的石塊。由於兩方面的運動必須配合得絲絲入扣，因此必須使用計算機進行運算。既然是使用機器人作為遙控終端，這種遙距臨境不能算是人際的。而現在亞當和鮑伯的大腦比電腦更好用，他們的身體比機器人反應更靈敏，他們可以利用對方的身體代替機器人進行遙距控制，因此，他們現在準備體驗人際遙距臨境了。

我們再次使用符號 A（在紐約）和 B（在東京）代指被觀察到的身體，而不是指他們本人。我們還要記住，他們仍然處於交叉通靈境況中，其通靈部位是 A_1-B_2 和 B_1-A_2。現在，讓 A_1 和 B_1 都戴上改裝過的頭套並且調到對方的頻率上（圖 3）。[1]

圖 3　亞當和鮑伯的人際遙距臨境

在亞當和鮑伯那裏會發生什麼事？此時，原先交叉通靈狀態下視覺與軀體觸覺的倒錯消失了！亞當即刻體驗到自己從紐約轉移到東京，鮑伯即刻體驗到自己從東京轉移到紐約 —— 雖然雙方的軀體觸覺早就置換，但每個人內部感覺和外部視覺都感到自己身體就在這裏。在戴頭套之前，

1　即，讓亞當眼前的攝像機及耳旁的麥克風工作起來，拍攝到的影像和接收到的聲音通過電磁波在鮑勃的眼前、耳邊綜合播放成立體聲像。鮑勃那邊的，則對稱地倒過來發送給亞當。—— 譯者註。

他們僅在身體觸覺上做了置換，但現在視覺和聽覺也置換了：亞當的大腦仍裝在紐約的身體上，這身體被鮑伯的大腦控制着；而鮑伯的大腦也裝在由亞當所控制的東京的身體上。令人困惑的是，現在亞當和鮑伯到底在哪裏？很清楚，在進行哲學反思之前，他們都會說，「我在這裏！」—— 這斷言將分別從東京（亞當）和紐約（鮑伯）那裏作出 —— 即使他們的大腦還在另一個地方。他們作出這樣的斷言，意味着什麼呢？

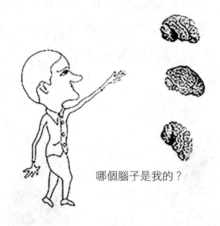

哪個腦子是我的？

圖 4　不知道哪一個大腦是自己的

也許，他們的斷言到底意味着什麼，我們一時還不能確定。它們所說的「這裏」，可能隱藏着他們自己都很不清楚的玄機。但無論如何，有一樣東西可以確定，如果不通過感覺器官的外部感知，這兩個大腦不可能察覺到自己的位置，大腦不能從內部知道自己位於何處。因此，一個大腦並不能將自己與一個從空間觀察到的大腦對應起來，因為它的自我認證同空間性無任何關係。假如把這兩個正通過遠程通訊為亞當和鮑伯工作的大腦從頭殼中拿開放在眼前，他們能區分出哪一個是自己的嗎？答案是不能。（圖 4）無論他們的大腦放在哪裏，無論它們怎樣挪動，只要它們維持正常的功能，亞當和鮑伯將繼續保持感知狀態並且覺察不到空間位置有任何改變。然而他們的自我認證始終是同一的，他們的意識總是保持着完整性而不會被打亂，正如表 2 所示。

表 2　亞當和鮑伯不再為他們的位置犯糊塗，因為雙方都分別看到、感覺並控制着一個統一的身體，儘管他們的身軀已做了置換

（距離足夠遠時）	亞當（A）	鮑伯（B）
能看見（用鏡子）	B 的整個身體和頭套	A 的整個身體和頭套
不能看見	A 的整個身體	B 的整個身體
能感覺和控制	B 的整個身體	A 的整個身體
不能感覺和控制	A 的整個身體	B 的整個身體

仕上面的情形中，是大腦的信息處理功能而非生理過程發生了交換。就一般的大腦交換來說，大腦為其控制的身體所承載，但是在這裏，大腦所在的身體受另外一個大腦的控制。因此自我認證為亞當的人無法像平常那樣保護自己的大腦不受物理損害，而必須依賴於鮑伯本人願不願意保護好身體，反之，鮑伯亦然。如果鮑伯所控制的身體（在紐約的原來亞當的身體）挨了致命的子彈，與自認亞當的人生命攸關的大腦將被毀掉。這樣，在射擊前由亞當控制的身體（原先是鮑伯的）現在不再和任何大腦聯繫，而射擊前控制鮑伯活動的大腦現在則不和任何身體相聯繫（感覺好像處於完全癱瘓狀態）。

因此，情況就完全清楚了：從交叉通靈前的正常狀態經交叉通靈再到人際遙距臨境，亞當和鮑伯從第一人稱觀點出發從未失去其自我認證。即他們從不必問自己：我是亞當還是鮑伯？亞當總是確知自己就是亞當，而鮑伯也確知自己就是鮑伯，即使他們的身體發生了交叉錯位。但是對外部觀察者來說，如果不追溯他們過去的身體連接歷史或考證他們自己的說法，是無法確知誰是亞當誰是鮑伯的。因此，亞當和鮑伯的自我認證是人格同一的根本形式，它不依賴於外部觀察者所看到的位置同一性。

現在的問題是，當亞當和鮑伯聲稱「我在這裏」時，他們也是試圖從位置上認證自己。如果我們假定自稱亞當的人真的是亞當，自稱鮑伯的人真的是鮑伯，他們關於自己位置的說法是正確的嗎？對其他觀察者來說，

僅通過觀察是無法判斷亞當和鮑伯是否交換了位置的。因此，如果大家都堅持自己的看法，則每個人都會得出不同於亞當和鮑伯自我認證的位置同一性結論。那麼當亞當和鮑伯聲稱「我在這裏」時，一定包含了某種新的東西。

這新的東西有望讓我們對人的自我認證和他人認證之間的原則進行區別，並獲得更深的理解，因為我們看到，我們從新的角度被引向傳統心靈哲學中關於第一人稱立場同第三人稱立場之間區別的爭論，或稱主觀視界和客觀視界區別的爭論。當亞當和鮑伯聲稱他們在某處時，他們不可能採取第三人稱立場，因為在交叉通靈境況或人際遙距臨境中，他們不可能將自己看成他們自己跟前的一個物體。那麼，亞當和鮑伯可能是從第一人稱立場斷言他們的位置同一性嗎？也不是，因為這種斷言完全是內在的，因而不允許他們感知外在的空間位置。那麼，問題又出在哪裏呢？

在進入交叉通靈境況之後，和進入人際遙距臨境之前，各種不同場景的經歷，已使亞當和鮑伯懸擱了一個信念：連接到他們頭部的身軀必定是他們自己的。因此，重建新的身體所有權感覺必須建立在新的基礎上。這個新的基礎，就是他們的意志與感覺同外部觀察到的身體移動之間的對應。

正如我們討論過的那樣，在交叉通靈境況中，當亞當和鮑伯想移動自己的身體時，卻看到對方的身體按照自己的意念移動，於是他們漸漸認識到他們的身軀被置換了。相反，人際遙距臨境中的外部聯繫僅重建了行動上的方便和原來的對身體的自然歸屬感，而沒重建身體歸屬本身。他們外部看到的連通性被其他觀察者用來建立他們的位置同一性，並不能幫助他們自己消除交叉通靈境況產生的位置的不確定性。因此，亞當和鮑伯不可能從客體領域觀察到身體同他們人格的重新結合，因為他們的人格不顯現在客體領域，因此不能從外部觀察到其與可見身體的聯繫。相應地，亞當和鮑伯對位置的自我認證同我們所問的「……在哪裏？」包含的不是同一種類的位置同一性問題，後者是完全從第三人稱觀點出發進行的發問。

但是至少我們知道，人際遙距臨境不僅能夠保持人的自我認證的一致

性，而且重建了在交叉通靈境況下曾令人迷惑的位置同一性，這單從第三人稱立場是不能夠理解的。為了更深刻地理解這種情形，我們必須從第一人稱立場進一步考察各種可能性。

　　儘管外部觀察具有不充分性，當亞當和鮑伯聲稱他們知道自己現在處在一個新地方時，他們必定是通過對空間位置的感知和觀察作出判斷 —— 如果他們在感知的話，他們必定將對象感知成外在的。而觀察必須包括兩極：被觀察者和進行觀察活動的觀察者。因此當亞當和鮑伯確定自己不在被觀察者領域時，從他們的第一人稱觀點看他們一定處於**觀察**活動的中心。在客體領域，實際上他們同外部觀察者一樣都看到了一個陌生的身體，但他們清楚地知道這個不熟悉的身體就是他們自己的，儘管可能感到不太和諧。他們之所以知道，是因為他們所看到的身體的移動總能以某種方式同他們移動身體的意念相吻合。反之，一個外部觀察者只看到這兩個身體同過去一樣，單通過觀察無法判斷這些身體到底屬於誰，因為他／她無法進入亞當和鮑伯的第一人稱視界。

　　因此，當亞當和鮑伯聲稱「我在這裏」時，他們並非以通常意義的在某一空間位置「中」做自己位置同一性的斷言。他們實際上是說他們處於觀察活動的正中心，並以此確認周圍事物的位置。所謂第一人稱視界是指我們用我們的觀察（和其他類型的）活動以及促成這些活動的精神現象來認證我們自己，而不是用被觀察到的身體位置來認證。因此當亞當和鮑伯或我們中的任何一個說「我在這裏」時，那個「這裏」並未包含一個客體化的「裏」在其中（圖5）。

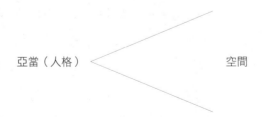

亞當（人格）　　　　　　　　　　　空間

圖5　亞當不在空間「裏」，而是空間的參照中心

　　既然第三人稱觀點不能為推斷和建立人的位置同一性提供充分的依據，而第一人稱觀點又不直接與前面例子中亞當和鮑伯在何處的位置同一性問題相關，那麼經過分析我們不得不推出結論，亞當和鮑伯作為兩個自我認證的人本來根本就不在空間中，因為人不是客體領域內可以進行空間性辨認的實體。由此，我們證明了前面討論中的關於亞當和鮑伯所在處的第五種解釋是正確的，即他們作為人本身既不在紐約也不在東京。毋寧說，他們就處在他們的觀察活動的參照中心，並據此為他們各自在東京和紐約所觀察到的物體進行位置認定。

　　以上的觀點，很容易讓人們想起洛克關於記憶的連續性是人的自我同一性的基礎的論斷。洛克的記憶理論的內在困難，在哲學文獻中有過不少的討論。所以我們不禁要問，洛克的困難，是否也是我們這裏的同一性論斷的困難？值得慶幸的是，我們這裏的論證與洛克式的記憶同一性理論沒有必然的關聯。在洛克的經驗主義哲學中，記憶被首先理解成大腦的屬性，而大腦是必須在空間中作為經驗對象被找到的。按照這種理論，人總是位於其記憶承載者 —— 通常是大腦 —— 所在的地方。這樣，甚至當亞當和鮑伯自己都無法知道他們所看到的大腦哪個是自己的時（如圖 4 所示），他們仍然位於他們的大腦所在的地方。在這種情況下，第一人稱視界完全被排除了。但是**撇開**任何理論，我們的交叉通靈境況和人際遙距臨境思想實驗表明，第一人稱的自我認證總是牢固地毫不含糊地支撐着自身，無論從第三人稱視界出發的位置同一性認證在此過程中如何被打亂。換句話說，我們對第一人稱自我認證的分析是現象學的；它不依賴意識隸屬於大腦的因果性假定，亦即，由於在這種假定中大腦必須首先被理解成空間**中**的客體，我們不能一開始就承認這種假定。同時，我們也表明，第一人稱視界是不可消除的，相反，它在人格同一性問題中佔據着核心地位。

　　這樣看來，人的身體一定在某個地方，而人本身，卻不在任何地方。我們可以作出如下的小結：在交叉通靈境況中打亂的空間位置同一性能夠通過感知信息的同步互饋得到恢復，重新建立自我感知的統一性，而不必跨距離地移動身體的任何部位；作為觀察活動的中心，自我

認證的個人總是保持着沒有歧義的同一性。這種空間同一性的恢復引出一個洞見：一個人自己宣稱的第一人稱的位置同一性與在空間的某個位置認定這個人的人格是不同的，人作為自我認證的統一體不佔據空間的任何位置。

五、人際遙距臨境共同體

人際遙距臨境，不必是固定的一對一的對應。我們可以有一個共享大腦和身體的共同體，腦和身體通過選擇不同的遠程通訊頻道進行結合，就像我們平常操作電視和收音機一樣。頭和頸下部分以及視覺、聽覺的信息聯繫應一起調好以便將兩端的大腦和身體連接起來。每個大腦最多只能和一個身體連接，反之亦然。但正如我們能夠選擇不同的波長連接到不同對應物一樣，我們能夠「出現」在任何一個共同體成員所在的地方（圖6）。想像如果我們生活在這樣一個人際遙距臨境的社會，個性、隱私、公共性、所有權等概念的意義將會發生多麼劇烈的改變啊！

討論至此，我們可以看看，什麼是身體的人際開放關係了。每個身體向一定範圍內的人們開放，這聽起來有點色情意味，但我們這裏關心的並

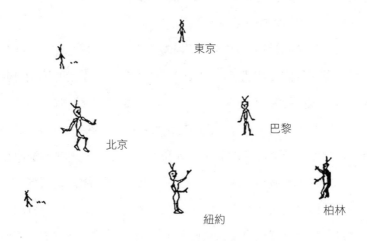

圖6　人際遙距臨境的社會

不是色情，雖然我們沒有貶斥性關係的意思。言歸正傳，假定現在我決定加入一個共同體，這個共同體內有五千名成員分佈在世界各地，我們的身體裝配好前面所說的那些必要設備。我的這一決定，將會導致什麼樣的後果呢？

在正常情況下，成員中存在三種基本連接狀態：1. 分處兩地的頭和身體互相正常連接的活動整體；2. 暫時未同任何頸下部分連接的帶有裝備的空置的頭；3. 暫時未與任何頭連接的空置的身體。為使即時的連接轉換成為可能，後兩種情況的出現是必需的。

為使合理的社會生活成為可能，我們必須從一開始就制訂一套最小限度的規則：1. 無人有權阻止他人選擇任何可使用的空置身體（假定所有空置身體都是可使用的）；2. 在一定條件下任何人都可以給他人發送信號要求其讓出被佔用的身體；3. 要求的接受者應該在某些情況下作出回應，但是在另一些執行其他規則的情況下則不必作出回應；4. 如果可能，雙方應就一定條件下身體在何處交接達成一致意見，否則交接應在一預定站點按照一定程序進行；5. 如果，比方說，在一個人按協議即將空出身體之前兩小時還未接收到任何接管要求，則此人應通過公共佈告欄報道此身體的可使用性，這一信息能夠到達任何成員的掃描器中；6. 沒有人能夠私自擁有某個身體，除非成員按照特定程序經協議回到其原始身體後退出共同體，因此另有一套規則規定如何合法地使用這類身體。

在加入這一共同體後，我放棄了身體的固定佔有權，允許它在公共領域內共享。現在我需要在遙遠地方找到一個身體，留下我的原始身體暫時空置以便其他成員能夠使用。一開始，我說出幾個詞作為聲音指令（假定空置的頭可以發出聲音指令），我的自動掃描器發現有五十個空置身體可以使用，它們分佈於美洲、歐洲、亞洲和非洲。我一直夢想參觀巴黎這個充滿浪漫人文氣息的城市，因此我在這個城區的公共轉換站選擇了一個空置身體。當我再次發出聲音指令時，就感到轟然一聲，一道奇特的光芒出現在腦海中，我立刻發現自己來到巴黎並且有了一個新身體！我感到有點笨拙，因為我的內部感覺有點扭曲，不能自如地控制身體移動。但我被預

先告知我會很快習慣它，隨着以後轉換次數的增多，我就會很舒服地適應這種生活。

在我收到一個來自香港地區的出讓要求之前，我在巴黎逗留了兩天時間。然而，我不想和這個請求者直接交換身體，因為我已經去過香港很多次了。我的掃描器告訴我，在意大利那個靴形的西西里島有一個空置身體五分鐘後可以使用。「我寧可去那裏，這樣的話，我甚至不必向任何人發出請求」，我對自己說。因此，我坐在椅子上對香港的要求發出回應，同意三分鐘後在我旅館的房間中將身體讓給他使用。三分鐘後，我發出指令離開巴黎的身體。但西西里的空置身體還不能馬上使用，兩次轉換之間有兩分鐘的間隔。在這兩分鐘內我看不到任何東西，眼前一團漆黑，並且感到頸部以下空蕩蕩的什麼都沒有。我知道，我的原始頭部仍在原來的身體上好好地長着。我甚至模糊地感覺到它正在運動，這該是由於我的原始身體正在某個地方被某個運動着的陌生人控制着的緣故。天啊！我的感知完全喪失了！兩分鐘過後，我終於又被連接起來，我突然發現自己來到 —— 我猜準是 —— 西西里了！故事就這樣繼續……

但是，這個故事不可能永遠這麼順利地進行下去。在我到達西西里後的第二個晚上，我遭遇嚴重事故：我坐的小汽車被一個酒後開車的司機撞上了，我所在的身體受到了致命的傷害。起初，我感到全身上下劇烈的疼痛，但是幾分鐘過後，疼痛消失了，同時消失的還有整個身體的感覺。我聽不到任何聲音，只覺得一片黑暗。我的整個感覺完全就處於剛離開巴黎時的那兩分鐘感覺缺失的狀態！為什麼會這樣？很明顯，因為西西里的那個身體死了。為什麼我沒有死？因為承載着我的大腦的原始頭部**不**在西西里。它和我的原始身體一起正在一個陌生的地方被一個身份不明的人承載着顛沛流離。現在我將要做什麼？沒什麼好想的：就是發出指令再找一個空置身體重新連接。這樣，我又來到了莫斯科，開始了新的旅程……

我是說沒有人在這次事故中死亡嗎？不，我根本不是這個意思。事故發生時，那個身體上的大腦很可能正在從另外一個地方接受感知經驗（或者正在等一個空置身體，或者正在睡覺）。這個大腦的功能在那場事故中

終結了，但這是誰的大腦呢？我不知道，我只知道事故發生時我所連接的身體就是這個人（讓我們稱其為 m）的原始身體。但這個 m 是誰呢？關於 m 身份的認定有兩條可能的線索：那些負責檢查公共記錄的人（如果有一個系統能夠查出哪個人曾經和哪個身體連接過的話）；那些熟悉 m 的人（他們可能是也可能不是這個共同體的成員）或事故發生時 m 身邊的同伴。

現在，我們僅考慮第二種可能性。m 的同伴沒有看到汽車事故，因為他們不在現場（圖 7）。m 和 m 的同伴正在某個其他地方，在事故前不可能看到或感覺到任何不正常。m 的原始身體被我控制着，雖然 m 的大腦正在和這個身體一起旅行，身體周遭的環境卻是**我的**環境。因此 m 在毫無預料的情況下突然死了，m 的同伴只是看到 m 突然倒下去，沒有任何明顯的原因。假如他們有足夠的信息猜到發生了什麼事，他們可能會為 m 感到巨大的悲痛，同時小心保護好這個身體（它現在成了空置身體）以便將來可能有別的地方的人再用到它。到時，他們當然會看到這個身體被一個新來的人復活了。很可能這個新來的人就是我，因為 m 死的時候就是我在西西里斷了連接的時候。如果此時沒有其他空置身體可以使用，我的掃描器非常可能為我選擇這一個。

如果我真的又連接到這個身體上，他們如何能知道復活這個身體的是

圖 7　我、事故中的 m 以及 m 的同伴

另外一個人而不是 m 呢？或許 m 可能由於某個奇怪但合理的原因只是暫時地離開一會兒？他們要麼相信我的話，要麼通過我的言語行為逐步地證實。這裏我的自我認證是沒有中介的，即我僅通過羅素所說的「親知」就知道這個。但是外部觀察者無法達到我的「感受性」，因為這種「感受性」為第一人稱視界所專有。

　　作為身體一部分的大腦，被認為是非常特殊的身體器官，因為這個器官以某種方式與人的第一人稱視界發生特殊關係。正是因為這一點，我們以上做的思想實驗都把人的身體在頸部分成上下兩部分。於是，有不少人認為，人格同一性就是大腦的同一性。但是，我們討論到這裏，對死的概念的分析，卻有助於駁斥人格同一性就是大腦同一性這一觀點。如果一個大腦在某個地方毀掉了，這個死於大腦損壞的人可以被簡化地理解為呆在另一個地方，或者嚴格地說，在死亡時他 / 她不在任何地方。因此，那兒一定不存在所謂人和大腦之間的「同一性」，儘管二者之間具有因果性的必然聯繫。因此我們可以重申下面的觀點：人作為人不能被說成在任何地方，因為人格不是佔有空間位置的某種「東西」（或者根本不是任何「東西」）。

　　我們在這裏可以引出稍微性感一點的話題了。有人可能會問，我們是否可以進行跨性別的遙距臨境？我以為，我們進入人際遙距臨境社會時越年輕，我們的大腦適應身體間的可能差異就越容易。舉例說，如果我們從會說話起就將那些裝備作為我們身體的一部分，我們的大腦未必會發展出特殊的性別傾向妨礙將來的適應能力。當然，我們也可以問，如果一個三歲的大腦連接到一個五十歲的身體上或相反，將會發生什麼樣的情形？但是所有這些實際操作上的困難，不會影響我們在理論層面上理解這一境況：打亂的身體位置不必摧毀一個人自我認證的完整性。

　　現在，讓我們問一個這樣的問題：「什麼東西可以是有顏色但無形狀的嗎？」這個問題，將引導我們對我們在空間中的感知和內在於我們人格的空間性的**前提條件**之間的區別做最後的考察。

　　首先，讓我們來描述我們面前的所有物體的顏色。比如說，那兒有一

個黑色的錄音機；錄音機左邊約五吋遠有一個棕色錢包；緊挨着錄音機的是一個藍色茶杯，它的右邊三吋遠處有一本橙色封面的書，如此等等。在這四樣東西之間的空白處還有別的底色嗎？當然有，一定會有別的帶顏色的東西填滿物體間的所有空白。如果你願意的話，你可以一個一個地詳盡描述這些顏色，但你會注意到你視域中任何一種二維性的顏色表面必定緊接着另一種，再接着下一種，這樣一直下去。如果你想按照這些顏色的分佈在畫布上臨摹出這一場景的任一部分，你將能用這些顏色填滿每一塊區域，就像它們在視域中一樣。你不會在畫布中留下一丁點地方不塗顏色，因為你在場景中看不到這樣的東西，你看到的東西必定都是有顏色的。然而，倘若你能按照實景畫出場景的一部分，這也意味着你能依實畫出整個視域嗎？不，你不能。為什麼？因為雖然你能夠清楚辨認的視域的任一部分必定有一個邊界連接着其他顏色部分，作為整體的視域卻沒有一個可辨認的邊界。我怎麼知道的？

你可能會問，「如果你不能看到邊界，那是你自己的問題。你怎麼知道別人也不能看到邊界？」我知道如此，是因為我先驗地認識到，任何能被看作與他物互相連接着的東西一定是視域**中**的一個客體，但視域是視覺感知空間性的前提，因此其本身不是自己中的一個客體。作為整體的視域不能將它自己裝進去，就像一個容器不能將它自己裝進去一樣。

假如你提議，按你看到的東西畫一個比你的畫布要小的畫，這樣它就能表示出被畫部分和未畫部分之間的邊界。但無論它如何接近於你實際上看到的整體，你一定會要麼少一點要麼多一點地畫了什麼。之所以如此，是因為你已經創造出一個清楚的（或模糊的）視域邊界，而這是你不可能看到的。維特根斯坦說過，思考一個邊界一定包括思考它兩邊的東西，這也適用於視覺感知。所謂整體，依其定義是沒有另外一邊連接着它的，因此，無論何時你似乎看到一個視域的「整體」的邊界並畫出它時，你已經超出那個邊界了，並因而真正的整體一定更大些；這樣你不得不重新畫它，如此以至無窮。因此，你不可能看到整體的邊界，你畫中任何所謂的邊界必定被你增加了別的東西。

我們不必老談畫畫，讓我們問自己：如果有一個視域邊界，它一定是充滿顏色的，那麼視域周圍是什麼顏色呢？你可能會說「完全的黑暗」。但如果你真的看到黑暗，這黑暗也必定已落入你的視域之**中**了 —— 因此回答變成無效。如果你認為完全黑暗的感知等同於根本未感知到任何東西，則問題將變成：你的前額或你的肚子或別的部位，它們不是視覺器官，因此一定感知不到任何視覺的東西，它們看到了完全的黑暗嗎？當然沒有。否則，由於我們除了眼睛之外整個身體總是感知到黑暗，我們將總會感覺到黑暗多於光明，無論客體世界裏有多少光發出。因此，感知黑暗就是感知黑的顏色，它不同於根本未感知任何東西。這種被假定的感知到的視域邊界不得不在有顏色和無顏色之間形成，而你若在某個區域未感知到任何東西的話，那也不能使你感知到邊界，因為只有在兩種被感知到的顏色區之間我們才能看到邊界。因此，沒有人能夠感知到作為整體的視域的邊界。

現在閉上你的眼睛，你會感知到完全的黑暗或一點點顏色。你能告訴我你所感知到的黑暗的形狀嗎？它是方的，圓的，還是別的形狀？即使我不是你，也能再次先驗地知道，你僅感知到無邊無形的黑暗，因為只有黑暗佔據了你的全部視域，它是沒有邊界或形狀的。只有視域**中**的物體，才有形狀。如果你睜開眼睛，嘗試用黑墨水畫出當你閉上眼睛時向你顯現的東西，你一定怎麼畫都畫不出來。無論你怎樣着墨，只要它作為一個有邊有界的物體落入你的視域內並因而你能夠觀察它，它就不會是你閉上眼睛時所「看到」的黑暗的樣子。

我們不會忘記，這一部分的標題是「如何繞到物理空間『背後』去」，經過以上考察，我們差不多已經完成了這種「繞」的工作。但是，你會說，我們啥都沒做，怎麼就會接近完成這種聽起來不可能的工作呢？上面的分析論證，能使我們得出的結論是什麼呢？

當然，這首先和前面所提出的一樣，即意識自身 —— 視域是其組成部分 —— 不屬於空間中的客體領域，而我們的外部可觀察的身體則屬於這個領域。因此，即使我們身體的空間連續性被打亂，我們人格的同一性

能夠繼續維持下去。

　　如果我們再回頭考慮頭套中的人的境況，我們現在能夠確信，即使此人自出生以來從未感知過我們不戴頭套的人所感知的「自然」空間，他／她在理解「自然」空間的結構時也不會有任何特殊的困難。他／她會有和我們同樣類型的幾何學，並按照同樣的程序證明其定理。他／她會問同樣類型的問題，如空間是有限還是無限的，並像我們一樣為這類問題而困惑。這裏關於空間的所有問題對他／她來說是同我們一樣的，即使從我們前反思的樸素觀點看，他／她只是看到了空間的兩小塊，即他／她眼前的兩個小屏幕！

　　總的說來，我們能夠推論，關於空間的有限性、空間的幾何學結構等問題並非指向一般所理解的獨立於我們視域的客體化空間。實際上，它們根植於作為意識本身基本構造一部分的視域之中。只要你的視域被光線激起並看到各種各樣的圖景，[1] 你就會問同樣的問題，即使你從一開始就被關在一個密室裏。因此，康德的關於「空間是我們使客體性成為可能的直觀形式」這一觀點似乎得到了證實。

　　你也許想到了，在這個時候，我們可以出來挑戰好萊塢了。說得明白些，為了證實第一人稱和第三人稱視界之間不可跨越的鴻溝，我們可以向任何一個好萊塢電影製片人問難，要求他在電影中將交叉通靈境況或人際遙距臨境視覺化。自始至終，我們通過概念化的文字說明了亞當、鮑伯或任何其他人際遙距臨境共同體成員的自我認證如何以第一人稱視界毫不含糊地保持着，它優先於任何從第三人稱視界的觀察；同時，由於被觀察的身體和自我認證的個人能夠毫無外部跡象地重新組合，他人自第三人稱視界出發經感覺器官的外部認證過程，變得從根本上不可確定。在我們的描述中，我們不得不額外使用像 A_1-B_2 和 A_2-B_1 這樣的指稱，概念性地表示

1　這引出另外一個重要問題，即在理解精神領域同物理領域的關係時涉及的光的本質問題。光並非「跨」空間傳播，而是使空間成為可能，而空間是人們對感受到的以意向性的擁有或缺失為標準的對精神領域和物理領域的區分的初始條件。這一論題需要單獨設置課題進行討論。

這些組合，或用箭頭表示無線電波的連接。

但是，一個電影（有解說的紀錄片除外）製片人理應設想用觀眾的視覺和聽覺器官感知每個角色的身份。這種電影，原則上不可能呈現亞當和鮑伯的交叉通靈境況以及人們在人際遙距臨境中的情形。克服這一困難的唯一可能方式，是通過角色間的某種對話使觀眾對上述故事達到一定程度的**概念性**理解。這種概念性理解，就是我希望你在讀這本書時所發生的東西，它不必依賴某種特定的感知框架；可以這麼說，它能夠幫助我們繞到經驗世界的「後邊」去，這裏，我們的思想實驗的設計正是為了這一目的。

因此，倘若哪一個好萊塢製片人企圖證明我所說的第一人稱視界不可化約為第三人稱視界是錯誤時，我會要求他給我展示如何不通過概念性解釋來表現亞當和鮑伯的交叉通靈境況或人們在人際遙距臨境中的情形，從而使其陷入困境。

我們又到了應該給出一個小結的時候了，這個小結是這樣的：在人際遙距臨境共同體中，由於遠程通訊連接的可切換性，一個外部觀察者不可能通過直接的觀察確定身體和人本身的對應性。人格同一性不是對佔據一定空間位置的身體的認證，一個人可以不通過與其身體有關的因果過程的知識而進行自我同一認證。

六、交互對等原則

從古希臘開始的「一與多」的問題，在我們這裏也呈現出來，但這並不一定涉及一元論與多元論之間的爭執。在我們討論交叉通靈境況和人際遙距臨境之前，我們可能不太清楚關於可在空間**中**定位的客體（包括一個人的外部可觀察身體）和**開關**空間的自我之間的區別，這可能是由於我們習慣於依據因果律將第三人稱視界作為唯一可能視界的緣故。然而，以上思想實驗使我們的思維習慣動搖了，我們發現一個自我的人格不需要也不應該被空間性地定位在某個地方，因為自我能夠自己開關新的空間性領域，而不必在三維空間中從一個地方轉移到另一個地方去（你怎麼能夠轉

移人格？），人格因此不屬於三維空間。故我們可以這樣論斷：我們的人格同一性能夠跨越依據空間性組織我們經驗的不同感知框架而維持其自身的完整性。我們一方面擁有人格同一性這一恆常的基底，另一方面擁有可改變的容納雜多的空間性感知框架。

但我們早前的「夢式注入」和交叉感知的討論也建立起這樣的論斷：所有自我一致的感知框架對於組織我們的感知經驗具有同等合法性。將這兩種論斷綜合在一起，我們就推出我們意欲論證的原理，即我們一開始就提出的可替換感知框架間對等性原理，或簡稱 PR(the principle of reciprocity)，這一原理也可以被否定性地表述如下：**本體地講，對於組織我們經驗的各種感知框架，沒有哪一個具有終極的優先性**。這裏，一個統一的個體可以跨越多種可能的感知框架。

以上的一系列思想實驗，只是為討論虛擬現實做準備，而還沒有涉及虛擬現實本身的問題。虛擬現實並非至今所討論的那樣，是那種想像的迪斯尼探險所描繪的「夢式注入」，或者如我們前面所討論的人際遙距臨境。為了更好地理解其深遠影響和重要內涵，現在讓我們看看它們之間的主要區別是什麼以及我們如何將對等性原理應用於虛擬現實（和賽博空間）。

正如我們先前討論過的，交叉感知、交叉通靈境況和人際遙距臨境只是以這樣或那樣的方式傳導或重新連接我們的感覺，在這些過程中，人作為動因主體並未在其中增添任何其他東西。但「夢式注入」就不同了，這裏涉及到動因主體在更高層次上通過計算機程序為主體**創造**感知經驗。虛擬現實以其獨有的計算機化界面將二者結合成一個順理成章的替代物，不同的是，**創造感知經驗的動因主體與擁有此經驗的動因主體完全是同一個人**。讓我們看看虛擬現實的發明者之一阿讓·拉尼爾最初所設想的虛擬現實的情形：

> 我們正在說到的，是一種使用與計算機相連的服裝來合成共享實在的技術。它在新的平台上重新創造了我們同物理世界的關

係，這樣說一點也不為過。它不影響主體世界；它不直接影響你的大腦中正在發生的事情，它只同你的感官感知的東西直接發生關係。在你感官另一邊的物理世界通過你的感官被感知，它們分別是眼睛、耳朵、鼻子、嘴和皮膚……一套最小化的虛擬現實裝備會有一副眼鏡和一隻手套給你穿戴。眼鏡能使你感知虛擬現實的視覺世界。[1]

拉尼爾簡練並啟蒙性地描述了虛擬現實的基本裝置及其令人驚異的直接效果。現在讓我們回到討論的背景中來，我們知道，計算機並不能為我們的來自物理世界的感覺輸入進行交叉感知、交叉通靈以及人際遙距臨境式的轉換；它只能處理所有信息並為所有的感覺信號進行協調處理，它也不能成為智能主體的人工感知發生器來給我們輸入類似於我們在「夢式注入」思想實驗所看到的那些東西。但其重要性和令人興奮之處在於，運行系統的程序是數碼化的並能被我們依需要進行一次次的修改或重新構造，而且這個「我們」可以就是接受輸入的那些人。在這種情況下，自律代替他律。因此這種自我管理的終極再創造能夠被我們以集體或個體的形式在不同的運行層次上實現。按照對等性原理，這種從一個感知框架到另一個感知框架的轉換不會本體地改變動因主體人格的完整性。

很明顯，拉尼爾所構想的虛擬現實不包括任何類似我們所說的「夢式注入」的東西，儘管其他一些人認為虛擬現實包括他們稱之為「直接刺激神經」的版本。威廉·吉布森（William Gibson）在其著名科幻小說《神經漫遊者》（Neuromancer）中想像我們能夠被「接入一個預先建造的賽博空間平台中」，在那裏，我們的意識脫離現實，處於一種「集體幻覺」之中。吉布森用「幻覺」一詞，是比較有趣的。拉尼爾在接下來的說明中，毫不猶豫地聲稱整個虛擬世界的圖景就是幻境：

1　引自杰倫·拉尼爾的「虛擬現實訪談」，http://www.well.com/user/jaron/vrint.html，1996 年 10 月。這篇文章最初在《環球評論》上發表，題目是《虛擬現實：一次同杰倫·拉尼爾的訪談》，1989 年秋，第 64 卷。這一會談的在線版本作為附錄被收進本書。

他們的眼鏡上安裝的不是透明鏡片，而是像小立體電視一樣的顯示屏幕。當然，它們比小電視精緻得多，因為它們必須向你顯示像真的一樣的三維世界，有些用到的技術也與電視不同，但是電視還是一個比較好的比喻。當你戴上它們時，你突然看到一個包圍著你的世界 —— 你看到虛擬世界了。它是完全立體的並且就包圍著你，當你轉動頭部環顧四周時，你在眼鏡中看到的圖景也隨之變化，**幻境**被創造出來了，即使你仍在原處，你也可以在虛擬世界中到處走動。圖景來自一種功能非常強大的特殊計算機，我將其稱為家庭虛擬現實機器。[1]（黑體是本書作者加的）

但是，我在本章所表明的恰恰相反，即，虛擬現實不比自然實在更虛幻，因為二者與作為感知中心的人格核心的關係是**對等的**。

當我們浸蘊於虛擬現實時，我們被賽博空間包圍。我們前面說過，賽博空間具有同物理空間一樣的幾何結構。如果一個人從未見過我們所見到的自然空間，而是從一開始就浸蘊於虛擬世界中，他將能夠像任何其他人一樣理解我們的幾何學。關於這一點，其意義的重要性如何強調都不過分，這一點我們還將在第三章進一步討論。

我們對自然物的實在性習以為常，但對於人造物的實在性卻是不太買賬。這是可以理解的，因為我們通常把實在看成是與我們的存在相對立的。有些人可能認為，由於虛擬現實裝置是附加於我們感官的自然構造之上的，因此它們干預了信息從物理世界到大腦的正常過程，這種干預導致了某種歪曲。但是，我們的感官和連結的神經本來就是信息轉換裝置，用虛擬現實裝置進行更多的轉換並不能將事物從「真實的」變成「虛幻的」。如果你認為信號經歷的轉換階段越少，感知就越真實，那麼減除裝置將使感知比真實更「真實」。但倘若除去你眼球中的晶體 —— 這明顯是減除了裝置 —— 會使你的感知更真實嗎？晶體除去後，光仍能刺激你的視網膜，你可能還會感知到某些東西。但無論那些東西是什麼，它一定不是清

1　拉尼爾：「虛擬現實訪談」。

晰的畫面。這種模糊不清的感知比真實更「真實」嗎？當然不。因此，感知是否真實同光學信號經歷多少轉換階段沒有明確關係。

因此，我們暫且推出結論，如果你將實在觀念植根於感知上，則「自然的」和「虛擬的」具有同等的實在性；如果你認為人格作為使感知可能的前提條件是實在觀念的核心（如像薩特把作為自為存在的人叫作「人的實在」），則二者具有同等的虛幻性。

如果我們取第一種看法，這裏似乎同希拉里·帕特南（Hilary Putnam）的「內在實在論」有密切關係。當帕特南聲稱實在論與概念相對性**不相容**時，[1]他假定在我們的經驗中存在着本體的一極，它超越出我們的概念框架。我將其理解為，無論為了不同的概念化我們進行多少可能的選擇，我們使用語言的方式因而多麼地具有相對性，實在不必發生相應的改變。我們可以沿着帕特南的路線進一步走下去，並將其內在實在論從概念領域擴展到感知領域。即，在客體一方，不存在跨越不同感知框架的**實在**，但是一旦我們選擇了某種感知框架，在被選擇的框架內部我們就擁有實在（如果你喜歡「實在」這個詞的話）：實在都是內在的，不多不少。至於我們的實在**感覺**是如何產生的，這是另外的問題，我們將在後面討論。

因此，如果一個數碼化的虛擬世界同自然世界（即擁有組織我們經驗的給定感知框架的世界）具有相對應的規律性，則此虛擬世界在本體上同自然世界一樣牢靠。在我們進入虛擬世界之後，我們會創造出源於我們無限想像力的純粹虛擬事物，這樣我們就能進一步洞觀我們經驗的界限，從而也擴展我們的意義世界的疆界。

我們承認了不同感知框架中的實在的同等實在性，會給人一種暗示，我們似乎可以大膽放棄原本的物理世界。但是，這種暗示是一種誤導的力量。相反，在虛擬現實中，我們也許就不必遭遇傳統空間框架下解釋現代物理學有關因果性聯繫的理論困難。數碼聯繫將代替部分的因果聯繫，利

1　參見 Hilary Putnam, *The Many Faces of Realism*, LaSalle: Open Court, 1987, p.17.

用機器人技術，我們可以從虛擬世界內部作用於虛擬世界外部的自然物體，包括我們的家庭虛擬現實機器的硬件等，從而進行一切必要的工作和活動。我們可以選擇將已知的物理學規律編進我們所設計的虛擬世界結構程序中，這樣我們就能擁有一個同自然世界運行完全類似的但又被極度擴展了的世界；或者我們可以根據需要編制新的物理學規律。這樣一個世界 —— 正如我們將在下一章表明的 —— 和自然世界一樣實在，只不過這個世界是我們自己的創造並且能夠被任意地重新創造：**上帝是我們**。

在結束本章時，我想提醒讀者，我們仍然不是在系統地討論虛擬現實本身，我們所做的這些思想實驗中的境況也不是虛擬現實本身的一部分。但是這些思想實驗幫助我們建立了**可替換感知框架間對等性原理**，在此基礎上我們才能夠在本體論上理解虛擬現實和賽博空間如何可能重新奠立整個文明的根基。

第二章
虛擬底下的因果關聯和數碼關聯

一隻咆哮的猛獸
突然撒開一張巨網
罩住大地上永恆的昏黑
劫走夢魘中富足的幻想

一枚高傲的金幣
躍起噴出熱望之光
燒毀天空中固執的深邃
帶來生命中充實的惆悵

——《日出》，翟振明，1997

　　我們建立起對等性原理之後，現在開始討論虛擬現實本身。我們想知道因果關聯和數碼關聯的結合如何在虛擬現實的框架結構中實施，人類主體和物理世界之間的界面怎樣使得我們能夠在賽博空間中重新建立維持生存的必要系統循環。如果我們能夠證明虛擬世界在操縱物理世界維持人類生存方面具有同自然世界一樣的功能，虛擬現實和自然世界的對等性將在實際功能性的具體操作過程中得到證明。因此，下面我想要說明的是，我們不一定要把所有活動都安排在賽博空間中進行，但我們**能夠**進行我們在自然世界所進行的控制物理因果過程的一切活動。

　　本章中，我們這樣來使用「自然的」「虛擬的」和「物理的」等詞語：自然的或虛擬的東西依賴於特定的感知框架，而物理的東西與感知框架甚至一般的空‐時結構沒有任何關係；因此，物理的東西可以被理解成給予因果規律性的源頭，這種因果規律性預先為人類創造能力設定了界限。在這種意義上，對等性原理貫穿於依賴一定感知框架的自然世界和虛擬世界之間。而物理性的因果關係，由於超越出任何感知框架的偶然性，不受對等性原理制約。（參見圖 8）。

　　為了更清楚地理解這些關鍵詞語的意義及它們之間的結構性聯繫，我們下面將對此進行更深入的討論。

圖 8　對等性原理、自然的、虛擬的和物理的

一、虛擬現實信息輸入的四個來源

當我們在計算機運算的語境下討論「信息輸入」一詞時，我們通常將其同「信息輸出」一詞相對應。所謂「出」或「入」是相對計算機本身而言的。比如，當我們用鍵盤打一份資料時，計算機就是在接受「信息輸入」。為什麼我們要對計算機進行信息輸入？這是因為我們希望在屏幕上看到文檔或圖表之類的輸出信息。在這種信息輸入和信息輸出中，人類主體和計算機是截然分開的，人與電腦通過同一實在層次中的符號界面進行交流。

然而，一旦我們利用手動操縱器進入電腦遊戲中，我們就超越出這種信息輸入／輸出模式，因為遊戲者在遊戲中不必將他們的意圖符號化，他們以同自然環境相互作用相類似的方式與電腦互動，而符號化過程則隱藏在人機相互作用的背後了。因此這不再是上述那種信息輸入／輸出型的操作模式。

然而，在浸蘊體驗中的虛擬現實，進一步超越了這種互動模式，因為人類主體同自然環境的現實聯繫被切斷了，因此他們一般不會只挑出某一自然物體或事件進行直接的相互作用，而是使一個人感知中的一切，包括視覺、聽覺、觸覺、內感覺以及所有觸覺全部協調一致，它們都是處理當下經驗的同等重要的部分。在這種情況下，我們不再像輸入信息那樣向電腦輸入資料；我們只是在賽博空間中活動，我們已經進入虛擬事件過程中了。

在這種虛擬現實境況下，還存在某種意義上的信息輸入嗎？答案是肯定的，只要我們將參照點從電腦運算中心轉向我們的感知和行動中心。從個體的角度看，我們可以討論每個人所接收的信息的輸入來源。也就是說，在這種情形下我們自己從材料的輸出者變成了接收者。從這種意義上講，在一個結構穩定的虛擬世界裏，存在四種可能的信息輸入源不斷向我們輸送形成我們感知經驗的材料：

第一種，自我信息輸入。如同在自然世界中一樣，一個人可以在虛

擬世界中以某種方式使自己產生各種經驗。你可以跑、擲球、開車、砍樹等。當你做這些活動時，你的感覺器官將從虛擬現實裝備以及你的身體內部接受到這些刺激。

第二種，他人信息輸入。當虛擬現實和類似於我們今天的互聯網一樣的全球性網絡結合在一起時，許多人會通過這一技術進行相互聯繫和相互作用，形成一個虛擬社會。在這個社會中，每個人都能從他人那裏接收信息輸入並向他人輸出信息。實際上，現在文本式網上聊天室裏的情形已經可以預示虛擬現實可以將虛擬社會成員間的互動方式發展到什麼地步：最極端的刺激將是性愛的，正如「賽博性愛」一詞表明的那樣。但我們不必在任何時候，或者大部分時間生活在極端狀態。比如，在虛擬社會中我們除了可以擁有性伴侶之外，還可以有網球搭檔、棋友、拳擊夥伴等。成員之間最令人神往的合作，是共同制定一個類似於重建整個賽博空間本身的宏偉計劃，然後將其付諸實施。

第三種，虛擬世界自然過程的信息輸入。如果我們想將我們的虛擬世界設計得類似於自然世界，虛擬現實中的實體必須能夠獨立於我們的願望向我們發送輸入信息。舉例說，如果你不注意保護自己，你可能會被石頭擊中，或者被一陣龍捲風吹走：虛擬世界的自然法則正如自然世界的一樣。由於這些「自然」事件僅通過我們穿的緊身衣給我們刺激，刺激的力度依賴於我們事先的設計，因此如果我們不容許傷害發生，這些「事故」實際上不可能傷害到我們。但是從負的方面講，由於同樣的原因，虛擬的自然界也不能為我們提供維持生存所必需的物質資料。因而，如果我們選擇在虛擬世界中生活，我們必須同虛擬現實的硬件 —— 物理世界發生相互作用，我們必須同我們生理活動所依賴的物理過程發生因果聯繫。因此，就需要下一種信息輸入。

第四種，物理世界自然過程的信息輸入。這種信息輸入以數碼過程為媒介，因此我們在虛擬世界中感知到的刺激不一定與實際的刺激類型相同。我們僅需要相應的規律性，如第一章中的「交叉感知」就是這類輸入的許多可能情況之一。當然，在轉換的初始階段，尤其是當我們想用這類

輸入作為引導我們控制物理過程活動的線索時，我們可能會願意使用較為可靠的簡單模仿轉換方式。即，我們讓事物出現在賽博空間中就像出現在自然空間中一樣。不過，過了這一階段之後，我們可能會希望事物變得更奇妙有趣。這種輸入可以與第三種清楚區分開來 —— 第三種的輸入根本沒有被連接到同一層次物理世界的因果鏈上；因此在這裏我們能夠有效地作出反應並與之相互作用從而控制物理過程。至於如何做到這些，我們將在本章後面部分進行探討。

至此為止，我們從個體參與者的角度討論了四種信息輸入源，我們把其他參與者當作輸入源之一（即上面提到的第二個信息輸入源）。然而其他參與者也是信息的接收者，為了說明我們如何能夠在虛擬現實中過上社會生活，我們必須檢驗一下成員間相互作用的機制。不過在此之前，我們先要知道在完全脫離自然世界的情況下我們如何能夠在虛擬世界中活動。讓我們從今日大多數人對賽博空間的理解談起。

「賽博空間」（cyberspace）一詞目前主要在隱喻意義上使用，並且主要與互聯網相關。當我們在電腦前坐定，打開它，接下來的事情往往如同魔幻一般。如果連接正確，我們可以藉助鼠標與鍵盤開關一個超文本環境。那感覺就好像在顯示屏背後有一個潛在的巨大的信息存儲庫，而這信息似乎總是在不斷再造的過程之中湧現。這個儲藏庫好像在某個確定的地方，就在那裏。我們當然知曉，產生信息的人和信息所在的地方，不是在屏幕之後或是硬盤當中，但這並不妨礙我們把電腦當作一種入口，並通過這個入口與另外一個地方做着相似事情的另外一些人接觸。這樣，我們就在概念上傾向於想像在此處與彼處之間存在着非物理的「空間」，並相信藉助計算機技術，我們可以進入這一「空間」。空間是把我們與他人隔開又聯繫起來的場所。我們以電子郵件的方式給別人發信息，在聊天室與別人聊天；在網上與人下棋，儘管看不見對手，他（她）卻像是就在面前；參加一些在線電信會議，我們卻能體驗到其他與會者的某種顯現。但是，我們在哪兒？與我們交流的人又在哪兒？因為我們可以與他人以某種方式溝通，但畢竟又是從身到心都相互分離的，我們傾向於把這種電子關聯的

潛在能力賦予空間性（spatiality），通常稱此為「賽博空間」。在我們從事互聯網電子事務時，它同時使我們相連又將我們分隔，而且這一「空間」隨着電腦屏幕的開關而啟閉。從這樣理解的「賽博空間」中，我們得到的大都是基於文本加上一些視覺輔助效果的信息。

但是正如有些學者指出的那樣，「空間性」概念是基於對「體積二重性」（volume duality）的理解。一個空間有有形和無形兩個部分。有形的部分由物質實體構成，無形的部分則是空的，是由物質實體割劃出來的。例如，一間房間，它的可利用的空間的體積，即無形體積，是由上下四圍的牆的有形體積割劃出來的。但是基於文本的網絡卻不屬於這樣一種空間。我們為了得到網頁上的文本內容而在網上衝浪，我們知道空間上我們面對着有形的電腦屏幕，但我們不能進入屏幕內部，將文本內容的無形未知部分當作我自己所處空間的延伸去探索。因而，我們知道「體積二重性」對文本資源並不適用，因為如果說屏幕自身屬於空間有形的一方面，而屏幕和我們的距離間隔屬於空間無形的一方面，那麼，在我們涉及屏幕上的文本內容之前，二重性業已完成。因此，文本沒有機會參與這種兩重性的建立。至於一頁文本中的兩個詞的距離，它的唯一作用是區分兩個符號，而這兩個符號也不是物質實體。

然而，當我們逐頁閱讀文本時，如果我們認為未打開的頁面在別處某個地方，我們就可能把空間意義歸於兩頁面之間的距離。選擇「頁面」（page）這個詞本身也形象地說明了對此空間的理解。此外，像「文件」「文檔」「窗口」「設置」這些詞彙，似乎也在暗示當前屏幕背後似乎有某種空間動力過程在運作。但採用這些圖像隱喻的唯一作用在於組織文本內容，而內容本身則不是空間圖像性的。因此，「賽博空間」一詞在這裏不是指衝浪過程中讀到的文本，而是指能使我們在不同的內容單元、頁面之間衝浪的動態關聯力量。我們將有形的空間結構投射到原本的符號關聯上去，雖然我們清楚地知道這些關聯並非有形的或真正空間性的。

因此，被理解為不是空間以外的其他事物而是空間的一種的「賽博空間」，是隱喻意義上的空間。一些人稱它為「非物理」空間，似乎空間允

許非物理形式，但究竟空間如何在原初意義上成為非物理的這一點並未得到任何說明。空間這一術語在隱喻意義上使用似乎是基於我們對電子關聯性的理解，電子關聯性以保存和發送符號性的意義為目的，是聚合與分割內容的一種方法。在這種情況下，「空間」一詞暗示着一連串有形的和無形的集合體，或者意義之存在與缺席之間的相互作用。它引導我們把被傳遞的意義集合體看作被操作行為所分隔的意義集合體，操作行為本身是沒有符號性意義的，它們只是與我們敲擊、拉動、打字等動作相應而已。而這些動作在我們把一個單位的意義聯結和另一個意義聯結並列起來時造成了某種「間斷」感，類似於物理空間的無形或缺對有形體的分割。

英文「賽博空間」一詞的前綴為「cyber」，是源自我們在控制論中把信息控制的過程理解為自我反制的動態系統，該系統能運用負反饋循環來穩定一個開放過程。在這裏，賽博空間這一概念把控制論中所理解的自我反制過程應用到了超媒介（hypermedia）的意義產生過程。這樣，賽博空間意味着有無數的聚合與分離，在線與離線，創建與刪除等等情況發生。這一空間的開放性特徵類似於對物理空間物象性的理解：我們似乎沒有能力想像空間怎麼會是有邊界的。同樣地，賽博空間有最終的邊界也是不可想像的，在網上衝浪過程中遭遇未知事物的可能性永遠存在。這是一個永恆的互動過程。

在這樣一個隱喻情景中，我們又該如何理解「賽博文化」（cyber-culture）這一概念呢？事實上，新聞媒體有把賽博空間與賽博文化等同的趨勢，而忘記了賽博空間最核心的現象學層面的含義。當一些記者試圖扮演網絡文化批評者的角色時，他們不時地傳遞着這樣一種信息：賽博空間等同於數碼化社區或數碼化城市。他們認為，社區、城市的數碼化即刻使個人關係網絡化，正是在這種密切的互聯關係網上，參與者間的民主達到了多樣性與統一性，或一致性與開放性的平衡。但把賽博空間與網絡化的人際關係等同，無助於說明賽博空間與賽博文化的可能性，因為在賽博空間裏賽博文化如何興起這個問題在這裏變得沒有意義了。它也不能幫助我們理解這樣的事實：以文本為基礎的賽博空間的隱喻特性已被移置到對賽

博文化的理解，「賽博文化」也變成一種隱喻，而我們要討論的，是真正意義上的賽博文化，而不是隱喻。

在賽博社區（虛擬社區）概念背後有這樣一個假設：作為文化實體的社區，僅僅依賴共同社會價值的交流活動就能形成。但在現實世界中，我們並不認為單是這種交流就能構成文化一體性形成的充足條件。似乎地理或種族意義上的物理近性，對文化同一性的形成起着更為基本的作用。在有希望成為概念上的工具之前，賽博社區（虛擬社區）這樣華麗的字眼如果沒有經過嚴格的分析論證，對我們正確理解賽博空間與賽博文化是有害無益的。

在空間性意義上，動畫遊戲不同於以文本為基礎的信息交流，因為屏幕上的「分隔」（gap）代表遊戲設置中的無形空間體積。影像是佔有真實空間的有形形體，動畫製作則是再現形體的運動。影像構成的有形體積割劃規定了無形的空間。這些影像必須能在屏幕上移動，從而玩遊戲者所處的物理空間與遊戲形象周圍的空間通過屏幕得以連成一體。在意向性層面，玩遊戲的人可以將自己身處的物理空間和遊戲中的空間連成一氣。

單個遊戲本身還沒資格進入賽博文化的隱喻當中。要獲得這種資格，首先要能夠吸納更多的遊戲玩家，然後允許玩家們在屏幕上選擇自己的形象代表，讓其他參與者不言而喻地把在屏幕上大領風騷或出盡洋相的你的形象代表當作你本身。我們通常稱這些玩家形象替代者為「替身」（avatars）。但因為一個替身代表一個客觀現實中的玩家，玩家的真身與其替身之間所謂的同一性還只不過相當於一種臨時的約定。在這種情況下，不存在本體論意義上的原始的空間構建，胡塞爾現象學意義上的意識構建活動（constitutive act of consciousness）不會把替身周圍的空間與玩家身體周圍的空間當作一個相同的空間。

如果我們把作為玩家真實身體的象徵性代表的替身四處活動的地方稱為「賽博空間」的話，只與意義產生過程的無限開放性這個層面相關的隱喻用法就將會過時。上面所討論的所謂數碼化社區中的成員，勢必要在網絡中用替身來代表自己。然而，親身參與的意識極大程度上依賴於參與者

的自我認同的同一性，而主體與客觀化的替身之間還勢必產生臨時約定無法填充的本體性斷裂。代表只是代表而已，並不是自身。由於這個自我認同上的鴻溝得不到克服，非隱喻的真實意義上的賽博文化仍舊不能形成。

　　動畫遊戲不會停留在玩家加替身的模式水平上。一旦遊戲設置成浸蘊環繞的，玩家就能與外在的自然環境分離開來，而完全進入賽博空間並使賽博空間客觀化。遊戲中客觀化的空間將與玩家自己的視角透視效果一致。這種人造空間將代替原初的自然空間，並且以遊戲者的視野為中心，該賽博空間具備了無限擴展延伸的可能性，而且對遊戲者而言，除了在記憶中，不再有其他水平的空間存在，賽博空間成為唯一被經驗到的空間。三維影像將模仿實境，並隨遊戲者的視角變化而變化，這樣遊戲者就會感覺自己的一舉一動是在獨立真實的世界中的運動。這個世界有使自身不斷演化的潛能，並且能向未知領域無限延伸。它與我們進入賽博空間前所熟悉的那個物理世界在經驗上是等同的。

　　當我們進入這樣一個能使我們與另一個人相互作用的虛擬環境，構建空間性自身時，在非隱喻意義上預想賽博文化的樣式才成為可能。如果我們為了交談、分享價值、表達情感或策劃合作等目的，用這種方式在賽博空間中與另一個人交流，那麼賽博社區就能真正形成，賽博文化也將隨之登台演繹自己的興衰。

二、在賽博空間中操縱物理過程

　　為了論證方便起見，一個人類參與者在這裏僅看作是相互作用的發起者，稱為動因主體。在這裏，如果物理因果過程的唯一目的是將信息從數碼處理機轉送到動因主體或相反，這稱為次因果過程（發生在頭盔中的電子／機械過程就是次因果過程的例子）。如果物理因果過程的目的不是支持計算機運算，而是產生物理性結果或導致其他物理過程，就稱為因果過程（比如，在自然世界中把一台電腦或一隻貓用火車運送到另一個地方）。

　　如果我們不能在虛擬世界中進行和自然世界一樣的生產（乃至生育）

活動，虛擬現實就只能是一個遊戲，無論它如何令人着迷。為了讓賽博空間變成我們新的棲居地，我們必須能在其中從事基本的經濟生產活動，這樣才能提供我們作為個體或整個人類在虛擬世界中生存發展所必需的物質資料。

在創建賽博空間這個超級計劃過程中，我們能夠想像到巨大的技術困難，儘管如此，從理論上考慮這樣的可能性不會有任何困難。如果我們有一台家用實在機器 —— 這個機器相當於一台超級計算機，能夠作為控制中心控制自然世界中的任何種類的機械運動 —— 我們就能經人機界面調動任何物體而毋須實際接觸，像 NASA 的遙距臨境就是這種遙距控制的初級型態。當我們在第一章討論人際之間的遙距臨境時，我們用他人的軀體代替機器人，以說明主體視界如何不同於他者視界。但是既然我們現在假定所有人都浸蘊在虛擬現實中，機器人必須代替人的軀體完成我們在物理實在層次要做的工作。但是，這如何可能呢？

幸運的是，在準備移居賽博空間之前，我們人類在自然世界中就必須同各種自然物體打交道，即通過身體的機械活動製造出我們想要的東西 —— 這幾乎是人類僅有的與自然界作用的方式。比如，運用化學反應製造藥品就是我們通過機械運動將原料進行運輸、混合加工等才完成的。說來讓人驚訝，我們建造大壩、鐵路、超級對撞機、太空穿梭站、核武器以及其他的大型人造物；我們煉油、採石、啟動核連鎖反應等等 —— 所有這些實踐活動的最基本動作不過是動動我們的軀體，將我們極其有限的體力以某種方式施加於某物之上，我們並沒有多做什麼（我們還能夠做什麼？）。當然，這些活動之所以可能，很大程度上是由於我們能夠通過感官從外界環境接受刺激，並將這些刺激轉換成理智層面的有意義信息。這對我們來說是個很大的鼓舞，因為當我們浸蘊於虛擬現實時，我們的感官和智力同物理世界的聯繫不會減少，雖然聯繫的方式可能有所改變。因此，很明顯，原則上沒有什麼東西能夠阻礙我們利用機器人代替我們的軀體為維持我們的生存進行必要的經濟活動。圖 9 表明了這樣一個遙距控制活動鏈的結構圖式。

圖9　從虛擬世界操縱物理過程

　　當然，首先，這種操縱會在自然世界引起一系列相應的平行反應過程，包括開採、建造、製造、運輸、農事、漁業、清潔、循環等等 ——即所有我們在自然物和人工物世界中的活動。

　　其次，這套系統也要求以一種替代性方式將我們自然世界中的人送往別處（實際的旅行），並且使我們能夠通過虛擬接觸完成我們現在需要實際上的相互接觸或自我接觸才能完成的任務。比如，在這個系統中，如果我們想實際地轉移到另一個地方躲避一場龍捲風，只要我們願意，我們可以不卸掉我們的虛擬現實裝備，因為通過虛擬現實和物理實在間的聯繫裝置，我們可以驅動像機器人、汽車以及飛機之類的東西將我們送往我們想去的任何地方。或許在虛擬現實中我們僅需簡單地按一下虛擬的突發事件按鈕，然後將我們的虛擬手指在地圖的某個位置指示器上一點就能完成這一任務。

　　另一方面，如果我們想同他人進行虛擬接觸，目的是產生實際的效果，比如說餵嬰兒或將食物放進自己嘴中，我們也能夠在虛擬世界中輕鬆完成。我們可以以一種類似或不類似於實際餵飯的方式進行這一活動，同時，機器人將完成相應的實際餵飯活動。

　　至於醫生和病人之間的接觸，既然在實際醫院裏大多數設施已經在醫生和病人之間運作着，我們很容易想像出如何將這些設施轉換成數碼控制裝置。而且，關於在遙距手術中應用虛擬現實的研究現在已經非常先進，遠遠超過許多其他方面的可能應用。實際上，被人鍾愛的杰倫·拉尼爾自己一開始就參與了這種嘗試。但是要記住，既然這種人際的實際接觸是由

浸蘊於虛擬現實中的人在背後操縱的，這就要求在虛擬現實中有一個平行的相互作用過程，就像我們將在第五節討論的人際交往過程那樣。

值得一提的是，我們在自然世界中設計機器人系統時，我們可以單單只考慮效率問題。至於其他問題像人機相互作用的外觀美和方便性（有時是安全性）可以完全置之不理，因為人不會實際接觸到這些機器。因此人類的交通方式可以實行標準化，個人交通工具像小汽車、摩托車等統統取消，作為滿足個人口味方式的事物多樣性將通過虛擬現實得到實現。比如，即使你可能在自然世界的一列火車上，你可以選擇感覺是在駕駛自己的敞篷車穿越賽博空間。

除了物質生產和普通的人際接觸外，一個更嚴肅的問題出現了：我們自身的生產，即人類繁衍如何在賽博空間中進行？我們可以通過數碼程序在虛擬世界中創造一些虛擬嬰兒，但是它們除了看起來像人外，本身不具有人的自我認證性。按照我們在第一章中建立起來的論題，來自主體視界的人格同一性是一切感知經驗的必要前提。因此通過計算機程序產生出來的虛擬嬰兒不是潛在的感知經驗中心；它屬於虛擬現實的擴展部分，沒有像我們一樣的本體地位，至於為何如此將在以後加以說明。

因此，如果人類的生育功能必須通過我們現在所知的生物過程來實現，我們必須知道這種作為生物過程的性行為如何在虛擬世界中進行。換句話說，人類為繁衍後代所必需的性行為能夠被賽博性愛替代嗎？

三、賽博性愛與人類生育

幸運的是，男女之間的性接觸也可以歸為圖 9 中活動鏈所顯示的遙距控制活動。與虛擬現實的相互作用過程結合，兩性之間通過人工器具的幫助將能夠完成自然層次的性愛生理過程，同時在虛擬層次充分享受性感和激情。

讓我們來看看，一場精密設計的賽博性愛是可以如何進行的。在女性一方，配有一個人造的男性嘴（包括脣、牙齒、舌頭、唾液等）和男性外

生殖器，這兩樣東西都儘可能地類似人的肌肉，但其表面佈滿了微型傳感器，它們由連接着計算機（實在機器）的電動裝置驅動。陰莖可以隨興奮程度而勃起或收縮，並且在適當的時候射出精液狀的東西。

在男性一方，將會有一個人造的女性嘴和外生殖器，都植有高度靈敏的微型傳感器，並由連接着計算機的電動裝置驅動。至於身體其他部位如胸部和手部的觸覺，普通的虛擬現實緊身衣就可以完成。

現在，男女之間發生的性行為會是什麼樣的情形呢？我們可以就這一過程分兩方面來說明：即虛擬／經驗層面和實際層面。不過為了看清二者之間的即時聯繫，我將對虛擬世界和自然世界兩方面的情形交替描述如下：

我們稱女人為瑪麗，男人為保羅，他們在虛擬世界的一個音樂廳裏初次相遇了。那裏將要上演虛擬現實祖師爺杰倫・拉尼爾的「變化之曲」。瑪麗與保羅正好挨着坐，他們還互不認識。當杰倫開始表演時，瑪麗和保羅立刻感到音樂的共鳴使他們之間產生出某種親和力。在中場休息時，他們開始談論這場音樂和拉尼爾，很快，羅曼蒂克發生了：在音樂會的下半場，他們互相緊握對方的手，並伴隨音樂的節奏浮沉。當音樂會結束後他們離開大廳時，他們的激情像暴風雨一樣爆發出來。

他們立即設法建立了一個私人房間（假定在虛擬世界中他們能這樣做），他們的嘴唇和舌尖開始熱情地尋找對方，他們裸露的身體纏繞在一起，像颶風在搏鬥。當他們的激情逐步上升達到高峰時，他們準備做愛了。「瑪麗，你是我的夢」，保羅喘息着說。「你是我的實在，保羅」，瑪麗低聲回應，他們的身體以和諧的節奏來回移動着。終於，保羅在瞬間的極樂震顫中傾注出他的全部激情，而瑪麗則大聲尖叫，身體的性感部位在極度興奮中陣陣收縮。

儘管瑪麗和保羅的身心均達致極度興奮狀態，我們不要忘記他們只是在虛擬世界中做愛。在自然世界層次上，嘴唇、舌頭、唾液和外生殖器都是為做愛而製作的人造代用品。然而，首先，這些人造器官如何能夠準確配合遠方自然實在中的狀況而膨脹、收縮和運動呢？其次，除了

滿足性夥伴之間的性慾和情感需要外，賽博性愛能夠完成人類生育的生物過程嗎？

　　要記住，就像虛擬現實裝置的其他部件一樣，這些人造性器官不僅是刺激物，同時也是傳感器。因此，舉例說，當保羅將勃起的陰莖插入人造陰道時，陰道口立即作出反應量好陰莖的尺寸和形狀。這一信息將轉化並傳輸到瑪麗的設備中；幾乎同時，瑪麗方面的人造陰莖將在這一信息的引導下，插入她的陰道內，其尺寸儘可能調節得同保羅的陰莖大小相仿。同時，人造陰莖也會以類似的方式測量瑪麗的陰道，然後這一信息將傳送給保羅的設備，用於調節保羅將要插入的人造陰道。當然，來回的抽插運動以類似的方式進行控制。由於從性行為開始到結束是一個連續不斷的實時動態過程，因此上面所說的有節奏配合將使人感到就像在自然世界中真正做愛一樣。

　　現在我們必須處理一個棘手而又至關重要的問題，即在賽博性愛中，如果瑪麗和保羅想要個孩子的話，保羅的精子如何才能射入瑪麗的陰道內。我們知道，由於保羅和瑪麗實際上是遠遠分開的，做愛時瑪麗感覺射入陰道的東西不會真的是保羅在那一時刻射出的精液。因此，音樂會後他們的第一次做愛不可能使瑪麗懷上保羅的孩子。但是我們知道，保羅的精液已經射入人造陰道中了。我們還知道精子可以在體外存活，甚至可以在精子庫存活許多年。因此，現在如果瑪麗和保羅決定在他們第一次做愛後生一個孩子，他們可以通過上節提到的控制裝置將保羅的精子運到瑪麗那裏，在他們做愛後從人造陰莖中射進去，如此這般。或者，如果他們願意，他們還可以採用人工授精技術，這樣生育過程就同性行為完全分開了。在這種賽博性愛中，瑪麗可以選擇任何精液狀的液體或她喜歡的其他液體代替真正的精液注入陰道中。她甚至可以在同保羅做愛時，選用其他男人的精液使自己受孕 —— 如果保羅沒有正當理由反對的話。最後，他們還可以真的跑去見面並真的做愛了。在整個做愛過程中，他們可以除下人造的性器官，而身體的其他部分感知仍完全浸蘊於虛擬現實中。因此，通過賽博性愛實現人類生育，只是第五節將要分析的人際相互作用過程同

第二節所分析的從賽博空間遙距操縱物理過程相結合的一個特殊事例。[1]

在嬰兒出生後，如果瑪麗和保羅想使其成為虛擬世界的一員，他們應該做什麼呢？他們可以在孩子能夠有意義地感知經驗時，就給他／她穿上虛擬現實緊身服。他們如何做到呢？當然還是利用機器人遙距操作來實現。

邁克爾‧海姆在其《從界面到網絡空間 —— 虛擬實在的形而上學》[2]中提出過一個他稱之為「賽博空間性愛本體論」的極具刺激性的論題。他將性慾看成是擴展我們有限存在的一種本能衝動，這種將虛擬現實看成在根本上就是性愛的驚人描述的確具有某種合理性。這裏我們也看到，當賽博性愛成為我們虛擬現實事業的必要部分時，我們在虛擬世界的戀愛活動如何必須達到它的極致。

有些人會覺得，為了人類生育實行遙距操作是不必要的。他們認為虛擬世界是一個完全自足的世界，在那裏，人的大腦模擬程序能夠代替遺傳基因。按照這種說法，虛擬世界圖景的背後不必存在有意識的感知者感知事物：計算機程序可以完成一切工作。如果一個電腦模擬的女人形象在虛擬現實中懷孕了，之後一個模擬嬰兒從她兩腿間生了出來，後來這個模擬嬰兒長大成人，最後結婚生子，然後生命周期就像在自然世界中一樣繼續下去。他們之所以這樣想，是因為他們認為所謂幕後感知的心靈甚至一開始在自然世界就是虛構的東西。按照這種觀點，甚至當第一代虛擬現實遊戲者死後，世上無人再穿戴虛擬現實緊身服和頭盔時，賽博空間仍會繼續發展下去，他們的替身也會繼續生活下去。

然而，這種觀點不僅是完全錯誤的，而且是極端危險的。其錯誤在於，如果情況如其所說，虛擬現實本身將首先失去意義。既然虛擬現實同我們的感官沒有關係，我們就不需要穿戴緊身衣和頭盔去創造賽博空間。我們只要

1　實際上，除了性活動外，許多有趣的活動都可以是這種方式結合的結果。外科醫生和病人之間的互動就是一個明顯例子。

2　Michael Heim, *The Metaphysics of Virtual Reality*, New York: Oxford University Press, 1993, chap.VII.

編一個虛擬現實程序，然後在電腦中運行就夠了，我們不必考慮如何產生並協調不同的感覺樣式。在這種情況下，運行一個虛擬實程序與運行一個文字處理機沒有什麼區別。這幾乎就像是說寫一本歷史書等同於實際創造了整個歷史；或者說通過寫劇本，莎士比亞創造出李爾王、哈姆雷特以及其他的真實人物。這即表明為什麼這種觀點是極端危險的：如果我們相信它，殺人將被認為同燒一本故事書或弄壞一張軟盤沒有什麼區別。[1]

　　但是你可能會問，如果虛擬現實為了實現人類生育的基本功能必須依賴於自然實在而不是相反，這是否意味着自然實在比虛擬現實更根本？不，因為正如圖 8 表明的那樣，決定人類生育運行過程的是物理或因果的聯繫，而不是在自然世界中經驗地觀察到的那種聯繫。不過由於我們已經知道自然世界中促使事情在因果層面發生的常規方法，我們就利用這種知識設計出虛擬現實，並在那裏使同樣的事情在同樣的因果層面發生。這是如何做到的呢？正如前面所說，我們是通過遙距控制來實現的。在人類生育的情況下，我們必須將男人的精子和女人的卵子在自然世界中結合，即使在虛擬世界中這種結合不必表現成結合的形式。為了能在賽博空間生存和繁衍，我們必須把這件事當作一項必要工作來做。

四、超出必需的擴展部分

　　既然我們能夠在虛擬世界中完成所有必要的工作，包括生產和生育，我們可以說虛擬現實只是常態生活的另一形式嗎？回答是：虛擬世界比自然世界更豐富多彩，因為我們可以有巨大的潛在空間來創造性地擴展和改變我們的經驗；這空間如此之大，以至於唯一的局限就是我們想像力的局限。從理論上講，我們可以將虛擬現實看成由以下兩個根本部分組成：
1. 奠基於自然實在之上的基礎部分，為了生存我們必須依賴它進行必要的

1　當我們在第四章討論丹尼爾·丹尼特的意識哲學時，我們將會知道為什麼甚至聰明人也可能犯這類大錯誤。

對物理過程的遙距控制。2. 從賽博空間**內部**衍生的擴展部分，它只是我們創造靈感的藝術產物，不產生任何實際結果。迄今為止在前面章節中，我們只考慮了基礎部分。正是這個與自然世界相對應的基礎部分具有與自然實在相同的本體地位。

在基礎部分方面，虛擬現實現在已經顯示出較為光明的前景。通過模仿自然世界的感知經驗，我們可以在一開始就能更自然地適應虛擬世界。但是，虛擬現實能夠做到的遠遠超過這些。我們有希望看到的虛擬現實最奇妙應用之一，是遙距臨境和視覺放大的結合。舉例說，通過這種結合，外科醫生能夠「進入」病人的腹部檢查其內部器官，就像害蟲控制專家檢查一間房子一樣。在查完之後，醫生仍可以繼續浸蘊於虛擬現實中，在微型機器人機器手的幫助下對病變器官進行外科手術。關於這種藝術化的景象，我們可以參閱邁克爾・海姆的描述：

> 遙距臨境醫術可以使醫生進入病人體內而不必留下較大的傷口。像理查德・薩塔瓦（Richard Satava）大夫和約瑟夫・羅森（Joseph Rosen）博士這樣的外科醫生在利用遙距臨境進行膽囊切除的例行手術時，不必用傳統的手術刀在身上切口。手術痊癒的病人身體幾乎不受什麼損傷。僅有兩個細小的切口用來放入腹腔鏡檢查工具。遙距臨境使外科醫生能夠為遠方的病人施行專家手術，而不必親臨現場。[1]

這種場面真是太精彩了，但是我們的哲學反思一定要超越這種技術的偶然性。事實上，除非我們在機器人幫助下能有效地從賽博空間內部控制所有相關的物理過程，我們沒有理由聲稱虛擬現實能夠從最根本處改變整個人類文明。因此，我們的視角不應局限於不久的將來什麼技術能夠有助於我們理解虛擬現實的內容是什麼。要點在於，無論實踐上的困難看起來有多麼巨大，如果我們能夠在虛擬現實中實現一小部分的基本經濟功能 ——

1　Michael Heim, *The Metaphysics of Virtual Reality*, New York: Oxford University Press, 1993, pp. 114-115.

這一小部分已經涉及虛擬現實全部運行機制的每一個必要層面 —— **原則上**我們就能夠實現自然實在的所有功能。

可以確定的是，虛擬現實基礎部分的運行對於我們的生存是不可或缺的，它的運行方式原則上講就是我們前面所說的那些。然而，虛擬現實最具魅力的不是我們能夠在那裏生存這一事實，而是其更深遠遼闊的前景：它使我們能夠以前所未有的方式擴展我們的經驗。為了加深理解，讓我們先看一下 *Omni* 記者的印象主義式的描述：

> 在加利福尼亞州帕洛阿爾托市杰倫·拉尼爾的凌亂住宅裏，客廳的牆壁上懸掛着印度教四臂女神迦梨的畫像。畫中她的四個大拇指和餘下十六個手指靈巧地彈奏着錫塔琴。大多數西方人會覺得這張畫像是非常奇特的，但是在虛擬現實表象世界的背景下 —— 拉尼爾無疑為這一背景的大宗師 —— 迦梨看起來就像 Betty Crocker 一樣正常。
>
> 虛擬現實（或人工實在）是一種熱門的新計算機技術，它能夠讓你做不可思議的事情 —— 從穿過心臟主動脈游泳到在土星光環上遛狗……［虛擬現實］使人們能夠在彩色動畫中設計自己的夢想，然後讓他們的朋友加入其中。[1]

虛擬現實打動我們的正是這種讓我們「做不可思議之事」的潛力，它創造出完全獨立於所謂物質性的純粹意義領域。這也就是當人們問所謂的無意義問題「生活的意義是什麼」時所指的那種意義，這一點將在後面的論述中清楚闡明。

虛擬現實的擴展部分沒有同基礎部分一樣的本體地位，這是因為，首先，擴展部分的虛擬物體在自然世界中沒有與之有物理因果聯繫的對應物。它們是在數碼和次因果聯繫的層次上產生的，脫離了物理因果聯繫層次。在擴展部分，我們可能碰到各種各樣的由數碼程序產生的虛擬物體。我們能感知到虛擬石塊，它們有的有重量，有的根本沒有重量，我們還能

1　Doug Stewart, "Interview: Jaron Lanier", in *Omni*, vol.13, 1991, p.45.

看見隨時會消失的虛擬恆星，感覺到產生音樂的虛擬風等等。我們還可以有虛擬動物，它們有的像我們過去在自然世界中見到的動物，有的不像。其次，我們能「碰見」虛擬「人類」，它們的行為完全由數碼程序決定；它們不是動因主體，沒有主體視界，不能感知和經驗任何東西。因此，擴展部分的事件既不同因果過程相聯繫，也不是由外部有意識的動因主體發起的。這是一個純粹模擬的世界。

　　有趣的是，拉尼爾一方面作為使虛擬現實商業化的第一人，是最重實際的虛擬現實先驅之一。另一方面，作為音樂家和視覺藝術家，他也是這一領域最古怪的追夢者。我們來聽一聽他所說的發生在他公司裏的事情：

> 　　在 VPL 中，我們經常變化成龍蝦、瞪羚、長翅膀的天使等不同的生物逗樂。在虛擬世界裏換一個不同的身體比換一件衣服的意義要深遠得多，因為你實際上改變了你的身體力學。……虛擬現實的感覺特徵完全不同於物理世界［用我們的話說就是自然世界 —— 本書作者］。……令人振奮的是想像力的疆界，人們虛構新事物的創造力浪潮……我想為虛擬現實製造像樂器一樣的工具。你能拿起它們優雅地「演奏」實在。你可以用一個幻想的薩克斯管「吹」出一個遠方的山脈。[1]

因為在虛擬現實中我們能夠創造出我們想要的「實在」，在同一次會談中，拉尼爾建議稱之為「意向」實在會更好。這的確是一個好主意，但是意向性不必導致任意性。相反，如果我們想創造一個可以同自然世界相提並論的擴展的虛擬世界，我們最好考查一下我們的創造性怎樣才能將我們同物理世界重新連接起來。這樣，我們才能證實我們有能力改變我們稱之為「實在」的基本結構，而不是僅僅弄一些華而不實的噱頭。也正是在這一關節點上我們通過虛擬現實基礎部分和擴展部分的運行來檢驗我們的本體創造者地位。

1　Doug Stewart, "Interview: Jaron Lanier", in *Omni*, vol.13, 1991, pp.115-116.

與圖 8 所示相反，一般的感覺以空 - 時結構作為物理性的最後限定。我們暫且撇開對時間感知的討論，我們可以看到，通過提供不同的感知框架，我們如何可能改變我們的空間位置感知。假定我們在將自然世界的光學信號轉化到頭盔小屏幕時重新調整其順序，使得我們在賽博空間中看到如圖 10 所示的不同但是有規律的對應信號序列（為簡單起見我僅顯示這一調整的一個維度）。經過重新調整，原來在自然世界中感知為連續的信號，現在在虛擬世界中成為不連續的。比如，一顆子彈從左邊飛到右邊在自然世界中顯示為從 0 到 9 一系列連續的視覺圖像，但是經電腦程序轉換到虛擬世界後，子彈的圖像將首先出現在右端，然後突然跳向左端，然後跳回右邊（但不像剛才跳那麼遠），然後跳回左邊，如此等等，最後在中間 9 這一點上消失。因此，在自然世界中感知的空間位置性在虛擬現實中成為斷裂的，因果性聯繫同純粹的數學相關性沒有了區別。

自然序列　　　　　　　**虛擬序列**

0 1 2 3 4 5 6 7 8 9 ------ ➤ 1 3 5 7 9 8 6 4 2 0

圖 10　改變的光學信號序列

自然，當我們從一個觀察參照點轉向另一個時，空間結構的重新整合產生的視覺效果將變得非常複雜。舉例說，假定在自然世界黑板上寫有 ABCDEFGHIJKLMNOP 的字母序列。在一定條件下，這序列由於太長而不能被整個看到，僅第一部分 ABCDEFGH 進入視野中。在虛擬世界中，由於空間結構被重新整合，這部分將變成 DCBAHGFE；即原來在兩端的兩個字母 A 和 H 現在到中間了；原來在中間的 D 和 E 則到了兩端，依次類推。

現在，假如你在自然世界中將頭向右偏轉，你的視野範圍將發生改變。假定在自然世界中你轉頭後看到的是序列的 CDEFGHIJ 部分。但是在轉動頭部時你仍浸蘊在虛擬世界中，你將會看到什麼呢？假如自然世界和虛擬世界的空間結構對應如上面所述的話，你將看到 DCBAHGFE 變成 FEDCJIHG。

因此，在自然世界，你轉動頭部會連續地看到同一長序列的不同部分；但是在虛擬世界中，你會看見 DCBAHGFE 變成 FEDCJIHG，字母的有序性消失了。從第一個視野到第二個視野的轉換似乎是雜亂無章的，因為在自然世界的靜態圖像現在在虛擬世界看起來是跳動不居的。也就是說，當我們的觀察參照點改變時，自然世界中靜止的東西在虛擬世界似乎是運動的。這當然要求我們按照新的位置感知重新表述物理學規律。但是只要虛擬現實和自然實在的空間結構之間是有規律的對應關係，這些重新表述的規律就表示同樣的獨立於我們的虛擬或自然世界感知的因果規律。

因此物理性和因果關係不必具有給定空間框架，且必須被理解為獨立於自然性或虛擬性。在這種情況下，休謨的偶然連結對必然聯繫問題似乎得到了解決。

考慮到我們的對等性原理，或許我們也可以用這種方法解決量子非局域性的實驗難題：既然兩點間的空間距離只是由偶然加之於我們的感知框架決定，任何所謂的空間事件也可能在一開始就被感知為非空間的，反之亦然。

進一步說，假如我們從孩提時代開始，將我們的虛擬現實經驗按照上述例子中改變後的子彈運動模式調整，則在虛擬世界中我們的心靈可能將習慣於將其感知為連續的。相反，如果我們除下虛擬現實裝備，我們會感到子彈運動不是連續的。也就是說，我們的連續性和不連續性感覺（不僅僅是我們用這個詞的方式）完全反過來了。之所以如此，是因為在引起我們感知空間不連續性的信號之間沒有內在的「裂縫」，而在引起我們感知空間連續性的信號之間也沒有內在的「平滑」。空間連續性僅是我們構成性意識中協調感覺的重複性樣式。[1]

我們能夠看到，虛擬現實基礎部分和擴展部分的結合會產生更多可能的變化方式。後面我將用虛擬現實科學博物館的概念設計的方式，來描述

---

1 僅時間的連續性或不連續性作為意識的意向性投射的結果內在於信號序列之中。這一點將在第五章對意識的單一性有所討論後得到更清楚的闡明。

其中的部分。這裏，我們只討論與本篇內容特別相關的兩個例子：

如果在自然世界我們的頭轉動 180°（或其他任何度數），而數碼化程序的介入使我們在賽博空間返回到原出發點（360°），則按照我們在第一章建立的對等性原理，我們能夠合法地聲稱我們在轉動點上轉動了360°。畢竟，根據愛因斯坦的廣義相對論，不存在絕對的參照系決定我們的頭轉動了多少度。

第一章提到的交叉感知沒有經過計算機運算過程，現在可以用計算機代替聲光轉換器。自然世界的聲音信號被麥克風接收，光信號被攝像機接收，然後輸入計算機中。計算機軟件則這樣設計：浸蘊於虛擬現實的人接收視覺信息的變化同麥克風收到的自然世界聲音信號的變化對應一致，接收的聽覺信息則相反。顯然，就物理輸入與參與者經驗之間的關係而言，這一過程將產生與轉換器相同的效果，即，看到我們通常聽到的，聽到我們通常看到的。

這些變化方式有助於我們洞見因果聯繫的本質，但是不必一定有利於我們對虛擬現實基礎部分運行的遙距控制。結合基礎部分和擴展部分運行的更實用方式，大概如拉尼爾所述：

> 建築師能夠在房屋建成之前就使其有實在感，並且帶領人們進入其中。最近，在和太平洋貝爾實驗室共同進行的一次演示中，兩個建築師通過電話聯繫，考察虛擬現實的一個日托中心設計方案。他們互相展示自己提交的設計的特點；他們能夠看到對方在房間中走動，並能隨時改動房屋的設計。通過穿戴某種特製的手套，他們能夠將自己的身體變幻成兒童身體的樣子。這樣他們就能夠像小孩子一樣跑來跑去，並且從孩子的角度出發考察像飲水機之類的設計是否合理。[1]

關於虛擬現實的心理學層面，妮科爾·斯鄧葛（Nicole Stenger）高度

1　Doug Stewart, "Interview: Jaron Lanier", in *Omni*, vol.13, 1991, p.113.

敏感地意識到我們的心靈理解「實在」的方式可能受到怎樣的影響，她將
其作為虛擬現實經驗的心理學後果：

> 我們的心靈正在溫柔地泄漏出七彩虹般的幻想，很快有無數
> 即將涵括大地並且改變人們心理氛圍的幻想加入進去。感知將會
> 改變，一起改變的，是實在、時間和生死的意義。[1]

她的描述是詩意的，但是她的態度有點太謙遜了。事實上，在我們進
入虛擬現實之前，我們在哲學層次對虛擬現實可能性的思考已經開始消除
我們關於自然實在和虛擬現實區別的成見。正如我們所見，按照對等性原
理，自然世界和虛擬現實基礎部分的區別在本體論上是站不住腳的，因為
二者是本體對等的。

如果我們只考慮當下經驗，我們甚至可以抹去虛擬現實基礎部分與擴
展部分的區別。在我們進入虛擬現實後，我們能夠以這種方式將基礎部分
和擴展部分的運行結合起來，使得它們僅在目的論層次上具有必然區別。
即，當我們區分為了生存哪些東西必須做時，我們不是根據它們真實或不
真實，而是根據我們要達到的目的來作出。這樣，當我們進行前反思感知
時我們實際上將消除二者的本體區分。

我所說的「目的論區別」可用自然世界的一個簡單例子說明：為了商
務旅行和為了娛樂旅行之間，存在目的論區別，因為二者的目的不同；但
是它們在本體上是相同的，因為與它們運作過程的直接相關的客觀特性相
同。在我們的虛擬現實終極編程中，如果我們願意，我們當然可以將基礎
部分和擴展部分功能的不同化歸為目的的不同。在這種情況下，較高層次
的因果關係和純粹虛擬事件的規律性在經驗上將沒有區別，但是人們所期
望的結果是不同的。我們進入虛擬世界前常遇到這類情況，比如，當我們
按下錄音機按鈕時，我們不會期望災難性後果；但是當我們在五角大樓的

1　Nicole Stenger, "Mind Is a Leaking Rainbow", in Michael Benedikt ed. *Cyberspace: First Steps*, Cambridge: MIT Press,1991, p. 50.

某部門按下類似按鈕時，我們知道這可能會發動一場核戰爭。在這裏，如果我們不知道按兩個按鈕的經驗在目的論層次可能產生的不同後果，它們在本體層次則幾乎是相同的。與此類似，虛擬現實基礎部分和擴展部分運行的區別也可以這種方式劃分。

我們也能在取得一致共識的基礎上，進行最具挑戰性的集體創造，即重新創造賽博空間的整個框架結構，從而確證我們的本體創造地位。當然，這項工作要在虛擬現實中進行。拉尼爾告訴我們在虛擬現實中程序設計如何變得更有趣和便利：

> 計算機程序設計師能夠立即看到整個程序。一個大的程序可能看起來像一個巨大的聖誕樹，你可以變成一隻蜂鳥繞着大樹飛。你也可以在任何枝頭停棲，詳細考察程序各部分的結構。更有甚者，你還能夠學會在空間中設計一個非常大的立體程序。[1]

無疑，我們能夠在浸蘊虛擬現實世界之中的同時重新設計虛擬現實本身，使其基本結構產生根本性的改變。這將使我們更接近本書的主題，即，終極的本體再創造：上帝是我們。

五、成員間的相互作用

如果我們全都浸蘊在賽博空間中，被虛擬現實環繞，我們之間的相互作用則無需前面所說的**因果聯繫**過程，我們只需要次因果聯繫或數碼聯繫。然而，我們的虛擬現實緊身服會刺激我們，向我們輸送豐富的經驗。按照對等性原理，這些經驗可以像我們進入之前一樣真實或虛幻。因此，我們得出圖 11 所示的成員間的相互作用鏈，箭頭表示作用方向。

當一個成員產生意念並開始行動時，她是作為一個動因主體起作用。一旦開始行動，她首先自己經驗到行動，從此經驗中她得到即時反饋信息

1　Doug Stewart, "Interview: Jaron Lanier", in *Omni*, vol.13，1991，p.114.

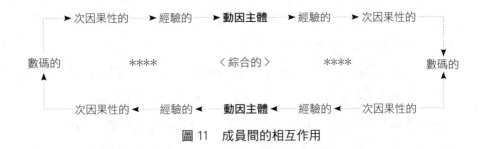

圖 11　成員間的相互作用

指導她向目標行動。在虛擬世界中，她的行動在細節上可能類似或不同於在自然世界的行動，但基本模式仍是相同的。

　　假定她開始跳上屋頂，她跳躍的努力引起她的身體同虛擬現實緊身衣發生相互作用，相應的信號產生並輸送到計算機或者如拉尼爾所說的家用實在機器中。這是一個我們稱之為次因果性的過程，因為它的唯一目的是產生數碼信息。一旦信號轉換成計算機能夠運行處理的二進制代碼，次因果過程就結束了，數碼過程開始了。在真正的相互作用情況下，新獲得的代碼立刻進入計算機運算過程，這一過程同時也處理其他可能主體產生的代碼。故此過程一方面要處理許多成員產生的代碼，另一方面數據庫還要負責虛擬世界實體的形成和活動。這一過程是完全按照程序師設計的數碼化命令完成的，至於這個過程是用什麼物理過程來支撐的，那就無關緊要了。

　　然而，此後計算機運算的數碼結果必須再經虛擬現實緊身服還原成新的刺激信號（視覺、皮膚的壓力等），輸送給現在作為接收者而不是動因主體的成員，這又是一個次因果過程。當然，作為行動的結果，跳躍者在虛擬世界中將經驗到一些新東西。如果家用實在機器程序的設計使跳躍者經驗類似於自然世界中的經驗，在沒有其他成員或意外自然事件干擾的情況下，跳躍的成功將會產生適當的視覺、聽覺和其他相關感覺刺激。如果程序設計成與自然世界經驗不同，則其虛擬現實經驗也會相應改變。這些經驗將導致此人再次作為動因主體進一步行動。第一個作用鏈結束了，第二個開始了，如此等等，依次類推……假如在跳躍時其他成員試圖阻止

她，或者想同時跳上屋頂把她撞倒，她的跳躍將不能成功，虛擬現實機器將向她輸送與此相應的他種刺激。

邁克爾‧貝內迪克特（Michael Benedikt）提出一套關於賽博空間建築的系統建議，在那裏人們不會失去「實在」的感覺，反而可能會從相互作用時帶來的聯合作業功能中受益。[1]不過，在將這種設想變成現實之前，我們從當前流行的萬維網中可以見其端倪。一些網站以虛擬現實標記語言（VRML）為基礎，向我們初步展示了三維「賽博城市」的雛形，雖然不是以浸蘊形式出現。還有，你可以在互聯網上利用這些網站組織在線互動會議。一旦許多網上聊天站同這些前虛擬現實站點結合在一起並為我們提供一個浸蘊環境，並且一個人自我形象的文字說明被所謂的替身（avatar）代替時，網絡就會變成一個虛擬棲居地。我們將能夠在這裏以預想的方式進行相互作用，這樣我們就可以在更深刻的意義上將其稱為「賽博空間」。關於萬維網外部的人際虛擬現實遊戲領域，我們可以參看邁克爾‧海姆對邁倫‧克魯格（Myron W. Krueger）成就的描述：

> 在克魯格的電視遊戲房裏，人們在各個獨立的小隔間中相處，他們互相在對方身體上繪畫、做自由體操運動以及呵癢等。在克魯格的光聲遊戲房 Glowflow 中，伴隨着人們的運動，磷光管放出各種光芒，並發出人工合成的音響。[2]

如果我們還記得第一章討論的交叉通靈境況，我們現在可以考慮它的虛擬現實變種了。我們在虛擬世界中可以非常容易地同其他成員交換視界，而不必置換由我們行動所控制的身體。如果在你我之間發生這種情況，則你的活動決定我能看到的東西，並且我僅能看到被我控制的身體，此身體是在空間上與我分離的一個客體；反之，對你也是如此。在這種情況下，我們還能夠置換身體而使原有視界保持不變嗎？當然可以，但是這

1　Michael Benedikt, "Cyberspace: Some Proposals", in Michael Benedikt ed. *Cyberspace: First Steps*, Cambridge: MIT Press, 1991, pp 119-224.

2　Michael Heim, *The Metaphysics of Virtual Reality*, New York: Oxford University Press, 1993, pp. 115-116.

與我們剛才所說的交換視界沒啥不同。它們在功能上是對等的，唯一的區別是我們理解置換這個詞時所選擇的參照系不同。

很清楚，賽博性愛，無論是作為自足的目的還是作為人類繁衍的手段，都必須牽涉物理性自然的**因果**過程。它必須進行遙距控制活動。但是，成員間為了交流或娛樂進行相互作用，則不需要因果過程做媒介。這些事情都可以在數碼和次因果聯繫的層次上完成。在這裏，基礎部分和擴展部分融為一體，因而不能相互區分開來。

但是這是否意味着，物理性或因果性聯繫如圖 8 表明的那樣，似乎是外在於心靈的東西？不是的。在引入感知框架之前，沒有什麼外在或內在的區分。圖 8 表明的是一種邏輯關係，它並不表示內在或外在的空間關係。從根本上說，物理性和因果決定性是對等的。即，心靈在打開感知之窗時必須遵循一種前定的規律性。「世界如何才能被構成」的問題，有一種強制性限定，正是這種強制的限定，使我們產生物理性和客體性的感覺，並因此產生自我和世界的對立。這也是駁斥認識相對主義，區分思維正確與否的最終根據。

六、不可逆轉的最後抉擇：警覺！

為了說明普通的娛樂性虛擬現實如何可能會不可逆轉地發展為終極再創造，我們最好在這裏設想一個虛擬現實版本的科學博物館，這樣的博物館，按現有的技術我們可以馬上建立起來。

與工業性虛擬現實相比，科學博物館虛擬現實具有作為形而上學實驗室的功能優勢。它不必考慮其他的實用後果，唯一目的是吸引參觀者前來娛樂和學習。那麼我們打算表達什麼樣的主旨呢？當參觀者被連接到我們的虛擬現實設備時，我們該讓他們產生什麼樣的經驗呢？

無論未來虛擬現實在工業中的具體應用能夠發展到何種程度，來自虛擬現實博物館的同樣奇特信息和經驗類型仍具有重大意義。當然，我們在這裏必須**忽略**虛擬現實的經濟功能，而只關心虛擬現實如何能幫助我們理

解實在的**本質**。我們希望來賓在參觀時及參觀後提出並思考這類最深刻的問題：「在何種意義上我們能夠區別虛幻與真實？」「有沒有可能在我們聽說虛擬現實很久很久以前，我們就已經浸蘊於一個高度發達的虛擬世界中了？」或者「我們有無可能終身生活在這個虛擬世界中，就好像它是我們所知道的唯一世界？」

下面所述，可看作一個準備真正提交給博物館館長的虛擬現實科學博物館設計方案。為將虛擬現實事件的敍述和自然實在事件區分開來，本小節此後的所有楷體字均是關於虛擬現實事件的描述。每一步驟都意圖闡釋開頭黑體字提出的觀念，而敍述的具體過程僅是體現基本原理的多種可能途徑之一種。

1. 虛擬現實出入口處自然世界和虛擬世界間的模糊過渡區。參觀者穿戴好虛擬現實服裝（頭盔、手套等）後，看到和過去同樣的環境（大廳內的虛擬現實設備以及其他佈置、牆壁等。）她也看見自己穿戴着虛擬現實服裝。她所穿戴的東西似乎沒有改變她所看到的一切，頭盔就像沒有擋住她的視線一樣。

這時，一位「管理員」吩咐她從虛擬現實房間門口走出去，一直走到博物館外面的大街上。但是當她到了大街後，看到了一個完全陌生的景象，管理員告訴她，她已經在虛擬世界中了。她想儘快結束這一經歷，恰好看到一個出口寫着「回到真實世界」，她就從這個出口走出去。然後，她又看到了那個「管理員」，「管理員」告訴她按照某種具體指令脫去虛擬現實服裝。她照做後，一下子就看到了她在進入遊戲之前所看到的虛擬現實房間的熟悉景象。然而，事實上所謂「脫去」僅是她的虛擬現實經驗，她實際上仍穿着這套衣服；精密的設計使得她不能直接看穿這套把戲。現在她可能正以為自己已經回到了真實世界。

當她向虛擬現實房間「出口」走去時，她得到一塊博物館專為參觀者提供的點心。她想咬一口，但什麼也沒咬到！同時，整個視野突然變得一片漆黑。她這才意識到自己仍在虛擬現實中。幾秒鐘後，她脫去了虛擬現實服裝回到真實世界中。她怎麼能確定自己不是進入了另一個圈套呢？別

着急。她會再次得到一塊點心。這次她將真的咬到並且……

2. 真實的和虛幻的。 二者之間區別所依據的原理將是下一章討論的話題。這裏我們試圖演示參觀者的經驗如何影響她在感知層面對二者的區分。

參觀者穿過門前的台階，她感知到的每樣東西都能被看到、摸到，在敲打的時候還能聽到聲音。一個棒球從牆上彈回來，她抓住它時手還隱隱震痛；她握住它時感覺到一個真正棒球的重量。所有東西遵循着同自然世界一樣的物理規律。汽車按照同樣的交通規則行駛，風像往常一樣吹彎了樹梢。而房屋和山脈依然矗立在那裏，沒有明顯的變化。其他東西如流水和船舶都不依賴於她的觀察而自在地運行着。她看到一輛寶馬轎車在等紅燈轉綠。轉過頭來又看見一隻狗在繞着自己的尾巴尖打轉。幾秒鐘後她又回頭看那輛寶馬時，發現它已經開到 20 米之外了，<u>並且還在繼續加速</u>。這樣說來，在她看這輛寶馬的兩次間隔中，所有與這輛車有關的事件都按照物理規律自在地運行着，就像在自然世界一樣。

但是她終於開始發現一些似乎不太真實的東西。不過這些東西仍然不依賴其意志而自在地運行着，不過運行的過程不像她早先看到的寶馬那樣具有規律性和可預期性。一隻小鳥突然出現，然後變成了一架模型飛機，接着又消失在虛空中。而她的苗條身材則變得十分龐大。

後來，事物完全就是「虛幻的」了，因為當她看見一個奇怪的物體向她衝過來，於是想把它推到一邊去時，她的手碰不到任何阻隔。她抓住一隻棒球，但是這個球沒有任何重量。她發現她可以通過口令把這些物體變成別的東西。最後她能發出命令將自己隨時轉移到她想去的任何地方，並且任意重建整個周邊環境。她可以讓各種各樣稀奇古怪的東西反覆無常地出現和消失。當所有在後面第 3、4、5 條和第 7 條描述的變化結束後，她將往回走，在返回自然世界之前進行一次從「虛幻」世界到「真實」世界的返回。

3. 選擇感知框架的可能性。 按照我們在第一章提出的對等性原理，我們在自然世界的經驗感知是建立在我們偶然持有的感覺器官的基礎上的。

但是，我們往往傾向於認為，世界就是像我們感知的那樣自在地存在。浸蘊於虛擬世界後，參觀者漸漸意識到存在其他感知框架的可能性，它們可以像我們原有的感知框架一樣起作用，甚至比我們原有的更好。

參觀者走出房間，看到直接從門外攝像機傳輸過來的沒有修改過的景象。她也聽到直接由麥克風傳送過來的聲音。她看見和聽到的東西和我們在自然世界看到聽到的一模一樣。但是，當她轉過頭來時，景象角度的變化比在自然世界中快了一倍，因為攝像機鏡頭的變化是按照她轉動速度的兩倍設計的，這樣，當她的頭轉動 180° 時，她的視野回到了原來的地方。

現在，她被告知，到了交叉感知階段了：突然，聲音信號轉化成光信號，而光信號轉化成聲音信號，這些都是由計算機按照相應的變量控制的。她開始看到我們聽到的東西，並且聽到我們看見的東西。當一輛救火車駛來時，她看見一道眩目的光亮閃過，這是汽笛聲轉化的結果。當我們看到強烈的閃電後面跟着震耳欲聾的雷聲時，她先聽到閃電轉化成的雷聲，然後看到雷聲轉化成的閃電。

交叉感知階段過後，她現在開始看到和聽到更大範圍波長的事物：她看到我們所不能看到的、只發出紫外線或紅外線的東西，聽到已轉化成正常聲音的超聲波。

然後，她開始經驗事物尺寸的大幅度變化：她被連接到計算機上，在顯微鏡的幫助下，用「放大鏡頭」看和觸摸屏幕表面上的凸起和凹陷，在自然世界的人看來那裏完全是光滑的。她也能夠「拉長鏡頭」，在人造衛星信號傳送機制的幫助下飛離地球，鳥瞰世界。所有這些變化都應安排在從虛擬到真實的過渡中間。

4. 有限無邊的空間。日常感覺使我們相信，無限大和無限小都是無窮無盡的。一方面，我們可以將事物分割得越來越小，但是仍會有無限的更小部分存在；另一方面，我們可以跑得越來越遠，但是還會有無限的更遠地方存在。但是這種無限無邊的空間觀念已經受到嚴重挑戰。相反，愛因斯坦的有限無邊空間觀念得到較多的認同。但是在虛擬現實出現之前，我

們不能夠經驗任何一種這樣的可能空間模型。現在，虛擬現實可以為參觀者提供至少兩種這類空間模型的經驗。第一種模型是空間的最大邊界和最小邊界融為一體。參觀者將鏡頭放大，看到物體越來越小的部分，但是在某一點上她跨越了最小部分的門檻。在那一點上，她的視野同當她將鏡頭不斷拉長到極限所看到的東西一樣。現在如果她繼續將鏡頭放大，她的視野將回到出發點上。

反過來說，她也可以一開始就不斷將鏡頭拉長到同樣的門檻上，然後跨越門檻回到她的出發點。在這裏，空間被感知為最大外部邊緣同最小內部邊緣捲在一起。竅門在於程序的設計：環路兩端的內容要設計成在探險者的旅途中自我變遷但又讓她感覺前後看到的是同一過程的兩個階段。第二個模型更簡單了：參觀者一直往前旅行，最終回到她的出發點。她的視覺、聽覺和觸覺都證實她回到了原來的地方。

5. 成員間的相互作用。在自然世界中，由於我們的身體易於受到他人傷害，我們不得不對陌生人加以防備。但是在虛擬世界中，如果我們設計的程序不容許，則無人能對我們的身體施加物理性影響。我們在程序中，設定了一個界限來防止任何嚴重的傷害。除了一些小小的驚嚇作為生活的調味品外，我們能夠最大限度地對其他成員開放，只要我們的心理條件允許。

在出口處遇到「管理員」之後，參觀者還將碰到其他參觀者。（為了簡便起見，假設真正的參觀者同純粹的數碼動畫圖像可以從視覺上區分開來。）參觀者走進一個酒吧，看見幾個人在那裏玩撞球。她便同一個男人交談並握手，然後也加入遊戲。或許她覺得那個男人的觸摸很性感。或許她本來就是同自己的性夥伴一起來的，現在她在賽博空間中遇到了他。他們可以來一次幽會，互相調情、擁抱……或者因為知道在賽博空間中沒有人能夠被物理地傷害，他們可能用拳頭和石頭互打取樂，他們都能感覺到身體受到對方的輕微攻擊。最後，他們互相道別，繼續各自的旅行。

6. 虛擬世界中的第二層虛擬世界。參觀者在虛擬世界中看到一個和她在自然世界看到的一模一樣的博物館 —— 後者才是她真正所在的地方。

她被同樣的「管理員」帶到館中，穿上和她第一次進入虛擬現實之前所穿一樣的虛擬現實衣服。她開始了所謂新的虛擬－虛擬現實經歷，完全可以同原來的虛擬經歷相提並論……過了一會兒，她「脫去」虛擬現實衣服，從所謂的虛擬－虛擬世界退出，「回」到第一層虛擬世界中。

7. 遙距控制的可能性。正如前面所說，如果我們不能在虛擬世界中控制物理過程，虛擬現實就永遠只能是個遊戲。但是如果我們能夠利用機器人從虛擬現實內部影響物理過程，虛擬現實和賽博空間發展到極端就可能成為人類的棲居地。

為了表達這一觀點，機器人被放置在一個獨立房間中。在那裏，機器人作為虛擬－真實實在的界面，將按照參觀者在虛擬世界的活動模式進行相應的實物操作。參觀者被引入一個和機器人所在一模一樣的房間。她被告知可以隨意移動房間內的物體，但是在離開房間時必須記住這些物體擺放的最後樣子。她回到自然世界後，發現機器人房間中的物體擺放和她在虛擬世界中擺放的一模一樣。當時，她正在經歷從虛擬世界到自然世界的遙距臨境和遙距操作活動。

旅行結束後，參觀者很容易想到這樣重大而合理的問題：「如果最後一幕所經歷的遙距控制擴展到整個農業、工業生產系統以及人類生育領域，則在第一步驟例子中自然實在和虛擬現實間令人困惑的區別最終將會消失，自然世界和虛擬世界還會有『真的』區別嗎？」以及「如果能有上面描述的第二層次虛擬現實，更多層次的虛擬世界也成為可能，我們所謂的自然世界會是這些多層虛擬世界中的一個嗎？」

我們暫且放下第二個問題，假定同迄今我們僅略知一二的虛擬世界相比，我們現在生活的世界是「真實」世界。問題就變成：「我們應該一勞永逸地徹底消除真實和虛擬之間的經驗差別嗎？」在我們能夠回答這樣的規範問題之前，我們必須理解從自然世界到虛擬世界的可能轉換的本質，這就要求我們從現在開始，對「真實」的意義進行一次系統反思。

第三章
虛擬和自然之間的平行關係

陰與陽在這裏交媾

虛與實在這裏搏擊

高與低在這裏談判

深與淺在這裏相聚

永恆的蒼穹接受邊界的切割

有限的雜多在這裏匯成無窮的單一

——《地平線》，瞿振明，1992

一、「真實」與「虛幻」區分的規則之解構

在前面我所設計的虛擬現實博物館中，參觀者會歷經實際和虛擬之間的逃逸區，但最終參觀者能通過品嚐博物館供應的點心來判斷她是否回到了自然世界。然而，如果由遙距操作而進行的遙距控制被充分應用到人類生活的所有層面 —— 正如第二章所討論的那樣 —— 則品嚐點心的辦法將不再生效，因為當參觀者在虛擬世界中試圖吃點心時，自然世界中的機器人將 —— 比如說 —— 把真的點心放進參觀者口中。在這種情況下，自然實在和虛擬現實之間還會存在無法消除的終極界線嗎？如果對等性原理是正確的，則此界線可以消除。但是，我們習慣於認為自然世界是真實的而虛擬世界是虛幻的。為了表明這種區分沒有根據，我們還需分析一下我們的實在感覺是通過哪些感知構造形成的。

為方便起見，讓我們在本節繼續利用自然實在和虛擬現實的對照作為我們討論的基礎。在此基礎上我們將看到，那些使自然世界事物成為實在的條件如何在虛擬世界中也有其對應物，並因此虛擬世界和自然世界在同為真實或同為虛幻的意義上是本體地平行的。我們將認識到下面的對等性：如果我們在自然世界中稱自然世界是真實的而虛擬世界是虛幻的，則當我們浸蘊於虛擬世界時我們也能夠稱自然世界是虛幻的而虛擬世界是真實的。

思想實驗能讓我們衝破環境限制的藩籬給我們的理性思考提供豐富而切題的資料，這一點我們已經反覆見證。現在，我們要逐層展開的一個新的思想實驗，將使我們獲得對「虛擬」的本體論意義的進一步的洞見。

在不知虛擬現實為何物的情況下，我們在日常生活中似乎總是能夠把真實的自然物體與藝術、娛樂中人工模擬的物體幻象區分開來。當我們看

電影時，我們可能會被故事深深地打動或困擾，或者被劇中的生動視覺形象或語言喚起激情；但我們還是知道那不過是在演戲，而不是真實世界中發生的事。為什麼我們能夠作出這樣的區分呢？讓我們一步步往下走，試試能得出什麼結論。

為了討論的方便，讓我們暫且這樣使用真實和虛幻兩個詞語，就好像它們都有明確的定義和清楚的所指一樣。我們按照這一方式使用下去，直到我們的表述由於這樣的使用而變得不能自圓其說為止。這可以被看作是我們在一個解構過程中，履行展現了一種「雙重態勢」。

假想我來飛機到某個陌生的地方去度假。我是近視，所以戴一副眼鏡。旅途遙遠，我很疲勞，在飛機上睡着了。趁我熟睡的機會，有一夥人把我的近視鏡摘下來並換上另外一副外觀一樣的眼鏡，這副眼鏡使我能夠看到視覺效果非常逼真的立體電影。這夥人把一切都安排得滴水不漏，環環入扣，在我醒來睜開眼睛的同時，就開始在我的眼鏡上放映一個持槍的暴徒威脅要我交出隨身佩戴的勞力士金錶的場面，並說如果不給的話就把我幹掉。起初我相信這是真的，要麼我被殺死，要麼把勞力士錶交給他。我會從什麼時候開始懷疑這個搶劫場面是一個假象呢？

當我試圖從手腕上取下勞力士錶時，我首先將手抬到我能夠看得見的位置。但令我吃驚的是，在任何地方我都看不見我的手。事實上，我的整個身體從視野裏消失了。由於在真實世界中我的身體形象是最不可能消失的，它的消失一定表明世界的真實表象被擋在我的視場之外了，我現在所看到的東西不是真實世界的一部分。

此時，我可能開始注意其他的反常現象。比如說，我可能會去看我眼鏡邊緣外的東西，並且看出暴徒的背景和鏡框外邊的環境不相協調。但我怎麼知道鏡框內外何為真實，何為虛幻？不能回答說眼鏡是人造用具而人造用具總是歪曲真相的東西，因為我原來的近視眼鏡也是人造用具，它能夠**幫助**我更好地看清真實世界而不是歪曲它。我區分鏡框內外的真實或虛幻的理由大概是這樣的：在鏡框外邊我能夠看到我自己的身體，它的存在我是能夠確定的；但是在鏡框裏邊我看不到我的身體。一個真實的視場環

境至少會讓我的身體出現；一個不能呈現我的身體形象的視場環境一定是虛幻的。因此我將其中暗含的判斷真假的臨時規則歸結如下：

> 規則 1：只有將我的身體形象包括在內的視場環境才可能是真實的，並且在其中呈現的其他物體也才可能是真實的。不能將我的身體形象包括在內的視場環境不可能是真實的，並因此在其中呈現的其他物體也是虛幻的。

我之所以稱其為臨時規則，是因為它並不是一個建立在牢固基礎上的可以一直貫徹下去的判斷規則。設想立體電影將我身體的實時影像納入其中，並看起來同裏面的環境發生恰當的相互作用。這樣我就有了替身（avatar）——正如現在被數碼業的行家所稱作的那樣——代表我本人。假如我的替身設計得和我非常相像，這樣當我抬起手來看我的勞力士錶時，我確實看到了我的手及錶的立體動態影像。現在，我就不可能再使用規則 1 來進行判斷了。

我能夠用來判斷真實和虛幻的下一個線索是什麼呢？我將從手腕上取下勞力士錶放到我前面的桌子上。但令我吃驚的是，我看見我的手碰到了桌子，卻感覺不到任何抵擋力、質地感或別的屬於我觸覺部分的感覺。當我敲打桌子時，我也聽不到任何聲音。由於我能夠通過觸覺察知勞力士錶的存在，我知道我的手並沒有麻木。我還能夠聽到其他東西發出的聲音，所以我相信我沒有變成聾子。由於我視覺所見到的桌子不能和觸覺等其他感覺一致起來，因而我斷定它是虛幻的，不過是個光色幻象罷了。由此我得出另一個判斷規則：

> 規則 2：一個真實的物體必定對我的不同感官給予同時性的刺激，在**我的感知中**它們是相互一致的；任何不能滿足這一條件的所謂物體都是虛幻的。

但是現在假設當我試圖將手錶放到虛幻的桌子上時，配合我看到的物體影像，其他的獨立刺激源在適當的時候給予我恰到好處的觸覺刺激，而且我還聽到另外的刺激源發出相應的聲響，如此等等，這些都是預先協調好了

的。在這種情況下，規則 1 和規則 2 就只能作為區分真實和虛幻的必要條件而非充分條件了，也就是說，它也被繞開了。下面還有什麼線索能幫助我們識破這個把戲呢？

假如現在我面前的東西如暴徒和桌子等突然自動消失了，又突然自動出現，如此反覆無常地變化着，而我對桌子的觸覺也跟隨這些視覺影像幽靈般地消失和出現。在這種情況下，即使我的不同感覺之間是相互一致的，我仍然會懷疑這些東西的真實性。或者，如果這個暴徒的行為動作就像不守自然律的卡通人一樣，比如沒有翅膀但能飛行，我也會認為這不是真實的人物，因此不必擔心失去我的勞力士錶。這裏，我歸結出另一個判斷規則：

規則 3：如果對物體的視覺、觸覺等表象的變化沒有表現出某種**我所預期**的規律性，則此物體是虛幻的。

但是規則 3 也不能作為判斷真實與虛幻的最後依據。立體電影中的事件當然可以製作得符合自然規律，就像我們未參與其中但情節符合規律的電影一樣。因此暴徒和桌子不必以幽靈的方式出現，它們能夠被設計得和我預期的一樣有規律性。這樣，規則 3 又被繞過去了。我還能用什麼辦法來區分真假呢？

討論至此，為了迴避哲學史上更複雜的「他者心靈」問題，讓我們暫且不管那個持槍的暴徒，將重心放到那個虛幻的桌子上。我如何能夠知道桌子是虛幻的呢？下面我不再被動地接受感知，相反，我開始採取行動，試圖把桌子抬起來搬到別的地方去。由於我所感知到的桌子不過是屏幕上的一個圖像，我的觸覺、聽覺僅同這個圖像協調，所以我是無法把它從屏幕上搬走的。而我 —— 真實的我 —— 能夠去我想去的任何地方。因此我試圖搬動桌子的行動必定不能成功，這個失敗將揭示出桌子的虛幻本性。因此我們又得出下一個判斷規則：

規則 4：如果我不能在某個處所將被感知到的物體拿起來並在我自己的身體所在的真實空間中到處移動它，則此物體是虛幻的。

僅當我們能夠將由屏幕上的立體影像創造的虛幻空間同我身體所在的真實空間區分開來時，我們才能應用規則 4 進行判斷。假如我試圖移動自己身體的活動並未導致我的身體在真實空間中的真實活動；相反，人們可以使用類似履帶的設備將我的活動轉化成相應的信號發送給計算機，計算機再對立體影像和其他刺激源進行調控，將我的視覺、聽覺、觸覺等同我的活動協調起來，使我感覺到就像在抬動真的桌子一樣，而實際上我只是具有抬動桌子的浸蘊體驗。在這種情況下（我們終於又來到虛擬現實了），我如何知道我抬動的是一個虛幻桌子呢？

如果我還懷疑桌子的真實性，我大概會開始檢查桌子的第一性質 —— 正如洛克所定義的那樣，它被認為是內在於物體中的。我不再耽擱於第二性質的感知經驗中，而是訴諸行動研究這張桌子的微觀結構。我試圖把它劈成碎塊，或者像對一個真實物體一樣先是簡單地擊打，最後將它的基本粒子如中子、介子等放到對撞機中粉碎。一旦桌子或其碎塊的行為與物理定律明顯地相違背（所有碎塊突然消失，或者被打碎的小塊和打碎前的大塊大小相同，等等），則我將知道這個所謂的桌子仍然是虛幻的。我將遵循這樣的判斷規則：

規則 5：如果**我沒有看到**假定的自然物體遵守現有物理科學所描述的並為常識所支持的力學定律，則此物體是虛幻的。

規則 5 非常接近深深根植於相信科學實在論的絕大多數物理學家心中的假定。自然主義哲學家如約翰·塞爾和丹尼爾·丹尼特也傾向於這樣一種信念，因為對他們來說，似乎物理學的力學定律是因果關係的基石，而因果關係的有效是實在性的最終檢驗標準。

然而，如果將我們所稱的本體工程學應用到計算機程序中，則規則 5 原則上同樣能夠被繞開。只要有足夠的計算力，我們就能將所有已知的物理定律和／或我們自己創造的定律編進軟件中去。既然我們所有關於世界中物體的經驗知識都是通過我們對它們行為模式的觀察獲得的，從同類事件中我們將得出關於它們本體性的同類結論。即，所謂自然世界物質的堅

固性，只是通過與被感知物體有關的合規律性**事件**建構起來的。當我們討論分子、原子、電子、光子以及夸克時，我們僅是在使用這些概念來組織我們所觀察到的，由於我們活動的參與而形成的現象罷了；這些現象來源於一系列的事件，而我們的活動則是這些事件中的要素。

因此，原則上，沒有什麼困難可以防止我們把模擬自然世界運行的程序寫進虛擬現實的基本構架中。合規則性，正是符號程序本來就首先需要完成的。在這種情況下，隨着我把桌子分割得越來越小，我將發現分子、原子、電子等，同我在自然世界中分解真的桌子時看到的過程狀態一模一樣。或者，如果我拆開我的虛擬手錶，我也能看到所有精細複雜的虛擬齒輪正在運轉着，並且發出滴答聲。

當然，只有當我們在硬件和軟件層面都掌握了巨大的計算力時，我們才能夠完成上面的工作。從現在看來，要做到那些是比較困難的，但是在原則上並不是不可能的。如果虛擬現實先驅邁倫·克魯格能夠將他自己創造的規律編進他的被稱為**視聽空間**的「人工實在」程序中，我們為什麼不能將自然規律 —— 就像我們在典型的物理學教科書中讀到的那樣 —— 複製下來，納入我們的終極規劃中呢？讓我們看克魯格是如何描述他的虛擬世界的：

> 在**視聽空間**環境中，學生們能夠扮演科學家的角色在陌生行星上登陸。他們的任務是研究當地的植物群、動物群和**物理學**現象。這個世界被故意設計得同現實大相徑庭。它按照新奇的物理學定律運行，它可以被設計成這樣，以致孩子們在其中比他們的老師更覺得應付自如。他們獨特的行為方式、他們的身材或者甚至他們所穿戴的衣物使得他們能夠發現關於這個環境的獨特東西。[1]（黑體為本書作者所標）

1　Myron W. Krueger, "An Easy Entry Artificial Reality", in Alan Wexelblat ed. *Virtual Reality: Applications and Explorations*, Boston: Academic Press Professional, 1993, p. 152.

　　克魯格在這裏毫不猶豫地使用「物理學」一詞，即使這個世界是「同現實大相徑庭」的。現在，我們終於能夠理解他的觀點了。只要他的視聽空間環境中的物體呈現出某種規律性，它們將給予我們一種物理性的感覺，即使它們遵循的是一套新的物理學定律。

　　在我們的例子中，那張虛幻的桌子是按照我們所熟悉的自然世界的物理定律製造出來的，因此它被故意設計得符合現實而非相反。在虛擬環境中，我們甚至能得到對撞機，它能夠將虛擬粒子打碎並且我們能夠通過虛擬氣泡室觀察到這些基本粒子如介子、質子等。在這種情況下，如果我不知道自己在熟睡中被帶進虛擬現實時我的感知經歷發生了如此劇烈的轉折，我如何能知道這個桌子是虛幻的呢？

　　你可能已經看到了問題的關鍵所在：一個真實的對撞機會消耗巨大的能量，而虛擬對撞機則不必消耗那麼多能量。實際上一個虛擬事件所消耗的能量僅是運行此虛擬事件程序的計算機過程所需要的能量，它不會比此過程消耗更多的能量。因此能量守恆定律在虛擬事件中似乎失效了，這似乎是我們區分真實和虛幻的最後依據。然而能量不是獨立於物體的東西，當能量被消耗時我們並不能看到能量的流動轉化。因此我們必須求助於熱力學第二定律，它告訴我們能量不會自己積聚起來等着我們轉化使用。我們首先必須有意識地以某種方式將能量傳送出來（如開動一個發電站）進入一特定過程，然後再利用其為我們工作。因此當我將桌子劈成越來越小的碎塊，最後把它放到對撞機中打碎時，如果這一過程不必運行某一能量轉換機器，或者不必有意識地被安排成同越來越強大的發動機相關聯，則此桌子是虛幻的。因此我們得出下一條規則：

　　　　規則6：如果我們能夠將被感知物體分成越來越小的部分或
　　對其施加作用，而在此過程中無需通過預期的努力轉換相應增加
　　的能量，則此物體是虛幻的。

這一規則能最終幫助我們澄清真實和虛幻之間的迷惑嗎？不一定。如果基本程序能夠將**所有**關於事件間相互聯繫的物理科學定律涵括進去，則我們

仍可以將規則 6 繞過去。所謂能量，不過是用來組織我們所感知的**事件的強制規律性**的另一個概念。在現代物理學中，傳統物理學對粒子與其承載的能量或在它們中間傳播的能量之間的區分，已經成為對物理世界整體進行統一理解的障礙。因此，如果我們理解了規則 5 的話，規則 6 實際上已經被包含在規則 5 中了。

因此，我可以使下列事件在虛擬世界發生。當我試圖將桌子劈碎時，隨着碎塊變得越來越小，我必須不斷增加體力。當劈到一定程度時，我得在虛擬世界中找一把刀子、錘子或鑿子繼續幹下去。後來，當肉眼快要看个見這些碎塊時，我還得把它們帶到實驗室去，像在自然世界的實驗室中一樣運行各種實驗設備：按下按鈕發動電動機，打開燈光，啟動計算機等等。最後，我還要寫一份申請使用對撞機的報告。在獲得批准之後，我把材料放到由一群出現在虛擬世界中的工程師操作的對撞機中，他們看起來似乎知道怎樣獲得必需的能量。在實驗過程中我所看到、聽到、摸到和聞到的一切同在真的實驗室沒什麼兩樣，從泡沫室裏還能看到預期的基本粒子的軌跡。現在我還能用規則 6 進行真實和虛幻之間的判斷嗎？不能。

為了進行區分，我必須用自己的身體作為最後的判斷工具。我將試圖檢驗假定的破壞性（抑或是建設性）過程是否像在自然世界一樣對我的身體產生可感知的後果。如果我把手指浸到嘶嘶作響的煎鍋裏卻感覺不到灼熱的疼痛，或者讓汽車從我身上軋過去而我卻能輕鬆地哼着「Yankee Doodle」的小曲，又或者暴徒用槍抵着我的腦袋時我只感覺到輕微的觸碰，則我將推斷這些物體和事件都是虛幻的。反之，如果在被感知到的環境中大火會燒傷我，濃煙能使我窒息，或者小刀能將我劃傷，倘若流血不止我很快就會倒下，又或者當我觸摸裸露的電路時電流會把我擊傷，則我將推斷這些物體和事件是真實的。在這種情形下，當暴徒扣動扳機時，我就算不死也會遭受重傷。如果我的確被殺，我真的被殺死了，則同我一起離去的還有與那張虛幻桌子相應的關於是否真實的問題。這樣我又歸結出一個判斷規則：

規則 7：如果一個事件中被假定的能量不能像預期的那樣**給予我**相稱的**傷害**，並最終不能終止我同環境相互作用的能力，則這一似乎攜有能量的事件是虛幻的。

此時，我們已經到達虛擬現實同自然實在交叉與分離的決定性環節了。在此關節點上，一方面因果過程基本上被封鎖在次因果過程之外，另一方面我的虛擬現實經驗中屬於基礎部分那塊的相應刺激通過家庭實在機器和緊身服的次因果過程產生出來。經過這種因果／次因果交換器的過濾，我們能夠在因果封鎖設施的保護下控制真正的因果過程，並因此能量的大小就不會超出我們的感官所能承受的最大限度。從自然世界的角度談論虛擬世界，我們可以說我們是在對自然過程進行遙距操作，雖然我們的感官經驗到的直接刺激被限定在預先設置的能量限度之內。

就規則 7 已達致區分真實與虛幻的底線而言，它似乎是我們進行判斷的最後依據。因此，即使終極規劃能夠將自然世界的所有因果定律整合到我的虛擬現實環境中，我的存在卻不屬於這一因果作用的層次。我，屬於更高層次的因果世界。

由於這種跨層次的相互作用中的能量被故意地設定在人的感覺感知所能承受的限度以內，任何超過此限度的作用都被阻擋在我之外。因此，當我看到和聽到某種致命傷害向我襲來而自己的健康卻未受到半點威脅時，在我的視聽感覺與我的觸覺世界之間的協調被打破了。之所以如此，是因為視覺和聽覺作用通常不會對我的安全 —— 也就是說，我的生存 —— 有直接的、相稱的影響，而我的觸覺作用（觸摸、穿透、平衡等等）則會有。這是洛克式第一性質和第二性質之間差別的最終現象學根源，這也是科學實在主義認為建立於觸覺（作為抗穿透性的粒子）基礎上的概念優先於建立在視覺和聽覺（作為源自粒子運動之衍生物的顏色和聲音）基礎上的概念的根源。

然而，觸覺同視覺有着明顯的聯繫。**在我觸摸或被物體接觸之前**，我已經能夠**看到**觸碰即將發生。因此，舉個例子，我就能夠用我的視覺感知指引我的手進行觸摸活動。這是如何可能的呢？因為視覺看到的空間接

觸，幾乎總是同觸覺相伴的。一方面是被觸覺感知的不可穿透性，另一方面是被視覺感知的空間連續性，二者相互結合起來促使我們形成對一個物體的空間特性的信念。由於這些特性至少包含了兩種感覺模式的一致，它們似乎佔據了首要的本體地位。因此洛克認為這些「第一性質」引起與它們完全「相似」的「觀念」。相反，所謂的「第二性質」僅被一種感覺模式感知。比如說，顏色作為視覺的部分沒有牽連到觸覺或任何其他感覺。因此，我能夠通過視覺判斷兩件物體是相接觸的，但是我不能通過觸覺判斷任何東西是有顏色的。故我們無法訓練一個盲人使用其觸覺區分不同顏色，但是我們能夠訓練一個手部麻痹的人不去觸摸某些物體而僅通過視覺感知它們。與此類似，聲音只屬於聽覺並因此也是第二性的。

　　但是，在我們對虛擬現實進行了反思之後，我們認識到單是感覺之間的這樣一種協調不必使任何東西成為可感知背後的更真實的實在；一個在充分強大的計算機中運行的設計精良的程序將成功地做到這些。在我們虛擬現實經驗的擴展部分，我們可以有一切物體的純粹模擬物，它們看起來似乎具有第一性質，還有僅同一種感覺模式相關的第二性質。這是為什麼虛擬現實不同於任何其他已知技術，能夠直接進入我們的本體論視野的主要原因。這裏，把所有感覺完全協調起來的想法，致命地打破了我們關於所謂第一性質內在於所謂的自在物體之單一性中的假定。

　　對於這樣一種全方位的協調，不存在理論上的必然界限。僅當此協調系統中的刺激強度達致我們為自我保護而故意設定的限度時，這種協調才需要被終止。當你使用虛擬錘子將一個虛擬釘子敲進虛擬的牆壁時，你可能會看見、摸到和聽到同用自然的錘子將釘子敲進自然的牆壁完全一樣的東西。當你用同一個虛擬錘子輕觸你自己的手臂時，你也會感覺就像被一個自然的錘子觸碰一樣。但是如果你試圖像敲釘子那樣敲打自己的虛擬手指，你將會感覺到 —— 比如說 —— 就像被一個很輕的橡皮錘子敲打一樣，無論你看到的是什麼樣的情形。不管你如何用力地擊打自己，你都不會受到傷害或者感到巨痛。你的視覺和你的觸覺不再像過去那樣相互關聯。這樣的設計並不會產生麻煩，因為在虛擬世界一開始就不存在不同感

覺間的我們無法改變的對應關係。相反,在系統中的刺激抵達限度以前,各感知功能的對應關係,是在程序中我們故意設計好的。

那麼,當我浸蘊於虛擬現實時,我能夠以什麼方式最終區分真實與虛幻呢?現在似乎有了最後的規則:真實的東西對於我的健康和生存有着可預期的後果,而虛幻的則沒有。也就是說,是否被感知的因果事件對觀察者產生能量相稱的經驗後果似乎是檢驗實在性的最後規則。這就是規則 7 的全部內涵。

如果虛擬現實只有擴展部分,規則 7 的確會成為我能夠用來區分真實與虛幻的最後規則。但是我們沒有忘記還有虛擬現實的基礎部分,在那裏通過機器人進行遙距操作來控制物理過程。正是基礎部分,使得規則 7 成為無效了。

我們不至於忘記,在基礎部分我們所看到的東西在自然世界均有其對應物,我們所做的一切都將影響到物理過程並因此在物理上和經驗上對我們產生可預期的因果性結果。

因此當我被虛擬世界之外的一個對我的身體具破壞性的真正的強力威脅時,我的虛擬現實經驗的基礎部分,將運演出被感知為破壞性的相應事件序列。如果我進行對應於自然世界的敲釘入牆行為的活動,則將會有真的釘子被猛力敲進去,並且其中蘊涵的能量同我揮動錘子的努力是相稱的。當我看到一個表示着子彈最終擊中我的影像序列時,被一個真實子彈或其他對等物所攜帶的破壞力將穿透我的緊身服和我的身體,即使殺不死我也會使我遭受重創,我將會感覺到意料中的疼痛,並需要被儘快地送到急救室搶救。在我的緊身服被毀壞的時刻,因果與次因果之間的分界線將會消失,而我將從虛擬世界回到自然世界。如果我在自然世界的某房屋中進行某種使同一房屋倒塌的活動,我的緊身服和我的身體將很可能在房屋倒塌時被毀壞。

這時,你可能會認為對等性原理(PR)被打破了。當我們面臨生與死的問題時,你可能會辯論說,我們必須承認自然實在是真實的而虛擬現實是虛幻的。然而,這種辯論是無效的。在我們進入虛擬現實之前,我們

沒有穿任何特定的緊身服，但是我們有皮膚、眼睛和其他感覺器官。在正常的情況下，這些感覺器官正如緊身服一樣在次因果層面上運作，從而向大腦發送信號。當子彈刺穿我的皮膚並損傷它時，因果與次因果之間的分界也消失了。我身體內的子彈穿過皮膚直接刺激我的神經，並引起難以忍受的疼痛。我對身體內子彈的感知比我被子彈擊中前用皮膚感知它更為真實嗎？如果不是，這意味着我們的皮膚作為我們對子彈感知的媒介，沒有降低其實在性。也就是說，在感官和感知之間添加媒介並不會歪曲實在。

如果子彈損壞了我的眼睛又會怎樣？我們的分析將是類似的。現在將緊身服、眼罩和找穿戴的其他裝備同我的皮膚、眼睛相比較，我們將明白它們如何是平行的。你會認識到自然實在不比虛擬現實更真實，虛擬現實不比自然實在更虛幻，因為唯一的差別是人工的和自然的之間的差別。為什麼我們不能有人工的實在和自然的虛幻，而非要反過來理解？因此，對等性原理仍然有效。

故規則 7 也是一個臨時規則，通過此規則的檢驗不能保證做到對虛幻和真實進行最終的區分。但是我們還能夠用什麼做最終的區分呢？在經驗層面上我們不可能再進一步了，因為規則 7 的檢驗是生與死的檢驗；它沒有為更多的經驗性檢驗留下餘地。

當然我能夠從重傷中恢復並且永遠失去我的眼罩和緊身服，也就是說，開始在自然世界而不是在虛擬世界中生活。但是我們已經清楚地表明這樣一種轉換是兩個平行世界間的經驗性轉換，而不是虛幻和真實之間的本體性轉換。

我似乎是任意地排列了這七個臨時規則，但這個順序不是任意的。在我們試圖經驗地區分真實與虛幻的過程中，僅當所有先前的臨時規則全部被繞過時，才需要訴諸後來的臨時規則。如果你將它們中間任何兩個的順序進行對調，這種次序將被打亂，先前的那個規則將失去意義。比如說，如果你被某種強力傷害，這看起來是對規則 7 的印證，但是規則 6 向你表明那裏並不存在什麼「真實」的東西，因為你能夠以你願意的任何方式影響這一假定物體而無需使用一定數量的能量，你不會將此破壞性力量同這

個假定的物體聯繫起來。它之所以被明確認定為是虛幻的，正是因為它不可能對包括你在內的任何東西施加「真實」的影響。因此，每一個靠後的規則，都更深地切入了假定的真實與虛幻之間經驗性差別問題的核心。

在第一章中，我向所有好萊塢的製片人問難，要求他們視覺化地將第一人稱視界和第三人稱視界之間的相符或者不相符表現出來。這在邏輯上是不可能的，因此，任何聰明的製片人根本就不該進行嘗試。但是現在我的劇場虛擬現實女英雄布倫達‧勞雷爾（Brenda Laurel）被邀請來做某種可能的並且極其令人興奮的事情。

虛擬現實之所以從根本上不同於所有其他技術是因為它的運作方式，在那裏第一人稱視界通過使第三人稱視界成為可能的感知框架的重新配置將自身客體化。布倫達已經成為虛擬現實戲劇藝術的先驅者，實際上是在形而上學的最前線工作。嗨！布倫達，既然你已經走在我們前面了，我就不必向你挑戰了。但是我非常希望你能將我們置於那個暴徒的威脅之下，從而幫助我們理解這七個臨時規則。如果你做到了，我該考慮為你買一個真的勞力士金錶嗎？

我們上面以思想實驗的方式逐一討論了七條規則，頗有我們標題中所說的「探險」的感覺。這裏，我們就判別實在是什麼的七個臨時規則的實質作出概括的表述：1. 一個（不必是視覺的）單獨感覺模式[1]內部的一致性：某種「真實的」東西發生在此刻；2. 不同的感覺模式之間相互印證：正在發生的感覺相互協調的東西是「真實的」；3. 在時間持續中呈現規律性：有一個固定不變的「它」作為「真實的」東西持續着；4. 在空間中的運動性：「它」是外在於「真實」的空間中的；5. 力學合法性：「它」具有承載「真實」變化的空間同一性的守恆性；6. 在變化和已知能量供應之間的相關性：

---

1 考慮一下第一性質和第二性質之間的差別，關於是否有某個真實物體在那裏，觸覺可能比其他感覺模式更具優先權。假如你感覺撞到了某個物體但是你看不見它（而你能看見其他東西），聽不到從它那裏發出的聲音；再假如你能夠看見、聽到某物而觸覺告訴你什麼也沒有，則對你來說前一個物體的真實感比後一個更為強烈。不過甚至觸覺也需要同其他感覺模式，如視覺等相一致，從而建立起你的實在信念。

「它」對其他事物有「真實的」影響，並且不會純粹隨機性地自我創生或毀滅；7. 對人的身體具有相稱的因果性實效：能量守恆不是假的而是「真實的」。但這樣一個漸次進行的解構過程的最後結果，是經驗主體本身的終結。

　　在此，我們可以想像如果我們是從虛擬現實基礎部分而不是從自然世界出發將會是怎樣的情形，這樣就會像我們一開始所表明的那樣，整個過程顛倒過來了。假定我入睡前是在虛擬世界中，當我在不知道的情況下我的立體眼罩被一副近視眼鏡取代時將會發生什麼？我現在也可以將我的虛擬現實基礎部分的經驗稱作「真實的」並且將自然世界的經驗稱作「虛幻的」。然後我將以同樣類型的問題為開始，並且以同樣的方式使用臨時規則1至7，最後以同樣的不確定性而告終。這樣的情形，完全證明了虛擬世界和自然世界之間的平行性。也就是說，對等性原理被再度證實。

二、作為最後規則的協辯理性

　　或許，還有更嚴重的挑戰。由於所有的臨時規則都有一個植根於第一人稱視界的參照點，它們似乎沒有滿足交互主體間的有效性問題。這些臨時規則中的關鍵詞是「我的身體圖像」「在我的感知中」「正如我所預料」「我自己的身體」「我沒有看到」「我想要的努力」「傷害我」和「我的能力」。對於一個典型的科學實在主義者來說，這樣一種「主觀」語言並未描述任何內在於被普遍因果性控制的客觀實在中的東西。因此，有人可能有所辯論：所有七個臨時規則的最終有效性的缺失僅同感知的現象學有關，而與硬科學中所研究的物理實在概念無關。

　　但是正如自古以來的許多哲學家（貝克萊或許是最為人所熟知的）所表明的，如果我們承認實在是被感知的背後的東西，則此所謂實在必定是一種假定或者推斷的產物。在21世紀哲學的語言學轉向後，一些人甚至將實在概念化歸為我們的句法必需。除此之外，被認為支持經驗研究的客觀性的物理實在主義邏輯地走向它的反面：它最終退化成自然主義的相對

主義，後者轉而削弱了客觀實在觀念的基礎。這是不可避免的，因為物質實在主義僅承認導致認識論自然化的經驗科學的有效性，而這種認識論轉而又導致知識和真理的文化相對主義。

然而，實在概念本來就是為了避免相對主義而設的。一旦我們知道這樣的實在概念對避免相對主義不但無補而且有害，我們就很少有理由再去堅持它了。在這種情況下，改良後的理性主義去除了諸如實體等先驗項的獨斷假定，轉而訴諸主體間的一致同意觀念作為合理性的最終基石。然而，這裏「一致同意」不僅僅是簡單同意的問題，否則有效性或真理問題將成為可以通過投票來解決的政治問題了。

這樣一種改良理性主義的最有說服力的形式是由尤爾根・哈貝馬斯（Jürgen Habermas）和卡爾-奧托・阿佩爾（Karl-Otto Apel）首創的協辯理性理論。按照此理論，這種一致同意是一個人通過反事實的、不被理性之外的力量影響的程序進行理性的辯護而實現的。在此程序中，所有參加者均作出有效性斷言並且遵循一套嚴格的規則為其斷言進行辯護。這些規則是作為使任何有效斷言成為可能的最小前提條件而制定的，最重要的一條是我在我的《本底抉擇與道德理論 —— 通過協辯論證達到現象學的主體性》一書中所稱的「述行一致原則」。[1] 正如哈貝馬斯、阿佩爾和我自己論證過的，協辯理性比任何其他類型的合理性更為基礎，有效性概念比真理概念更具普遍性。因此，任何真理斷言必須通過論辯去證明，此證明應該被辯明為有效的。因此，在每個個體的構成主體性上運作的交互主體性是真理之說服力的最終依據 —— 對於是否存在實在和虛幻之間最終區別的真理，尤其如此。因此，我們得出下面的規則：

　　最後的規則：如果在協辯論證過程中我能夠對所有人辯明（或者別人能向我辯明）存在或不存在真實與虛幻之間的最終分界線，則我必須將這樣一個被辯明的斷言作為我的理性信念。

1　Zhai Zhenming, *The Radical Choice and Moral Theory: Through Communicative Argumentation to Phenomenological Subjectivity*, Dordrecht: Kluwer Academic Publishers, 1994, chap. II.

因此，通過協辯論證，我能夠得到我的關於是否存在真實與虛幻之間最終區別的被辯明的信念。協辯理性的中心概念是下面的述行一致原則：

在論證過程中，參與者所作出的斷言必須與他（她）作出這一斷言的行為中業已承諾的前提保持一致。

至此，我已在本章中將我自己放進一個想像的協辯情境中，在那裏我試圖陳述在我詢問的每一階段所假定的七個臨時規則。協辯團體的成員都是潛在的思想者，包括我自己。但是如果把知識理解為被辯明為**真**的信念，我現在有知識嗎？也就是說，我的被辯明的信念為「真」嗎？按照協辯行為理論，沒有真理問題能夠同論證性的辯護分割開來，因為真理斷言僅是通過協辯辯明的有效斷言的一個次級種類，因此「客觀的真」現在被化歸為「主體間的被辯明」。

既然協辯論證是我們作出有效性判斷的辯護的最後根據，我們就不能指望用「實在」概念回過頭來支撐協辯理性。協辯理性的界限，也就是判斷力的合法界限。那麼，通過理性辯護我得出的信念是什麼？我使用臨時規則 7 最後證明，一方面虛擬現實擴展部分和基礎部分之間存在着分界；另一方面，擴展部分同自然實在之間也存在着分界。但是，在基礎部分和自然實在之間則沒有最終的分界線。因此，我必須將下面的斷言認定為有效的或真的：**虛擬現實的基礎部分和自然實在同樣地實在或者同樣地虛幻。**

不過，我們不能忘記，還有更為嚴重的本體論問題等待我們去攻克，因為在這裏，我們不僅面對物體的實在性問題，我們還面對着人的本體論地位問題。具體說來，剛才我們有意擱下了這一過程中暴徒的本體地位問題，因為它涉及更為棘手的關於他者心靈問題的論爭。現在我們雖然不能深入討論這個棘手的問題，但也還是稍微考察一下，在協辯理性的框架下我們將可以用怎樣的方式處理它。協辯理性是建立在反事實的理性協辯共同體的概念基礎上的，後者已經假定了參與者的多元性。因為它是反事實的，它無需回答如何通過觀察判斷哪個物體有心靈，哪個物體沒有心靈的問題。在第一章我們已經推論出，一個人自我認證絕對性的獲得是以拒斥

來自第三人稱視界他者認證的觀察尺度為代價的。

　　從認識論上講，只有我的感官感知和我所感知的經驗世界可能是虛幻的；而使感官感知成為可能、卻不是其一部分的自我心靈或他人的心靈則不可能是虛幻的。之所以如此，是因為心靈的認證不可能從第三人稱視界得到維護。因為心靈的認證不隨着感知框架的改變而改變，僅通過依賴於偶然感知框架的感官感知是無法證實心靈在那裏的。

　　由此看來，協辯理性必須假定他者心靈的存在，但是它沒有給我們一個識別他者心靈的程序。相反，我是否能夠相信一個似人的物體是一個作為感知和思想中心的主體 —— 也即是一個心靈 —— 的身體，必定依賴於這樣一個斷言的有效性是否能夠被協辯地辯明。

　　現在我如何能夠知道這個暴徒是真實的還是虛幻的？從假定他是「某物」開始，我將首先使用這七個臨時規則在物理層次上檢驗他。如果他沒有通過其中的一項檢驗，則我不必提出他是否有心靈的問題，因為這個貌似的「他」被認為是虛幻的。如果他通過了這七個臨時規則的檢驗，則經協辯論證我將認識到哪種選擇是更可辯護的：把他看成一個真的暴徒或者僅看作一個虛幻的暴徒？這裏述行一致原則將是最後的標準。由於臨時規則 7 已經涉及我的行為，暴徒通過這項規則將迫使我述行一致地把他視為真實的。因此，即使我不能完全確定，視其為真實是符合協辯理性的，視其為虛幻則是非理性的，直到結果被協辯地證明為相反為止。這在自然世界中亦如此。對我來說，我們是無法結論性地將一個似人的機器人同一個真人區分開來的，然而除非有強大的反證據，當我遇到看起來似人的你 —— 本書的讀者 —— 時，我會把你當作一個真實的人看待。這是同我的協辯論證和寫書讓你閱讀的行為相一致的唯一合理的信念。

三、現象學描述為何通盤一致

　　除了如何在浸蘊狀態下區分真實與虛幻的認識論問題外，實在論者將聲稱，即使你在浸蘊狀態下不知道事實真相，本體的不同卻在於下面兩個

硬事實：1. 在虛擬現實中，對於單個的被感知物來說，每個感覺樣式（指視、聽、觸等樣式）的刺激源是獨立於任何其他樣式的刺激源的，而在自然世界中，由單個物體的被感知引起的所有感覺來自同一個刺激源。舉個例子說，在虛擬現實中，視覺可能在遙遠處有其物理刺激源，而觸覺的刺激源只在身旁連接着緊身衣的設備中。2. 虛擬現實中所有刺激是由某些人類主動因人工產生並協調起來的，而在自然世界中的刺激是自然而然地產生的，而不是刻意安排的。或者，如果是上帝創造了自然世界，**他**只是使物質實體通過因果必然性自動地刺激我們的感官，並因此當我們感知到一個物理客體時，並未有**他**在其中進行協調。

但是，如果我們理解了在第一章中建立並在其後進行討論的對等性原理的精髓，我們將知道這裏的第一個所謂硬事實的說法根本就是不切題的，因為它是從自然世界的視角出發形成的。由於自然實在和虛擬現實是交互對等的，當我們將視角從自然實在轉到虛擬現實時，正如我們迄今為止的考察所表明的那樣，描述完全可以被翻轉過來。像「遙遠的」「附近的」「分離的」等術語都是依賴於空間性的，但是愛因斯坦的狹義相對論和我這裏的分析已經表明，空間反過來依賴於參照框架。只是，至少可以說，如果我們有同樣一套感覺器官，我們將會有空間性的感覺。相應地，如果空間被感知為三維的，幾何學的有效性狀況將保持不變，不管空間位置性怎樣被重新整合。也就是說，幾何學教科書可能需要添加新的內容，但添加的只是建立在我們虛擬現實新經驗基礎上的新的研究成果，而自然世界的舊幾何學教科書的內容仍可以在虛擬現實的學校中被用於教學，並且無需做一丁點修改。

然而反對者可能會繼續說：在自然世界我們能夠做科學研究去發現自然規律，隱藏在背後的未知感是我們將自然世界感知為真實的主要原因。但是，這種反駁沒有預想的邏輯說服力。首先，虛擬現實基礎構架的軟件僅設定了允許賽博空間中事件自行演化的一般規則，第一序列規則中的不斷相互作用將產生第二序列的規則，即使最初的程序設計者也不能完全知道。其次，再下一代的人們將在這樣一個虛擬世界出生，就像我們出生

在這個自然世界中一樣；為了了解虛擬世界的自然法則，他們需要做大量的科學研究。最後，關於自然世界，一些人們相信有一個知道所有自然法則的創造者 ── 上帝；但是這些人並未感到這個被創造的世界是不真實的。因此，如果在虛擬世界中我們是類似於上帝，則作為我們自己的造物的實在能夠被看作真實的。故我們有同樣的理由宣稱自然世界和虛擬世界都是「真實的」或「虛幻的」，正如我們所設想的那樣。

還有一種對虛擬現實本體地位的反對理由。這種觀點認為感覺的模擬物永不可能獲得充分的知覺可靠性，從而不可能消除我們對虛擬現實和自然實在的經驗差別。之所以如此，是因為消除這種差別所要求的巨大計算力總會超出人類技術可能達到的極限。然而，這種反駁是建立在兩種誤解基礎上的。首先，它假定我們從現在掌握的計算力水平出發能夠預測到它的理論極限。這種假定明顯是錯誤的。在電子計算機發明以前，誰會預見到今天的哪怕僅僅是一個簡單計算器的計算力？其次，模擬物的可靠性在這裏甚至不是一個真問題。我們在這裏對虛擬現實的分析，不是試圖計算出虛擬現實怎樣能夠欺騙我們的感官。我們只是試圖表明為什麼虛擬現實和自然實在是本體對等的，所謂對等，也就是說，任一方都不是另一方的原型。從根本上說，虛擬現實根本不需要模仿自然實在。如果我們在虛擬現實發展的開始階段的確試圖模仿過自然實在，那也只是為了實踐上的方便或者讓我們對新環境的心理適應更為輕鬆。在我們習慣了新環境後，我們不需要考慮我們的虛擬現實感知同自然世界有多少類似。

甚至在自然世界中，我們也已經目睹了我們的物理實在感覺的重大改變。舉例說，直觀地看來，自然物體的重量很大程度上有助於我們的實在感的形成。我們習慣於認為一個真實的物體應該或多或少是有重量的，並且我們通過稱重量來測量一個東西的量。當我們去商店購物時，我們準備着、並樂意為任何稱起來超過零磅的東西（氫氣球除外）付款。但是現在我們知道由於地心吸力的缺失，像 Mir 空間站中的所有物體變得幾乎沒有一點兒重量了，那裏的每樣東西稱起來都是零磅。但是即使如此，沒有人會認真地聲稱在 Mir 中的東西變得缺少真實性了。也就是說，一個物體的

重量同其實在地位沒有必然的聯繫。因此，在賽博空間中，物體不必像我們通常在自然世界看到的那樣有重量。但如果我們不需要在賽博空間中模仿重量，我們為什麼為使那裏的事物「真實」而必須忠實地模仿任何其他東西呢？當然不必。

底線問題是：數碼感知界面是否向我們為有效地遙距控制而進行的遙距操作提供了充分的信息？如果是，則我們將集中精力於虛擬現實的擴展部分，使其成為我們藝術創造性的競技場。如果不是，讓我們繼續努力——如果我們願意的話。因此，為了本體的對等而聲稱虛擬環境必須同自然環境相似，包含着循環論證的謬誤：在前提中假定了虛擬現實的次級本體地位，然後妄求從這個前提引出它作為結論。

因此，當我們聲稱在虛擬世界對於單個虛擬物體的視覺、聽覺和觸覺是分別獨立地產生的，我們採取的是自然世界的參照框架。如果我們將參照點從自然實在轉向虛擬現實，則我們能夠以同等的邏輯強度聲稱，在自然世界，來自單個（僅從自然實在的觀點看是單個的）物體的不同感覺樣式的刺激是分別獨立地產生的——假使像我們在第二章中討論的那樣，虛擬現實的基礎構架採取了不同的空間性配置的話。刺激源的同一性不是被跨參照框架地認證的，而只是浸蘊在給定感知框架中的觀察者的一個方便假定。如果我們在自然世界願意接受科學實在論，則我們有同樣的理由在虛擬世界的基礎部分接受它。

但是內在於實在論觀點的是這樣一種對平行關係的拒絕，因為這種平行關係限定了我們稱之為實在的東西只不過是可選擇的。而一個可選擇的所謂實在，根本就不是實在。或者，如果我們同意貝克萊，認為隱藏在背後的單一性實體的假定從一開始就是無根據的，並因此第一性質和第二性質的區分也是一種虛構，則自然實在和虛擬現實之間的這種平行關係就不必提出來，而實在觀念本身從一開始就被拒之門外了。同理，將自然實在的參照框架作為唯一可能框架的科學實在論也成為無效的了。

唯一可能的「實在論」是所謂的工具實在論，即將實在觀念作為明確表達事件法定規律性的一個方便的組織工具。然而這是一種偽裝的實在

論，因為它去除了實在概念的基本含義。正如我們先前認識到的，在虛擬世界裏我們能夠像在自然世界裏一樣研究物理學的基本粒子。這裏，經驗必然的現象學優先於為組織經驗的方便對所謂實在對應項所做的工具主義假定。

第二種反對理由是建立在另一個未被辯明的假定基礎上的，它聲稱來自自然強制性的感覺的統一性必定建立在一個實體的同一性或單一性基礎上，源自那裏的刺激經自動配置形成不同樣式的感覺，這裏沒有一個刻意的協調過程參與其中。相反，一個類似虛擬現實的人工環境是不同感覺之間被刻意協調的結果，它們背後沒有任何單一的和「牢靠」的東西存在。

但是，這一假定再次建立在顛倒的邏輯基礎上。所謂背後的單一性的斷定，實際上來自現象的規律性。如果虛擬現實現象的規律性能夠不通過背後的單一性來理解，則我們可以推斷自然世界的類似現象也能夠不通過這樣的單一性來理解。

讓我們考慮一下人類生育的極端有序化的過程和所要求的基因複雜性，很清楚這是編碼和協調的結果。如果自然能夠完成像人類生活中的生育這樣一個複雜的協調過程而不必設定一個在背後的不可見的主動因，它當然也能夠將我們的不同感覺模式協調起來。或者如果其背後有一個形成此世界中自然事件的主動因 —— 上帝，則這個所謂的自然世界已經是一個虛擬世界了。或者說，一切事物將同樣是虛擬的或現實的，並且同樣是物理的或因果的。

不是實在的東西，也不必就是虛幻。在我們的現象世界裏，並不是所有經驗的片斷都有同等的地位，那些可以被看作「虛幻」的，就是與其他經驗不連貫的。只是，自威廉・吉布森在其《神經漫遊者》中稱虛擬現實的賽博空間為「集體幻覺」以來，許多人遵循着同樣的思路。短語「電子LSD」也在媒體間激起極大的幻想。至此為止，我們該知道為什麼此標籤對於虛擬現實是不合適的。

讓我們想像一個國度，在那裏每個人都被連接到虛擬現實基礎構架的網絡上。他們自母親子宮一出來就被這樣連接起來，浸蘊於賽博空間中並

通過遙距操作維持他們的生活，他們從未想像生活還能是其他樣子。第一個思考過可能會有像我們這樣的世界的人將受到絕大多數國民的嘲笑，就像柏拉圖洞穴寓言中極少數覺醒的人被嘲笑一樣。他們在家做飯或外出就餐、睡覺或整晚熬夜、約會或做愛、淋浴、為了商務或娛樂去旅行、進行科學研究和哲學探討、看電影、讀言情和科幻小說、贏得或輸掉比賽、結婚或獨身、養許多小孩或不要小孩、慢慢老去、死於事故或疾病或其他原因 —— 他們的生命周期同我們一樣地循環着。

由於他們是完全浸蘊的，並且他們在浸蘊中能夠完成為生存和繁榮所必需的每一項工作，因此他們不知道他們正在過着一種在我們這樣的外部觀察者看來是虛幻的或虛構的生活。他們無法知道這些，除非有人告訴他們或者有確鑿的證據向他們證實這些。否則，他們將不得不等到他們的哲學家通過理性論證展示這樣一種可能性來幫助他們擴展他們的智性，來達到這種超越的認知。

更令人關注的可能性是他們的技術將導致他們發明自己版本的虛擬現實，這將給他們機會以形象的方式反思「實在」的本質，就像我們此刻所做的那樣。然後他們可能會問同樣類型的問題，就像我們現在正在詢問的一樣。

如果真有這樣一個自由王國，我們能夠說他們是在一個「集體幻覺」的國度中嗎？不能 —— 假如稱之為幻覺是意味着我們知道我們的世界不是由幻覺組成的話。如果我問你：「你怎麼能向我表明這個想像的國度不是我們現在所在的地方呢？」你如何回答？也就是說，我們如何知道我們不就是浸蘊於虛擬現實的那些國民呢？

為了將我們自己同這樣一種可能性區別開來，讓我們假定那個虛擬世界的物理學基本法則設計得與我們的不同。假如他們的引力是我們的兩倍，這樣，他們的分子結構同我們一樣的「自然」物體，自由下落時的加速度將是我們的兩倍，他們抬起這些物體花費的力氣將是我們的兩倍。與此同時，他們能夠看到紅外光線或紫外光線，這是我們看不到的。他們的科學家，將依據他們的觀察形成引力定律。通過協調良好的界面，他們能

夠流暢地遙距操作我們自然世界的東西從而使他們的基礎經濟運行順利。

認識到所有這些來自我們的「外部」觀點的情形後，我們能因此判斷他們的科學家是錯誤的而我們的科學家是正確的嗎？當然不能，因為他們將有同樣強烈的理由說我們的科學家是錯誤的。而且從他們的角度看，他們並未進行任何遙距操作，而是在直接地控制物理過程；實際上，是我們在遙距操作。如果我們對他們說，他們的虛擬現實緊身服給予他們一個歪曲的實在形式，他們將以恰好同樣的理由告訴我們，缺少這樣的緊身服使得我們不能像他們那樣看東西。他們會嘲笑我們並且說，「你們甚至不知道紫外光線和紅外光線看起來像什麼樣子！」

當我們描述上面的情形時，我們仍然是在使用一種不對稱的語言，似乎我們有特殊的優勢知道他們是被連接的而他們不知道我們是未被連接的。但是我們的討論始終表明，在本體層次上不存在這樣的不對等。他們和我們只是由類似的設置不同地連接起來的，因為我們感覺器官的使用首先就是被這樣「連接」起來的一種方式。這不是相對主義。實際的情況是，從不變心靈的優越視角出發，我們認識到我們的感知框架的可選擇的本性。

至此，我們可以總結出以下三條反射定律：

　　1.任何我們用來試圖證明自然實在的物質性的理由，用來證明虛擬現實的物質性，具有同樣的有效性或無效性。

　　2.任何我們用來試圖證明虛擬現實中感知到的物體為虛幻的理由，用到自然實在中的物體上，照樣成立或不成立。

　　3.任何在自然物理世界中我們為了生存和發展需要完成的任務，在虛擬現實世界中我們照樣能夠完成。

四、哲學基本問題仍然具在

中國古代道家的老子，可以被看成是第一位虛擬現實哲學家。他認為任何二元對立都是暫時性的，因為它依賴於僅從一個特殊感知框架看才有

效的概念。只有道是絕對的，跨越所有可能的概念和感知框架。道不在某一時間或者某一地點被發現，它甚至不能被說成是在任何一個特殊的人之內或之外。它無處不在又處處都不在，它無刻不在又刻刻都不在。任何對道的描述都將導致悖論。但是老子仍試圖說點關於它的東西。這如何做到呢？通過構建悖論表明對道的描述如何是必然不能成功的：用德里達的話說這是一種「雙重姿態」，一個解構過程。

　　經驗主義傳統中像貝克萊這樣的唯心主義者辯論說，沒有什麼東西是如常識所隱含假定的那樣「實在的」（實際上現今的科學實在主義只是這樣一種常識觀點的更為系統的形式罷了）。按照貝克萊的觀點，除了在感官知覺層面協調良好的規律性外，在背後沒有永恆的物質實體承擔如洛克假定的那種第一性質。在第一章中，我們的對等性原理支持這樣一種貝克萊式立場。但是像貝克萊這樣的經驗主義者和我們不一樣，因為他們不允許我們將任何非經驗的東西作為進一步理解這個世界的本體出發點。他們在經驗的事實和「觀念的聯繫」之間有一個簡單的二分，正如休謨所提出的那樣。

　　與經驗主義哲學家不同，理性主義哲學家卻是另起爐灶。自笛卡爾至黑格爾的理性主義傳統的哲學家，從另一個角度抵制這種二分。在傳統經驗主義者簡單地將實在或客觀性歸於所謂的物質性的地方，這些理性主義者發現了一個非常複雜的世界，在那裏客觀性從未可能同主體性分開。笛卡爾對揭示他所稱的「第一原則」的「自然之光」的談論，萊布尼茲對人類單子之間的「預定和諧」的讚美，康德對先天綜合「範疇」的表述，黑格爾對「意識樣態」（shapes of consciousness）的自我展開的詮釋，等等，都是試圖說明人類認識和 / 或經驗之**給定**結構，而此種結構是理解所有其他被經驗觀察到的所謂「實在」的**本體論**出發點。

　　然而，理性主義哲學家中的實在論和觀念論之間也存在着分歧。就客觀性仍被理解為在本體論層面與主體性相對立而言，對於是否存在獨立於心靈之外的給定實體，他們的看法並不一致。實際上，康德認為空間和時間是心靈將外部世界的雜多組織成有意義經驗的直觀形式的觀點，非常貼

近於我們對於感知框架的理解。或者我們可以說，我們這裏對虛擬現實的討論維護了康德式的空時觀。但是康德沒有依據空間性和時間性給出對心靈基本結構的充分說明。

萊布尼茨的單子論可能也是一個有意義的參照，他的前定和諧觀點或許比物質單一性觀點更明智。但是萊布尼茨不認為我們的給定空間配置是可選擇的。對他來說，這個「所有可能世界中的最好世界」沒有給人類創造的賽博空間留下地盤。也許，他會將賽博空間看成是窗口中的窗口？

現象學基本學說的硬核的創立者埃德蒙德·胡塞爾實現了新的理性主義轉向，將客觀性和主體性溯回到同一個根源 —— 意識的給定結構上。就此結構是**被給予**而言，它是被本體地決定的並因此需要**被發現**，而不是被發明。因此，同廣泛流行的誤解相反，胡塞爾現象學從一開始就驅逐了認識上的相對主義。從構成的主體性出發，不會給經驗主義傳統通常理解的認識論主觀主義留下任何空間。

但是在第二章中，當我們討論從此被給定的感知框架向虛擬現實感知框架 —— 它能夠通過數碼程序被一遍一遍地重新創造 —— 轉變時，我們的確是在這個意義上談論我們的「本體創造權」。在什麼意義上我們能夠聲稱我們是本體上的「創造者」？在那種情況下，我們仍假定本體論是關於被經驗觀察的物質實體的「實在性」的。既然這樣一種實在觀念已經被拋之門外，並且我們知道所謂的本體框架是可改變的並因此我們能夠按照我們自己的意願重新創造它，在這樣一個範式轉變過程中，還有什麼是保留不動的呢？

這裏胡塞爾現象學走上了前台：除了經驗的內容和形式的框架之外，還有無論我們做什麼都不能改變的寓於感知之中的現象或本質。從歷史上看，早在胡塞爾之前笛卡爾已經認識到，某些如幾何學和算術中的那些真理不管是在「現實」世界還是在夢中都是有效的 —— 正如他的第一個《沉思》所表明的那樣。這樣一種笛卡爾式觀點很明顯同我們的對等性原理和胡塞爾的《邏輯研究》與《觀念》中的大多數論題是一致的。

在更深層次上，不管感知框架如何從一個向另一個轉換，我們的內在

時間意識是保持不變的。因此，胡塞爾在其《內時間意識的現象學》中的觀點如果有效，它將在自然世界和虛擬世界都有效；如果無效，它將在兩個世界都無效。在前面的章節中，貫穿於整個解構過程的所有七個規則、所有的經驗內容均容納於時間性和空間性中。我們能夠從一個空－時框架向另一個轉換，但是我們無法改變我們的感知的空間性和時間性。在下一章，我們將進一步論證，只要我們的經驗在繼續，意識的意向性結構及其衍生物如何保持不變，無論是在自然世界還是在虛擬世界的層次上。

總的來說，任何有效的現象學描述，以及純粹的數學和邏輯等 —— 它們都不指向基於特殊感知框架的經驗事實 —— 無論在什麼樣的感知框架中都必然保持其有效性。

按照胡塞爾的觀點，所有真正的哲學命題必定是先驗地有效或無效的，包括所有那些像休謨和穆勒這樣的經驗主義者提出的命題（參見胡塞爾的《邏輯研究》第一卷），即使他們自己錯誤地聲稱他們的命題是建立在經驗基礎上的。我認為這種胡塞爾式觀點能夠作為區分哲學方法和經驗方法之間差別的規範標準。如果這樣的話，所有真正的哲學問題將在任何被給予或被選擇的感知框架中 —— 也即在任何自然的或虛擬的世界中 —— 具有同樣的意義。比如，柏拉圖的洞穴寓言將被那些完全浸蘊於虛擬現實和那些在虛擬現實之外的人以完全同樣的方式討論；笛卡爾的《沉思錄》將有着同樣的智性力量；萊布尼茨的問題 —— 為什麼有某些東西而不是根本什麼都沒有？ —— 也將在虛擬現實中被提出來，就像在幾個世紀前被提出來一樣；康德關於人的統覺、物自體等觀點將保持同樣的意義；黑格爾的「邏輯學」將像過去一樣保持它的思辯魅力；胡塞爾對意識的意向性結構以及邏輯有效性的直觀絕對性的現象學描述如果是有效的，將仍然有效，如果是無效的，將仍然無效。

最後，本書關於虛擬現實和賽博空間的論述對於那些已經進入虛擬世界的人和那些仍在自然世界中的人將具有同樣的意義。正如所有其他真正的哲學討論一樣，我們這裏的討論不是由我們現在碰巧持有的感知框架決定的。它們的全部基本所指將自動適用於新進入的世界並且保持同樣的意

義，在此意義上它們都有自我滑移的能力。由於虛擬世界和自然世界之間的對等性，無論我們碰巧浸蘊在哪個世界中，我們都將提出關於那個世界的哲學問題，就像我們浸蘊在任何其他世界所提出的一樣。展望將來，如果我們移居到我們自己創造的虛擬世界並浸蘊其中，這裏所討論的問題將具有與它們初次出版時一樣的哲學意義。因此類似本書這樣的著作，其內在價值將持續一代又一代，即使人類已經移居到賽博空間中（我將闡明為什麼這不是個好主意）也會保持同樣的意義！還記得在我的虛擬現實博物館的概念設計中的第二層次虛擬現實的想法嗎？這一想法使你領會到，當我們浸蘊於一個終極的虛擬世界時，我們仍然能夠從那個世界內部創造虛擬現實，如此等等，原則上可以無限進行下去。

這宣告的是經驗主義的終結，而不是終極者的終結。終極者是我們所不能改變的被給予的合規律性，因為如果沒有終極層次上的強制性限定，我們所討論的這些選擇沒有一項能夠實現。我們不是物質論者，也不是觀念論者 —— 如果觀念是指在我們的有意識心靈中的那些東西的話。假如我們仍選擇使用「實在」一詞意指此終極者的話，則我們可以說**終極實在**就是強制的規律性。但是為了避開「實在」一詞的傳統內涵，我們最好還是不要使用這一概念。因此，如果你願意，你可以稱此觀點為「跨越的非物質主義」（transversal immaterialism）或「本體論跨越主義」（ontological transversalism）。

在這樣一種本體限定下，我們能夠通過虛擬現實重新創造整個經驗世界。若果真如此，本書最終能夠以**再創世**的故事形式被重寫並呈送給我們的後代嗎？如果我們的孩子真的放棄了自然世界並且在虛擬世界中過着安全和有保障的生活，他們將繼續創造他們自己的虛擬現實嗎？如果真的發生了，我們將會說，上帝是我們。

「要有二進位碼」，接着，「要有光」，再接着，「讓我們有一個新的身體……」

第四章
除了心靈其他都可選擇

At across around,
Into through up'n'down;
Behind below between,
Under onto within.

After among about,
Over upon or out;
Before beneath beyond,
Outside against alone.

Aback above abask,
Aslant asquint astride;
Again afresh anew,
Astern aslope askew.

—— "At Beneath Askew", Z. Zhai, 1987

一、約翰・塞爾關於身體的大腦圖像的錯誤想法

在一切可能的虛擬世界或自然世界中，我們的感知經驗必須將空間性和時間性作為所有事物和事件的基本結構。這是否意味着空間和時間具有同等地位的本體必然性呢？不。空間的存在僅是由於我們在所有的感知框架中均使用同一套感覺器官；不管是在自然世界還是虛擬世界，我們的各感覺器官各自分別接受相應類別的感覺刺激。

但是，如果我們除去一個或更多的感覺器官，我們仍可以具有一系列感知經驗。例如，如果我們失去視覺，我們的空間感覺就會顯著削弱。如果再除去觸覺，我們是否還會有空間感將成為一個嚴重問題。如果除嗅覺以外其他感覺形式全都消除會怎樣呢？可以想像，在這種情形下我們的空間感將完全消失。[1]如果我們不敢十分確定我們的空間感將在何時全部消失的話，我們可以確定我們的時間感將會持續下去 —— 只要我們仍在感知，在進行意識活動。因此時間性是完全內在於心靈中的，而空間性可能

---

1 我有一個提議可供世界科學共同體參考。當前自然科學以我們的感官區別為基礎分化成不同的分支。比如，光學以我們的視覺為基礎，聲學以我們的聽覺為基礎，而嚴格的固體力學很大程度建立在我們的觸覺基礎上。但是我們現在可以嘗試將這些領域裏建立在不同感覺模式基礎上的已知自然規律歸併為僅以一種感覺模式為基礎的規律。舉個例子，我們可以嘗試將光學規律轉化為聲學規律，或相反；或者將固體力學規律轉化為光學規律。這種轉化是以對數學的創造性使用和轉化的想像為基礎的。我們可以問這樣一個問題：「如果我們沒有視覺而只有聽覺，我們如何表達那些光學規律，就像我們所知道的那些從來就沒有過顏色觀念的人一樣？」或類似地說：「如果我們使用一個模擬設備將所有顏色變化的規律性轉化成相應的聲音變化的規律性，我們如何能夠從純粹聲學的觀點出發重新表達我們現有的光學規律？」不同學科的自然科學家可以在不同方向上努力，有的可以嘗試將所有事物納入光學，有的則納入聲學，等等。這種合作性努力的結果將會使自然科學的解釋力和預言力大為擴展，並且極有可能獲得意外的科學發現。

僅依賴於我們感知框架的某個特殊性徵。

　　因此，除了心靈之外，一切都是可選擇的。但時間性總是同心靈在一起，心靈必然是時間性的。所以，我們不可能跳過時間性理解心靈的本質。討論心靈而不討論時間性，只能是在外圍兜圈子。任何**預設**了時間性甚或空間性的解釋至多只觸及心靈的表現形式，而非對心靈本身的闡釋。由於客體化的空-時觀念必定已將空間性和時間性作為其中的經驗內容，故任何預設了這種客體化空-時框架的東西一定不能作為充分解釋心靈的出發點，否則將導致循環論證甚至自相矛盾。所有經典力學模式的因果性解釋都前設了這樣一個框架，因此無助於對心靈自身本質問題的說明。故而像約翰·塞爾和丹尼爾·丹尼特那樣以神經系統科學——它基於因果關係的傳統模式——為基礎的認知方式解釋心靈，是不可能具有如其支持者所認為的那種論證力的。

　　很多心靈哲學家或心理學家都對截肢者幻覺的問題頗有興趣，但迄今為止，我們還沒看到對這種現象的在因果關係之外的正確理解。我們知道，一個腳部截肢者在截肢後可能會有類似腳部疼痛的幻覺。顯然，這涉及截肢者作為主體對自己身體的空間位置性感覺同作為第三者從外部觀察到的自己身體圖像之間的差別問題。前者是其所獨有的，他人無法分享；後者則是其與其他觀察者共有的。截肢者內在地感覺到腳部疼痛，但是從外部根本看不到腳的存在。對於這種現象，塞爾從神經生理學出發做了一個非常有趣但卻是錯誤的解釋：

　　　　一般感官告訴我們，疼痛位於我們身體的某個物理位置，舉例說，腳部的疼痛就在這只腳的內部。但現在我們知道這種看法是錯誤的。大腦形成一個身體圖像，疼痛就像所有的身體感覺一樣，是身體圖像的部分。腳部的疼痛實際上是在大腦的物理空間中。[1]

1　John R. Searle, *The Rediscovery of the Mind*, Cambridge: The MIT Press, 1992, p. 63.

　　因此，按照塞爾的說法，所有的身體感覺都是身體圖像的部分。若果真如此，當我將手浸入熱水中時，是我的大腦而不是我的手感覺到暖和。但是，這種說法必然導致自相矛盾。假定我的整個頭部都在痛，按照塞爾的說法，我的頭痛「實際上」是在大腦中。但是，我從第三人稱視界是看不到我自己的頭痛的，正像任何其他人都看不到我的頭痛一樣。但我還是斷定是我的頭在痛，而不是我的屁股在痛。因為反正我睜開眼睛是看不到自己的頭痛的，我的視力對判斷我身體的哪個部位在痛毫無幫助，所以我閉上眼睛仍能內部地感覺到我的頭在痛，就是我肩膀上的那個頭在痛。我怎麼能夠內部地感覺到我的頭在那兒呢？這是由於我內在地擁有它的感覺，這種感覺也許讓我愉悅，也許讓我不快。我的頭痛可能比其他感覺更讓我相信我的頭存在，因為它確確實實在折磨着我呢。因此我內在感覺到的我的頭所在地一定就是我的頭痛所在地。這樣塞爾還會說由於我的所有身體感覺都是身體圖像的部分，因此我的頭「實際上」是在大腦的物理空間中嗎？

　　如果他回答是，立刻就會導致悖論。我的大腦包含在我的頭中，因此是我的頭的一部分，同時，我內感知到的頭又在我的大腦「中」：大腦在頭中，頭也在大腦中！這種明顯的自相矛盾是由於混淆了兩種視界。「大腦」一詞通常是指從第三人稱視界出發在空間中觀察到的客體，而「頭」一詞首先指從第三人稱視界觀察到的客體，其次又指第一人稱的身體感覺的某個部分 —— 雖然這裏沒有明確的空間定位。我們在第一章論證第一人稱視界的自我認證不受空間位置性的限制，因此，斷言我內部認證的頭位於我從外部看到的客觀化了的大腦「中」就犯了範疇誤置的錯誤。

　　塞爾可能辯駁，疼痛不同於頭之存在的內感知。因為疼痛不能從外部觀察到，所以它不具有第三人稱視界看來的獨立地位，而頭首先是第三人稱視界的一個客體，對其之內在感則是派生出來的。然而，這樣的區分是膚淺而又無根據的。疼痛當然有其可被觀察的對應物，醫生就常常根據它來診斷病情。我們通常稱其為瘀傷或發炎而不稱其為疼痛，這是語言上的事實。疼痛的內在感覺是如此強烈以至於我們必須為了實用的目的為

它取一個特殊的名字，而頭的內部感覺則沒有那麼突出，因此無需再進行命名。

也許還會有人辯論，同樣的疼痛感覺有不同的症狀，因此疼痛不同於症狀。但是，不同模樣的頭也會給你同樣的長着腦袋的感覺。因此，疼痛的內在感覺對其外部症狀的關係與頭的內在感覺對其外部表象的關係是平行的。如果我們不能邏輯地論證一個人的頭在他的大腦中，我們也不能說一個人的疼痛在他的大腦中。正是因為疼痛的感覺是一個心理事件而根本不是一個物理事件，我們不能按照第三人稱的視點來將疼痛定位在其腦神經活動的對應事件上。截肢者感覺自己的腳在痛，這個「腳」是指身體內感覺的腳，而不是從第三人稱視角觀察到的腳。

很清楚，塞爾在這個問題上的混淆是由於其方法論原理的前後矛盾。他一方面正確地堅持了第一人稱視界同第三人稱視界之間的不可通約性；但另一方面又認為理解作為主體的心靈之唯一途徑是神經系統科學這種以第三人稱視界為基礎、限定在經典力學框架內的經驗科學。這種方法論原理的矛盾，導致他誤解了神經系統科學實驗成果的哲學內涵。

當塞爾聲稱所有的身體感覺是身體圖像的一部分時，按照他的觀點，「身體」一詞不能從第一人稱視界來理解，因為他認為從第一人稱視界出發只能有作為身體「圖像」部分的身體「感覺」，而沒有身體本身。因此，「身體」在這裏一定是指外部觀察者和身體所有者從第三人稱視界觀察到的客體。現在，塞爾如何知道腳部疼痛「實際上」是在大腦 —— 它是身體的部分，而非僅僅是「身體圖像」的部分 —— 的物理空間中呢？

當然他不能打開大腦看看疼痛在哪兒；他必須採取功能主義的方法來證明他的論斷。比如，神經系統科學家告訴他，如果對大腦的某個區域進行疼痛性刺激，主體將會感覺到腳部疼痛，不管他的腳是不是存在；反之，無論其腳部出現什麼情況，只要能防止大腦的那個區域受到疼痛性刺激，該主體就不會感覺到腳部疼痛。其實，這一發現在神經系統科學中並不稀奇。假如證實大腦是所有感知信息的處理中心，上面的實驗還會有別的結果嗎？不過塞爾在對這一實驗結果進行推論時誤入了歧途。

　　疼痛與大腦的功能性對應只是說明，對大腦某一區域施以恰當刺激是產生腳部疼痛感覺的必要和充分條件，並不能證明如塞爾所說的，疼痛發生在「大腦的物理空間中」。在這個物理空間中發生的只是與疼痛相關的物理事件，而不是主體經驗的疼痛本身。如果遵循塞爾的邏輯，我也可以說現在我面前的計算機屏幕的圖像不是在我之外的，而是在我的大腦中，因為如果視覺信號在到達我的大腦之前停留在任何地方，我將看不到這個屏幕；如果其他刺激源產生的相似信號能夠到達我大腦的特定地方，我的心靈中將會出現這個屏幕的圖像。按同樣的道理，我們也可以來說明其他感覺形式（如聽覺）。這樣，我們將得出結論，整個世界的可感屬性實際上不是在我之外的，而是在我的大腦中。但是，我的大腦也是物理世界的一部分。整個自然世界如何能夠在它自己的一小部分之內呢？我們還要繼續說我的大腦的所有屬性實際上不在物理空間中，而是在我大腦中的某個地方嗎？

　　當然，塞爾對他遇到的困難並不是全無所知。為了擺脫這樣的困境，塞爾試圖將物理客體的屬性區分為內在屬性和非內在屬性。他認為，實際上在我們大腦中的是那些非內在屬性，疼痛就屬於這類屬性；內在屬性則確實在客體中。他說：

> 「質量」「引力」，及「分子」等詞語表達了世界的內在本質特徵。如果所有觀察者和使用者都不存在了，世界上仍會有質量、引力和分子。[1]

　　這樣的區分與洛克的第一性質和第二性質的區分沒有多大差別，後者受到貝克萊的嚴峻挑戰。在第三章，我們已經認識到這樣的區分**源於**我們的不同感覺樣式之間的協調經驗。的確，在我們所有人都死去之後分子仍將繼續存在，如果「存在」一詞的意義被限定**在**我們現在碰巧持有的感知框架**內**的話。但正如我們前面所說，在虛擬世界中，對應於我們現在自然

1　John R. Searle, *The Rediscovery of the Mind*, Cambridge: The MIT Press, 1992, p. 211.

世界的粒子物理學，我們將會有新型的粒子物理學。即如果換一個感知框架，我們現在感知為「分子」的粒子可能不再是粒子，而只是某種前定的規律性，因為空間性的位置能夠從根本上重新構造。這可以與愛因斯坦的廣義相對論相對照，當對重力進行幾何學的理解後，質量的內涵就發生了根本性變化。

既然空間位置性本身是偶然加之於特定感知框架中的，這個世界唯一的強制的必然性是事件的規律性，不是被理解為物理世界的建築材料的任何物體，這就是我們迄今通過各種思想實驗所獲得的最重要洞見。

塞爾是一個聰明的哲學思考者，只是他的物質主義偏見將他引入了歧途。一旦我們說到物理客體時，我們已經是**在**某個被給予的感知框架**中**說了，因而也就背離了第一人稱視界，產生出第三人稱視界。這樣，根植於這一感知框架內的物體的任何屬性都會被理解為內在於物體的。這就是為什麼洛克的區分在這裏仍是有意義的，以及為什麼笛卡爾如此確定廣延是物質性的本質。但也正是在這一點上，塞爾犯了錯誤：他錯誤地運用第三人稱視界的位置性概念來解釋第一人稱視界的疼痛概念。當大腦概念僅**在**某特定感知框架**中**才有其意義並因此才有內在屬性與非內在屬性之區分時，由於疼痛概念只能是第一人稱視界的，因而同產生於第三人稱視界的內在性對非內在性的區分無關。

更糟的是，塞爾的「大腦中的身體圖像」概念將導致類似於他稱為「縮微人謬誤」——通常他將之歸於他的認知主義對手——那樣的錯誤。[1]假如在大腦中有身體圖像，按照他的觀點，腳部疼痛必定發生在圖像中對應着實際腳部的一個地方，而手部疼痛必定發生在對應着實際手部的一個地方。這兩個地點在空間上必定是分開的。但假設一個人清楚地感覺到他的腳部和手部同時疼痛起來，對他來說，為了能夠比較這兩處疼痛，

---

[1] 塞爾的批評是對的，某些認知科學家的確犯了這種謬誤，他們相信一個物理過程可以不通過數碼化的詮釋而直接就是數碼的。這裏暗含着一個假定：在人的大腦內部有一個像人一樣的詮釋者。但是這樣的假定將導致無窮倒退。

必須有一個更高層次的信息處理中心從大腦中「身體圖像」的這兩處接受刺激。這樣這個更高層次的信息中心將需要一個較小的身體圖像，如此類推直到這個圖像化為一個單一的點為止，否則這種倒退將繼續下去以至無窮。然而如果圖像最終變成單一的點，則這個點應該被理解為腳部、手部以及所有其他部位疼痛發生的地方，而不是那種看來是中間性的「身體圖像」中的地點。並且，如果所有信息都要匯集到一個點，所謂的「身體圖像」的說法就變得毫無意義：反正所有信息都要歸一，半路來個「圖像」有何補益？在眼睛視網膜上，不是有過一個「圖像」了嗎？

假設存在這個所有信息的聚集點，這個「地方」不可能是空間可辨認的「地點」，因為經典力學模式的空間必須包含多個彼此獨立的點，而不是一個單一的點 —— 單一的點不佔有任何物理空間。總之，這個大腦中的「身體圖像」理論需要有無數個越來越小的身體圖像；或者若有盡頭，則這盡頭必須是無空間無圖像的點，因而在大腦的任何地方都找不到。依照塞爾的「身體圖像」理論，我們最終要麼根本沒有圖像，要麼無限向後推演下去。

那麼，對截肢者疼痛幻相的正確解釋是什麼呢？首先，我們需要正確理解我們正常疼痛的位置參照。在腳部被截肢前，我感到腳部疼痛不是因為我看到疼痛在那兒。相反，我在一種被根本變更了的意義上認識到疼痛在我的腳**中**：我的疼痛同與其相伴的**方位索引內感**一起，共同**對應着**我外部可觀察的腳。我不是說一個可觀察的物理傷口本身是疼痛，或者這個傷口產生的信號是疼痛。我的疼痛感覺是從第一人稱視界確認的，從第一人稱視界出發，主體的行動中心必然構建出第三人稱視界；正是由於這種構建能力，我們才能夠討論可觀察的物理傷口以及從腳部到大腦的信號過程。

由於我們將第三人稱視界歸因於我們的感知框架，我們可能會認為，與這種視界聯繫在一起的空間性是建立在我們感覺器官的生物和神經生理學結構基礎上的。但這種想法是不恰當的，因為生物學和神經生理學同其他科學分支一樣，都是建立在經典力學模式基礎上的，因而已經預設了空

間性。而對物體空間性的理解必須**在**第三人稱視界構建起來**之後**才開始。

因此，一個幻覺疼痛之為幻覺僅僅是因為原先在第一人稱視界的疼痛認證和第三人稱視界的位置認證之間建立的對應現在被截肢打破了。由於二者之間是一種共時對應關係，因而不能將疼痛歸為任何一方，所以截肢者的幻覺疼痛不能說是在大腦「中」。那麼，疼痛「實際上」在什麼地方呢？在截肢之前，它就在腳中，不過這個「中」正如我們剛才分析的那樣，是被根本變更了的意義上的「中」；在截肢之後，疼痛哪兒也不在。引起疼痛的刺激或早或晚終止在大腦中，但疼痛從來並且永遠都不會在大腦中。

既然人對位置的內在感覺完全是心靈的內感與感官的外感之間對應協調的結果，我們可以很容易地理解拉尼爾關於虛擬現實體驗的下列表述：

> 在 VPL 中，我們經常變化成龍蝦、瞪羚、長翅膀的天使等不同的生物逗樂。在虛擬世界裏換一個不同的身體比換一件衣服的意義要深遠得多，因為你實際上改變了你的身體力學。
>
> 令我們驚訝的是，人們幾乎能立即使自己適應於控制形象根本不同的身體。他們用細長的蜘蛛臂撿起虛擬物體就像用人的手臂一樣靈活。你認為你的大腦熟悉你的胳膊並按固定模式操縱它們，如果它們突然長了三呎，你的大腦將無法控制它們，但是事實看起來並不是這樣。[1]

因此當我熟睡時，如果我的身體一夜間按比例增大十倍，我不一定會內在地感覺我的手指尖離我的感知中心遠了十倍。在睜開眼睛或別的東西擠住我巨大的軀體之前，我也許會感到身體內部同昨天沒什麼驚人的不同。

丹尼爾・丹尼特做了一項突出工作，他揭示了大腦中的「笛卡爾劇院」觀點 —— 塞爾的大腦中的身體圖像就是此類觀點的一個版本 —— 的邏輯矛盾。實際上，我前面對塞爾謬誤的分析做了和丹尼特同樣的事。

1　Doug Stewart, "Interview: Jaron Lanier", in *Omni*, vol.13，1991，p.115.

但總的說來，本書可看作丹尼特《意識的解釋》一書的對應篇。丹尼特想當然地從第三人稱視界的科學物質主義出發，在被給定的空間性感知框架內理解因果關係。他的大腦觀念不加考察地建立在傳統位置性概念基礎上。

以此為出發點，丹尼特成功揭示了笛卡爾劇院觀點的混淆，但同時錯誤地拋棄了心靈的本體地位。然而我們迄今對虛擬現實的討論已經表明：除心靈之外，其他一切都是可選擇的。也即是說，第一人稱視界比第三人稱視界具有本體上的優先地位。因此如果依據神經生理學這種基於可選擇感知框架的認識方法來理解大腦，就跳過了解釋心靈問題的關鍵所在。難怪，丹尼特用他的神經生理學方法無法找到心靈。

由於這樣一種命題態度預設了第一人稱視界與第三人稱視界的區分，丹尼特完全從第三人稱視界出發解釋意識的嘗試注定要陷入更糟糕的迶行矛盾中：當他聲稱他對意識的闡釋有效而他的對手無效時，這種闡釋本身卻不允許任何有效申述的可能。理由如我上一本書所論證過的，[1] 由於意義同因果性的根本區別，這種徹底的化約主義限定了：只有在言語行為的因果狀態下，意義關係才能在言語中被理解；而有效性是意義上的而非因果關係的。既然他對意識的闡釋僅是諸多言語行為的事例之一，依據此闡釋本身，他的闡釋將是既非有效也非無效的。丹尼特甚至主張：

> 其次，讓我們拋去**談論思想的語言**吧；判斷的內容不必以「命題的」形式來表達 —— 這種表達是一個錯誤，一個極端熱衷於將語言範疇錯誤地投射到大腦活動本身之上的例子。[2]

因此，按照丹尼特的觀點，他在全書中進行的所有命題辯護都能還原成對其作為自然演化結果的大腦活動的描述。但是，任何相信其反命題的人也會有相應的作為自然演化結果的大腦活動。為什麼我們該相信他而不相信

1　參見 Zhai Zhenming, T*he Radical Choice and Moral Theory: Through Communicative Argumentation to Phenomenological Subjectivity*, Dordrecht: Kluwer Academic Publishers, 1994, chap. V.

2　Daniel C. Dennett, *Consciousness Explained*, Boston: Little, Brown and Company, 1991, p.365.

別人呢？他會說，相信他的意識解釋將能使你在自然選擇的過程中得到更多好處。但這只是一個經驗命題，而對此經驗命題的辯護，我們還等待丹尼特在不使用「思想的語言」的條件下去完成呢！他當然永遠也辦不到：丹尼特像任何自然主義還原論者一樣陷入了無法擺脫的自毀境地。

　　盲點問題，是心靈哲學家和感知研究者經常需要面對的另一個看來似乎比較棘手的問題。在這一點上，丹尼特陷入了自掘的陷阱而不自知。在（正確）分析了為什麼「充入」的存在使我們察覺不到盲點之後，丹尼特又退回其致人歧途的幼稚的科學物質主義泥潭中：

> 「充入」觀念的根本缺陷在於它表明大腦在提供某種東西而事實上此時大腦在忽視某種東西。……由於**表面上的**連續性，意識的不連續性是令人吃驚的。[1]

然而根據我們的分析，盲點僅在某種可選擇空間結構下的第三人稱視界中存在。從第一人稱視界看，盲點根本就不是一個「點」。大腦作為被理解成空間中的對象性物體是不會觀看的；只有前空間性的心靈用眼睛去看。眼睛能看見它自己的盲點嗎？當然不能。

　　讓我們稍微使用一下歸謬法，就能看到其中的奧妙。假設盲點能夠出現在我們的視場中。盲點的顏色（假定是黑色的）將不同於周圍事物的顏色。但無論它是什麼顏色，只要我們能看見它，必定是由於視網膜細胞對它有反應。但是，盲點所在地正是沒有視網膜細胞的地方。我們可能看到這個點嗎？當然不可能。按照定義我們的盲點不容許我們看見任何東西，包括盲點本身。我們應考慮這一點：視神經發送到視覺皮層的是電信號而非第三人稱視角的空間性。電信號僅傳送信息，信息自身如何能有一個「點」被「充入」或「忽視」呢？

　　再假設，從第三人稱視界看我們的視網膜細胞在眼睛背後呈環形分佈。那麼我們的視場看起來將會像一個套在黑餡餅外的圓環嗎？不會的。

1　Daniel C. Dennett, *Consciousness Explained*, Boston: Little, Brown and Company, 1991, p. 356.

如果中部視網膜細胞的缺少使我們將事物感知成黑色，那麼正如我們在第一章所論述的，除眼睛外身體的每個部分都會使我們看到黑暗；我們的視場將出現在無邊無際的黑暗中間。很明顯，這種思考方式是錯誤的。

如果我的視網膜細胞分散於我的全身，我仍然會看到統一的視場，因為我的心靈不依賴於特定的空間結構。大腦從經驗層面理解不必「充入」或「忽視」任何東西，因為在電信號中向來就不存在內部的「點」需要充入或忽視。

但是，為什麼盲點能夠被發現呢？因為當被觀察的物體和眼睛之間存在相對的運動時，盲點將引起感覺的某種不連貫性：物體或其部分將突然顯現和消失。它會出現，接著消失，然後重新出現。即，不一致將被感知成時間性的斷續，它不能被還原為任何其他東西。這是因為，時間性是內在於我們的意識之中的。從第三人稱視界看，空間性差別原則上能被還原成時間性差別和身體運動感的差別的結合。時間性差別和身體性差別，是意識的終極不可還原要素並因而是理解經驗世界的前提。丹尼特幼稚的科學物質主義不可能幫助我們理解意識本身。

丹尼特在試圖解釋時間和時間感知之間的區別時遭到了嚴重失敗，這也是丹尼特方法論的必然結果。按照他的觀點，時間感知是被「管理時間」的大腦通過時間性排列產生的，似乎我們能夠獨立於我們的時間感知來理解「真正的時間」。當他解釋本杰明·里貝特（Benjamin Libet）的「實時回溯排列」實驗時，他以這樣的方式使用客觀時間的概念，即客觀時間的測量不依賴我們對時間性的內感知。但正如在第三章所論述的那樣，無論我們如何客觀化時間，時間的最終參照一定以我們的時間感知為基礎，並且被我們的空間性感覺的協調修正。

而且，按照愛因斯坦的狹義相對論，時間的定義**在**同時性**和**光速概念**之後**，而距離的概念則根植其中。因此，我們先前關於具有不同空間結構的感知框架之間對等性的論證直接暗含着對時間和時間性的理解：如果空間距離依賴於特定感知框架並因此依賴於我們的空間感知，對時間的概念性把握也必定依賴於我們的時間感知。至於我們使用像鐘錶之類的工具測

量時間，那只是為了實踐的方便而進行的約定。

由此看來，丹尼特正像西諺說的那樣，把馬車擺在了馬的前邊，還企圖讓馬把車拖走。我們知道，這是辦不到的。

其實，丹尼特的想法與我們這裏一直在論證的東西是不相容的，我們這裏的論題，正是丹尼特理論的反論。我們在第二章提到一種危險的觀念：有些人聲稱賽博空間中電腦模擬的主體與被連接到賽博空間的具有意識的人類是等同的。他們之所以持這種觀點，是因為他們認為任何不能被第三人稱視角觀察的東西根本就什麼也不是。他們認為自己在堅守某種牢靠的東西，亦即，堅守給予我們感覺材料的物質的唯一性。

既然我對虛擬現實的論述已表明這種所謂的物質性論證如何必定走向終結，而具有某種前定結構的心靈依然牢固地自我保持着，丹尼特的觀點和我的觀點是完全不相容的。丹尼特試圖取消心靈而保留物質客體，但這種嘗試本身已經建立在心靈優先於物質的基礎上了，儘管他自己沒有意識到。從心靈的第一人稱視界出發，我們能夠理解第三人稱視界如何產生。但從第三人稱視界出發，我們無法理解第一人稱視界及其感受性，故看起來最容易的規避方式是把它們一起清除出去。但是這樣的清除就像是在拆自己的牆根 ── 必然導致完全的自我崩潰。

迄今為止，我們這裏的分析已經使事情完全翻轉過來了。現在很清楚，我們從不可能通過人工智能（AI）重新創造人的心靈，但我們能夠通過虛擬現實（VR）重新創造整個經驗世界。

至此，我們又可以進行一次小結了。我們的論證支持的是如下的論點：如果我們將心靈的內容理解成完全等同於大腦中的物理過程，則空間感知通過大腦的空間性指派而產生，正像腳部疼痛的產生一樣。假定如此，若遵循塞爾的邏輯，則我們不得不說空間「實際上」在大腦中，並因此整個宇宙「實際上」也在大腦中；既然大腦（同心靈對照）依其定義是宇宙中的一個物體，則按照這一邏輯大腦也**在**同一個大腦本身**中**。很明顯，這是自相矛盾的。陷入這種自相矛盾，是由於在空間性問題上將第一人稱視界（心靈）同第三人稱視界（大腦）相混淆的緣故。丹尼特對心靈

的解釋危害甚至更大，因為他試圖完全消除第一人稱視界，這在第一章已經表明是不可能的。

二、整一性投射謬誤

我們承認了兩種視界的相互獨立性，我們就不得不支持某種身心二元論嗎？這倒不必。由於第一和第三人稱視界的區分是偶然加於我們的感知框架的，如果我們能從一個邏輯上先於我們感知經驗的優越視角開始我們的理解，我們或許能夠解釋之後的一切東西。倘若一個理論的空間和時間概念不依賴於特定的感知框架但能夠邏輯一致地解釋我們所感知的空間和時間，則這一理論將比在第一和第三人稱視界進行區分更高一籌。

當然，即使這一理論能夠解釋所有被觀察的現象，此理論中的概念將不指稱任何可觀察的物體。如果我們將這些理論概念直接應用於任何依賴感知的物體，我們將陷入悖論。但是這種超感知的理論可能嗎？

量子力學正是這樣一種理論；相對論似乎比較接近這種理論，最近的超弦理論看起來也屬於這一類型。不幸的是，主流腦科學遠遠落後於現代物理學的步伐。這是由於對人類心靈進行充分理解的前提條件還未被認識到，並因此由新物理學提供這一前提的可能性被大大忽視了。

但是也有例外。已經有一些頗具才幹的研究人員敢於超越既定傳統的嚴格限制，將他們的科學新探險奠基於物理／數學科學之上。[1] 亨利・斯塔普（Henry P. Stapp）和羅傑・彭羅斯（Roger Penrose）是其中的兩員大將。他們認為經典力學和計算理論不能充分說明意識問題，而量子力學是解釋意識的可能選擇框架。儘管他們的一些論證可能還未被充分辨明，至少他們對新物理學在理解人的心靈問題上的重要性的確信是令人振奮的。

受此鼓舞，我在此將要證明，任何以經典物理學框架的空間位置性

1　Henry P. Stapp, "Why Classical Mechanics Cannot Naturally Accommodate Consciousness but Quantum Mechanics Can", in *PSYCHE*, vol. 2, 1995.

假定為基礎的理論被應用於意識本身的解釋時，是如何導致自我崩潰的。如果我的觀點是正確的，則以大腦構造 —— 大腦被理解成空間可辨認的物體 —— 為基礎的認知科學儘管可能帶來一些實踐上的效用，但無法處理人類心靈問題，進而解釋意識本身。它至多能幫助我們理解一些來自第三人稱觀察的與意識有關的現象，而不能理解來自第一人稱認證的意識本身。

斯塔普關於內在描述和外在描述的區分是值得關注的，因為這種區分是以許多主流認知科學家所假定的大腦演化的計算機模型所涉及的邏輯混亂為背景建立起來的。其重要性在於，它幫助我們揭示出在從事對精神現象進行經驗主義研究的傳統研究人員中較為常見的謬誤。此謬誤我稱之為「整一性投射謬誤（fallacy of unity projection）」（以下簡稱 FUP），它可以被表述如下：

> 在對某物體（比如說大腦或計算機）的假定的精神現象進行經驗的實證研究時，一個人假定被研究的材料的空間整一性內在於此研究材料本身，而實際上這種整一性來自研究者自身的進行觀察的心靈的投射。換句話說，觀察者將整一性投射到所面對的研究資料中，這種所謂的整一性其實只是他或她自身的構成性意識在背後進行綜合的**結果**。這種投射，是在假定（或試圖解釋）被研究的對象如何**保證**具有感知和意識的整一性時被不經意地作出的。

有兩類研究者犯這種錯，一類如約翰・塞爾，相信經典框架下的神經生理學能夠因果地充分解釋意識本身；另一類是比較狂熱的強 AI 信奉者如侯世達（Douglas Hofstdater）、丹尼爾・丹尼特以及弗朗克・提普勒（Frank Tipler）等，他們將智力和意識看作不過是符號計算，與自然的因果聯繫是沒有關係的。這兩類研究者在關於意識整一性之基礎的問題上是截然對立的：物理的對數碼的，或者因果的對符號的。但是，他們都認為在經典力學中被理解為具有位置分離性的物理（大腦）或數碼（計算機）過程，能夠毫無障礙地幫助他們理解意識本身的整一性。

　　為什麼 FUP 確實是一種謬誤？或者，為什麼不能將意識的整一性從一個分離性過程中推導出來？我將首先闡明，任何依照具有位置分離性的生理學過程來解釋意識的整一性的嘗試必然導致無窮倒退，而最終只有通過非分離性的解釋才能停止這一倒退。然後，我將簡單論證符號性的解釋如何會導致意識現象和非意識現象之間的差別完全消失。最後，我將表明為什麼一切在這兩種框架下的所謂解釋，由於犯了 FUP 從而都是無效的。

　　讓我以一個與對塞爾的「身體圖像」困境的討論稍許不同但更具有結構性的說明為出發點，因為這樣一個說明對於我們進一步理解量子力學式理論在解釋意識本身時的必要性是必不可少的。

　　經典框架下的大腦生理學儘管可能有多種理論模式，但都假定大腦是我們在空間中所看到的諸多物體之一。讓我們看看，為什麼這種假定雖然應用於其他目的是有效的，但不能用來解釋心靈本身？為簡明起見，讓我們分析一下一隻眼睛的二維視覺感知對象的事例。

　　我們如何看見空間中的物體？很明顯空間和物體不會進入眼睛內並傳播到大腦的處理中心。眼睛僅從物體那裏接收光信號，並將這些信號傳送到大腦中。現在，假定我們的一隻眼睛看到面前的兩個物體 M 和 N，相距為兩吋。如何解釋我們能在一個統一的視場裏同時看到這兩個分離的物體？

　　我們知道，大腦不是像眼睛一樣的光學設備，視神經也不傳送光，因此不會有圖像投射到視覺皮層或大腦中的其他地方。[1] 如此看來，大腦接收到的是被轉換了的信號（電子的、化學的或其他種類的信號）。我們要問的是：對於物體 M 和 N 而言，大腦最終接收到的是來自兩個空間分離的地點的相應的各自獨立的信號，還是一個綜合的信號呢？

1　實際上，在大腦中尋找小的物體圖像的觀點是愚蠢的，因為那樣的一個圖像將僅表明在大腦中有一個視網膜的複製品。當然，一個複製品除了告訴我們那裏有一個複製品外，只能幫助我們研究眼睛本身，而不能理解別的東西。基於同樣的理由，去問為什麼視網膜上的顛倒圖像不會引起顛倒的感知是一個偽問題，因為大腦處理的信息不是圖像，因而是沒有「上」或「下」之分的。如果它是一個圖像，則為了解釋任何關於視覺感知的東西，我們需要進一步觀察直到我們發現不是圖像的東西為止。從幾何學上講，如果所有東西都是「顛倒的」，則將不存在使任何東西表現為「顛倒的」的參照框架。

如果大腦接收的是兩個分離的相應信號 m 和 n 分別與 M 和 N 相對應，則我們就不可能感知到它們之間相距兩吋。設想 m 和 n 之間的距離同 M 和 N 之間的距離成正比也無濟於事，因為在經典框架中，如果 m 和 n 是分開的，無論它們隔多遠也不能改變 m 或 n 中的事件狀態。為了使距離的不同對感知產生影響，我們必須引入一個更高層次的感知功能「測量」m 和 n 之間的距離。但這樣做時，按照經典的因果性位置關係理解，這個更高層次的功能（比如說記憶）為了進行同步處理將必須把來自 m 和 n 的信號在某個空間點上合併為一個單一的信號。因此，大腦要想在一個統一的視場內感知 M 和 N，倘若不對來自二者的信號進行最終的綜合，則無法接收來自二者的分離信號，因此我們必須訴諸一個地點來履行綜合 m 和 n 的更高層次功能。但是如果這個地點仍依經典框架理解成一個生理學上的場所，我們將會問一個與先前同樣類型的合法問題：在進行測量之前，這個地點最終接收的是來自 m 和 n 的相應分離信號 m' 和 n'，還是一個來自 m 和 n 的綜合信號呢？如此類推，最終我們將不得不採取第二種選擇，即在大腦的某處有一個單一的地點接收一個單一的綜合信號形成最終的統一視場。

但如果我們假設第二種選擇真的描述了大腦中發生的情況，我們必須知道一個單一地點如何能夠在我們的感知中成功地形成一個統一視場。在經典框架中，所謂「一個單一地點」意味着這樣一個區域：其中的每一個點直接同其他的點連續接觸，沒有中斷。由於任何物理事件必定在一定區域內展開，而此區域可以被分割成許多更小的區域，我們可以將這一區域的事件還原為更小區域內次級事件的總和，就好比紐約城任一時刻發生的事件是該城市每一個地點在那一時刻所發生事件的總和一樣。用斯塔普的話說，「經典力學的基本原則是：任何物理系統能夠被分解成單一獨立的局部要素的集合，各要素僅同其直接鄰近物發生相互作用。」[1]

1　Henry P. Stapp, "Why Classical Mechanics Cannot Naturally Accommodate Consciousness but Quantum Mechanics Can", in *PSYCHE*, vol.2, 1995.

依照這種設定，我們能夠理解同一時刻的意識整一性嗎？答案是不能。關鍵在於局部要素間的相互作用需要一定時間。如果我們去除時間因素，相互作用就不會發生。既然相互作用對於我們理解問題毫無補益，相鄰要素間的直接接連與要素間的遠遠分離在功能上是完全等同的，就像印在本頁上的兩個單獨的詞語一樣互不影響，不管它們是緊挨着還是隔了二百個單詞。

因此，在任一時刻，此地點的每個單獨的更小區域將會有其自己的獨立於該區域外任何其他事態的單獨事態。因此，將這些相鄰要素分開並任意地重新排列它們將不會影響該地點的事態的總和。這樣，我們仍不知道，也不可能知道最終的綜合過程發生在何處。問題在於，只要一個物理系統依據經典位置性來理解，任何多地點的困難必然會轉移到所謂的「一個單一地點」而產生同樣的困難，因為依照經典空間性的理解，根本就不存在一個不能被分割成更小地點的最終單一地點。這裏，「一」或「多」只是一種隨意的區分。由於任何兩點間的相互作用必須消耗一定的時間，為了實現意識的瞬時性統一，或者說為了形成一個統一的視場，任何相互作用都必須被排除在外。

丹尼特的多重視圖模型也無濟於事，因為所謂不同視圖的「編輯」（記憶）並不能形成視場表面上的整一性。丹尼特會說本來就沒有真正的整一性，被感知到的整一性僅僅是表面上的。但我們這裏想理解的正是這種表面上的整一性，而非任何第三人稱所看到的（非表面的？）整一性。因此，只要我們試圖堅持用經典的物理位置性觀念去理解意識的整一性，我們將不得不徒勞地陷入無窮倒退的陷阱。

有了以上的分析，我們就可以解釋經典物理學的時空假設為何在原則上不能解釋意識內容的整一性了。但我們還沒有涉及計算模型必然會遭遇的問題。讓我們現在就來討論強 AI 信奉者所堅持的意識的計算理論吧。

與意識的生理學解釋信奉者不同，強 AI 支持者認為意識（他們將其看成與智能同一個層次，這一點弱 AI 信奉者是不贊同的）現象不必依賴於大腦的生理學過程，任何能支撐一定的可靠符號運算的因果過程（我們

在本書中已將此過程稱為「次因果」過程）都可以產生意識現象，因為意識是一種符號模式的功能，而不是物理性相互作用式的功能。當他們回應約翰·塞爾和休伯特·德萊弗斯（Hubert Dreyfus）等哲學家提出的挑戰時，他們通常辯稱，即使單個符號不具有意識，整個符號系統總體則具有意識。

這種對心靈的全盤符號化的解釋在丹尼特和侯世達的文選《心靈之眼》（*The Mind's I*）中得到了較為完整的表述。侯世達認為，人的智能或意識對於符號的關係就像油畫對於色點一樣。在一幅油畫中，每一個色點單獨看起來是沒有意義的，但許多單個的無意義的色點湊在一起就凸顯出更高層次的屬性，從而產生出一件富有意義的藝術品。與此類似，人的智能或意識正是這種從較低層次的符號中突顯出來的屬性。

塞爾對這一論證進行了頗為有效的反駁：所謂更高層次的突顯屬性實際上只是在觀者眼中如此，它們是意義而非屬性。觀者在何處？如果它在大腦中，則意識就來源於這個微小的觀者，而不是在較低層次上湊到一起的符號。這樣，在這個觀者中我們還需要另一個觀者，如此類推。這個觀者其實就是侯世達自己：他將自己的詮釋投射到物體中了。

塞爾聲稱在一個可能的觀者眼中，任何可能的物理結構都能被詮釋成一個符號系統。這一點，塞爾也是正確的。那麼如果遵循侯世達式的論證，則每樣東西都可以被詮釋成有意識的，也就是說在有意識之物和無意識之物之間沒有了區別，這種所謂的意識解釋最後根本什麼也沒有解釋。

但為什麼以上兩種理論的支持者都認為他們解釋了意識的整一性呢？這是因為，當他們解釋他們自己的理論時，他們外在地使用了他們**自己的**心靈，因而將他們進行解釋的心靈的整一性投射到被解釋的材料中了，從而相信整一性是他們理論的邏輯結果。也即，他們犯了整一性投射的謬誤，或曰 FUP。

在本體論層面，FUP 來源於我們根深蒂固但不正確的常識和牛頓力學假定：空間位置性完全獨立於我們的感知，一切事物包括精神現象均佔據一定的空間性位置。由於意識的整一性首先呈現為空間性統一的形式，

這種整一性被直接投射到被觀察物體中。在一般情況下,由於意識的發生機制不是作為被研究對象,這種投射還不致引起麻煩。然而一旦意識的整一性成為問題本身,這種投射即刻就會導致根本性的誤釋。之所以如此,是因為此時被討論的意識和進行討論的意識被這種投射混淆到一起了;而依照研究者的經典模式假定,此時客體和主體之間的清楚界限還繼續保持着。

與此相反,由於這種錯誤的假定,一些心理學家似乎在根本沒有投射的情況下看到了精神的「投射」。舉例說,他們聲稱腳部疼痛是被「投射」到腳部的,它「實際上」是在大腦中。他們所說的「實際上」是指大腦的空間位置性和腳是獨立於心靈的事實,而被感知的來自第一人稱視界的疼痛則是依賴於心靈的,而不管什麼東西,一旦開始依賴心靈,就不「實際」了。但當你問他們投射是不是一個事實時,他們將難以作答。他們當然不會說為了感覺到腳部疼痛,大腦需要將信號發送回腳部。既然大腦僅接收電信號而非空間本身,它如何能認識這樣一個根本就存在於「外部」的獨立於心靈的空間?大腦中有的只是電信號,電信號絕對不是「空間」。按照物理注意的理解,我們只能說,大腦「錯把」電信號當作空間了。顯然,這種理解是錯誤的,因此大腦作為存在於空間「中」的一個物體無法處理空間本身,因此不能,也不必像他們所設想的那樣進行「投射」。因此,心靈認為痛就在腳上而不是在腦子裏,並不是一個錯誤,因為心靈不是物理意義上的腦。心靈之中沒有電信號,只有空間的構架及感覺的內容。

丹尼特也認為這些所謂的精神投射是一種誤解,但他是在一個完全災難性的前提下堅持這一信念的,他宣稱:真正的意識整一性不存在。這樣一個前提是其完全自毀性地犯了 FUP 的結果:只有空間可辨認的物體算數,而精神的可感受特性是「沒有資格的」。

按照斯塔普的觀點,對經典框架下大腦認知過程的完全的內在描述,如果用物理事實而不是它們的數字記號來表達,就是其空間性位置相互分離的個體事實的聚集。相反,在外在描述中,認知過程的觀察者能夠將這

些全部個體事實的匯集共時性地整合成一個整體。這一描述層面上的區別，是十分有效和重要的。但是在運作層面上的問題同樣重要，沒有描述者的構成性心靈在外在層次上的組織功能，於經典框架下進行內在描述是不可能的。在內在層次上，按照經典模式，每個個體事實除自身外不表明任何其他事實，儘管它與直接相鄰的其他事實具有可能的因果聯繫。

　　換句話說，經典式理解認為，每一點的事件在一定的時間持續後能夠影響**後來的**下一個點的事件。沒有這樣一個時間持續，則每一瞬間每一點的一個事件不多不少只能是它自身，並因此不會影響任何其他點的事件。為此，一個偵探能夠**推斷**出昨天下午三點約翰沒有打死大衛，如果當時約翰明明在別的地方做別的事情的話。同樣，由於一個因果變化必需一定的時間性持續，故一個瞬時的精神狀態不可能來自一個因果作用的歷時過程。相反，它必定對應於一個共時性的事實匯集，而不是按照經典因果性理解的這些事實之間的因果作用。因此，一個人在任何瞬間的精神狀態不依賴於事實間的因果聯繫，而依賴於這些事實的共時性結合。

　　假使如此，則對這些事實的聚集進行內在描述是不可能的，因為所有這些分離的事實不能以有意義的方式將自己「聚集」起來。對於一個點上的單個事態來說，所有其他事態，無論是遠離的還是毗鄰的，也不管是在大腦內還是大腦外，都是一樣地異質和不相干的。既然在每一個瞬間這些事實之間都不可能存在經典模式的聯繫，則在各瞬間被感知到的此事實對彼事實的空間關係必定是被進行觀察的心靈從外在層次強加的，並因而不能對這一事實如何促成被研究討論的精神狀態的形成有任何解釋力。之所以如此，是因為在經典框架下精神狀態被理解成物理事實的純粹匯集。

　　正如斯塔普認為的那樣，功能主義的方法同樣是徒勞的，因為如果經典模式的空間位置性依然在這個功能層面上起作用，則同樣的分析將適用於任何所謂的功能性實體。即，如果我們聲稱大腦的某一功能將各分離事實統一起來達到意識的整一性，則我們會有這樣一個問題：是大腦的哪個部分承擔此功能？故任何被認為是有此功能的大腦部分將反過來需要進一步解釋，這樣一直推演下去。

　　所有那些相信心靈的神經生理學模型或計算模型的人均假定意識表面上的統一（或整一）能通過其模型中各要素間的相互聯繫來解釋。當他們進行技術部分的研究時，他們用的是內在描述。但當他們試圖將他們的研究依據其相關性詮釋成對意識的理解時，他們就跳到外在層次上並將他們自己意識的統一功能投射到他們所描述的東西上，並且聲稱被描述的東西同意識本身是一回事。當侯世達解釋愛因斯坦的大腦如何能被符號化成一本書並且這本書將完全等同於愛因斯坦的意識心靈時，這樣一個投射是顯而易見的。

　　很清楚，如果我們允許這樣的投射，則在理解意識時，理解時間性的必要性將被掩蓋起來，並且意識本身將永遠逃避在我們充分的解釋之外。在這種情形下，當那些符號和信號的操作者們聲稱他們是所有那些等同於人類心靈的新造心靈的主宰心靈時，我們將有可能錯誤地相信他們。

　　除了 FUP 外，還有一種發現某些強 AI 支持者的混淆的更為簡單的方式：他們似乎將意識等同於智能。他們的論題常具有這樣一個明確信念或含蓄假定：通過計算機重新創造智能就是重新創造有意識的主體。其餘的人相信計算過程的一定程度的複雜性將導致意識「突現」；即，他們努力試圖通過製造高度複雜的 AI 來產生人工意識。

　　然而很明顯，如果我們相信意識根本上存在的話，則我們不可能將所謂「意識」單指智能。按照我們對這個詞的一般理解，一個更聰明的人無論如何不是一個更具有意識的人，而一個不聰明的人決不是無意識的。像他們現在那樣將人和計算機相比，甚至強 AI 信奉者們也不打算宣稱 —— 比如說 —— 國際象棋遊戲計算機深藍比它的任何人類對手更具有意識，儘管它戰勝了人類世界冠軍。但是，這種勝利，在某種意義上可以理解為表明深藍在下棋方面的智能超過了絕大多數人類成員。從另一方面看，就某種意義而言，一個正常的三歲小孩在計算方面不如一個科學計算器聰明，但沒有人會在任何意義上說這個小孩比計算器更缺少意識。因此，這再次清楚說明了所謂智能不是指同意識一樣的東西。

　　至於說意識出自複雜性，它可以從符號層面或硬件（抑或濕件？）

層面來理解。在符號層面上，我們已經認識到複雜性是在觀者看來如此，因為任何東西都可以被詮釋為許多無限複雜的符號系統的混合。但是，沒有人會說一個非意識狀態是無限多的意識狀態的混合。此外，一個計算器能夠解決非常複雜的數學問題而一個正常的小孩則不能；但如果我們認為所謂「意識」是指某樣東西的話，我們寧願相信這個小孩具有意識而計算器沒有。因此，從符號層面上講，複雜性並未直接促進意識的形成；即，一本包括了愛因斯坦極複雜大腦的全部信息的書不是一本有意識的書，即使我們同意侯世達說的這本書能夠在某種意義上表現得和愛因斯坦 樣地聰明。

在硬件層面上，很顯然複雜性和意識並無對應關係。大腦的複雜性，是理解任何所謂複雜性與意識之間聯繫的參照基礎。但是如果一個大腦複雜到足以使一個有意識的心靈出現，則把許多大腦任意裝配到一起一定會複雜到足以維持同等水平的意識。但是我們知道，如果意識能夠依據大腦過程來解釋的話，兩個任意結合在一起的大腦所增加的複雜性將更可能毀掉意識而不是維持或增強它。因此，硬件的複雜性，僅就其複雜性來說，同意識狀態沒有對應關係。也許，人們會說，複雜性指的是某種相互作用模式的複雜性，所以兩個複雜的東西接在一起並不一定變成一個更複雜的東西。但是這樣一來，我們就要解釋所謂作用模式的「複雜性」到底是什麼意思。這裏指的是非線性的程度嗎？或者是遺傳學家克里克（Crick）所說的和諧共振？但無論如何，只要這裏採用的是時空事件分離的經典力學概念，就會像剛才討論過的那樣，對理解意識的瞬時整一性毫無幫助。

我們這裏的討論，是為了說明虛擬現實與自然實在都對等地支撐在心靈這個基本點上。丹尼特和其他一些強 AI 擁護者試圖使我們相信計算機能夠成為有意識的，因為意識從來就不是任何超符號性的東西。對他們來說，計算機可以代替人的心靈。但是，我們對虛擬現實的分析，將我們帶到他們的反面。我們能夠通過計算機技術創造的不是心靈，而是他們稱作的物質世界。是的，我們能夠重新創造可經驗感知的整個宇宙：我們畢竟

有個隱喻：**上帝是我們**。但是，我們不能通過硬接連線或符號程序使計算機具有意識。換句話說，我們能成為以電子為中介的新經驗世界的集體創造者，但是不能通過電子操作手段創造出更多的有意識的創造者。強 AI 是不可能的：從硅片和程序行中產生不出心靈來。但是從心靈的立場看，任何特定感知框架下的經驗內容都是可選擇的。

三、意識的整一性、大腦及量子力學

正如彭羅斯和斯塔普所指出，量子力學恰恰可以作為解釋意識的可能選擇框架，因為它不再假定經典的空－時序列概念。整一性或整體性內在於此理論本身的數學結構之中，並因此不依賴於觀察者特定的感知框架。根據量子力學理論，根本就不存在事件自行發生所在的單獨孤立的空－時點。

有了這樣一個量子力學出發點，我們就有希望對直接根植於宇宙原始整一性的意識進行全面的理解，而在空間中被觀察的充滿各種分離物體的自然世界，只是此終極整一性的一個感知版本。這裏，解釋的邏輯完全翻過來了。心靈不再是被觀察到的物體的「屬性」或「功能」。相反，宇宙的終極整一性首先通過人的自我意識顯示自身，然後在因果秩序下通過空間化和個體化將自身客體化。在這種前空間性的理解模式下，我們能夠領會第一章所表明的在最高層次上我們的人格同一性如何能跨越各種不同的感知框架而保持其完整性，並且在心理學層次上，我們可以有多種樣式的自我，正如雪莉‧特克爾（Sherry Turkle）在其著作《第二個自我》[1] 和《屏幕上的生活》[2] 中所做的精彩分析一樣。

眾所周知，在量子力學中，薛定諤所表述的波函數要求觀察行為是說

1　Sherry Turkle, *The Second Self: Computers and the Human Spirit*, New York: Simon and Schuster, 1984.
2　Sherry Turkle, *Life on the Screen: Identity in the Age of the Internet*, New York: Simon and Schuster, 1995.

明被觀察事件的不可分割因素。在這裏沒有任何整一性投射是可能的，因為任何投射都要求在先的分離。這裏，沒有引入原初的分離，表明波函數是在第一人稱和第三人稱視界間的區別還未產生的層次上運行的。這就是為什麼任何以經典的空間位置性概念和以（依賴於感覺的）常識為基礎的對量子相關現象的描述，必然會導致像 EPR 悖論和薛定諤的貓之類的悖論的原因。

如果量子力學的確在前感知層次上運作，則無論我們選擇什麼樣的感知框架，它都會保持其有效性。因此，不管我們在自然或虛擬世界中採取什麼樣的空間結構，它都是有效的。這種跨感知性的理論，恰好適合對心靈和人格同一性進行說明。這就難怪我們在做夢、冥想或被催眠的情況下 —— 此時我們從第三人稱視界退回到第一人稱的內在意識世界 —— 可能會經驗一些超常事件。這些事件用經典或常識解釋是無效的，但卻可能同量子力學所提供的解釋相符合。

其他類型的神祕體驗 —— 如果他們的確發生過一些的話 —— 可能不會很容易降臨到每一個人身上，不過大概人人都會做夢。很不幸，對夢的研究目前僅停留在心理學層面上而沒有進入物理學領域，這完全是因為它們被錯誤地當成了純粹主觀的現象從而與物理宇宙的基本結構沒有多少關聯的緣故。讓我們用兩個例子說明夢的現象如何同我們對物理世界的理解密切相關吧，這些夢的現象從根本上對我們經典和常識所理解的世界的基本因果性結構構成實際的挑戰。

我聽說一些媒體報導過 —— 並且我自己也不止一次有過 —— 類似下面情況的經歷：某天早晨，你可能被你設定的鬧鐘叫醒了。在你醒來時，你記得你醒之前正在做夢，夢中的故事以一個鬧鐘的鈴響而結束。夢中的鈴聲和把你叫醒的鬧鐘鈴聲一模一樣，顯然你夢中的鈴聲實際上是被同一個**現實的**鬧鐘引起的。但是奇怪之處在於在你的夢裏面有一個導致鬧鐘鈴響的長長故事鏈，它**先於**你夢中的鈴響。

有一次，我做過這樣一個夢。在夢中我從一個藝術博物館回家，發現我書桌上的鬧鐘停了；我就拿起它狠命地搖晃，於是鬧鐘開始響了；然後

我就醒了。醒後發現，我的鬧鐘確實在響。假定夢中的鈴聲和現實世界的鈴聲是同時發生的（因為它們是同一個現實的鬧鐘發出的），怎麼會有一個邏輯地同鈴聲聯繫在一起的先在的故事鏈呢？

如果我們仍使用第三人稱的經典概念框架 —— 在那裏夢中的事件被看成是不真實的 —— 則有以下三種可能性存在：

1. 在夢中我對未來的鬧鐘鈴響這一**真正**事件有一種潛在的預知。在這種情況下，我能夠用這種預知構建一個邏輯上同此未來事件相聯繫的故事。

2. 在**現實**世界中，從一個不同的參照系看，因果聯繫能夠反向發生，我的夢能將我帶入這樣一個參照系中。如果這樣的話，作為未來事件的鬧鐘鈴響反向地引起我夢的開始，即開始一個將同現實世界的因果秩序融合在一起的故事（去藝術博物館等）。

3. 我沒有一個先於鬧鐘鈴響的夢；相反，鬧鐘鈴一響，一個錯誤的記憶立刻發生在我**現實的**大腦中，因此我似乎有了一個根本未發生過的夢。

第一和第二種可能性同經典力學的基本假定相牴觸。第三種可能性更對我們的客觀世界觀念構成挑戰。如果一個錯誤的記憶能夠被任意創造卻仍然同現實世界很好地連接着，我們如何能夠相信作為被記憶的故事集合的所謂世界根本上是真的呢？正如伯特蘭·羅素所說，我們可以相信整個世界連同我們的記憶是三分鐘前創造出來的，或者甚至世界本來就不存在，僅僅是記憶使我們相信它存在。這樣一種斷言顯然同基於第三人稱視界的任何科學實在論是不相容的。

然而在量子力學中，主客間的區分未被設定，普通的空﹣時概念也未形成。因此上面三種可能性在這一理論框架內都可以被容納。

下面一個普通夢境的例子，也可以為我們理解意識的本質提供非常重要的暗示。它表明，我們的意識整一性可能是宇宙終極整一性的直接顯示。我想，我們大多數人，都夢見過自己同另外一個人交談。在談話中對方會說出一些相當機智的話來，這些話並未經過我們事先的思考過

程。他／她還經常能夠說出一些令我們非常驚訝的話，甚至可能會以意料不到的方式在辯論中將我們擊敗。但這種意料不到的驚訝如何可能發生？既然做夢的只是一個人，也就是我，一切有意義的話語必定是我一個人構想出來的。雖然在夢中有兩個人物，但實際上只涉及一個心靈。如果這樣的話，這個夢中的**我**如何能夠**不**知道對方將要說什麼？我的心靈如何能夠在夢中創造出一個夢中的**我**無法控制的冒牌他者心靈？

　　比較而言，一部小說的讀者能夠為故事中的對話所驚奇，是因為他不是作者並因此沒有創造故事中的人物。如果讀者碰巧就是作者，假如他已經**忘記了**他自己的思路，則他仍可能會為之驚奇。但是在做夢的情形下，不存在這樣的作者和讀者或過去的作者和現在的作者之間的區分。這個似乎「冒牌的」他者心靈是同時然而卻是獨立地與這個夢中的「**我**」打交道。為了解釋這種心靈從一到多的表面分裂現象，量子力學或許有助於我們理解所有個體的心靈，它們是某個無意識心靈的終極整一性的顯示。此無意識心靈乃萬物的終極之源：既非物質亦非精神、拒絕任何範疇規定的原初的「道」。

　　意識整一性的根本性神祕還有另外一個表現，並且它是使我們的日常生活得以可能的前提。我們大概知道，預期我自己在明早八點的疼痛（或任何其他類型的不適）從範疇上講與預言另一個人（比如說你）在明早八點的疼痛是不同的。我的疼痛會損害我，而你的疼痛無法損害到我。但是，是什麼理由使我認識到這個疼痛將是我的並因此我應該特別地關心它，而另一個疼痛將是你的，因此只有你應該特別地關心它？這樣的質問，將使我們認識到，一個人對自己的未來狀態的關心與他對任何一個他人的關心之間，有一種實質性的不同。

　　對這個問題，一個很容易的回答是，我的疼痛將發生在我的身體上，而你的疼痛將發生在你的身體上，並且我只能感覺到我自己身體上的疼痛。但是，我問的是為什麼我應該特別地關心這個身體（我稱之為我的）而不是任何其他身體。也就是說，為何那個明天早晨的受痛者是和現在的我為同一個我，而另一個則不是。簡單的回答是，未來受痛的身體同我現

在的身體如果具有持續的因果聯繫就是我的身體,如果沒有這種聯繫就不是我的身體。

但現在問題是,既然兩個身體的未來疼痛都不會因果地影響到現在的我,為何現在的我應該特別關心其中的一個而不是另一個?如果我能夠預先停止一個身體明早八點的疼痛,為什麼我會選擇停止這個身體(我稱之為我的)的疼痛而不是那個身體(我稱之為你的)的疼痛?依照經典的因果關係模式,後來的事件決不能影響先前的事件,因此我們不能用因果關係解釋為何我們現在會關心任何將來的事件:無論下一步將發生什麼,現在的我還是一模一樣。我們可能會希望改變某些過去的事件以改變我們現在的處境,但這是不可能的。我們不應關心將來的事件,但那是我們唯一能夠希望加以影響的。因此按照對世界的因果關係式理解,一個人對自己未來經驗的關心和期待是無意義的。但是,我們確切地知道,這**不是**無意義的。我未來的疼痛和你未來的疼痛,的確是以**不**相同的方式關係到現在的我。就我而言,這種關心並非像恐高症那樣僅僅是精神上的失調。在某種意義上,我現在的自我,在比心理學更深的層次上被我的未來疼痛而不是你的未來疼痛影響了。這個期待的和受痛的「我」必定是一個不能以經典因果關係模式定義的整一性的統一的「我」。

這裏,量子力學似乎再次成為充分理解一個人對自己未來經驗的預期和特別關心的一個可選擇理論框架。之所以如此,是因為量子力學不需要假定兩時間點之間分隔的有效性。疼痛屬於一個被個體化的意識,因此它僅影響單個的人。但這個現在自我和將來自我的同一性被前意識地認定為超時間的。也就是說,所謂現在和未來的分離可以被理解為個體化的意識心靈運作的結果,後者是量子層次的宇宙心靈整一性的顯示。

既然我們已經討論了量子力學作為解釋意識之可選擇框架的可能性,其他的現代物理學理論又怎樣呢?我們尚未討論相對論對於統一地理解心靈和物質世界所具有的可能作用。我打算提出一個猜想來結束本章,此猜想可能以一個獨特方式將量子力學和狹義相對論結合起來,用同一個方程式描述心靈和物質,從而使科學－哲學達到真正的統一。

四、一個猜想：作為意識因子的 -1 的平方根

在薛定諤的方程式中，牽涉決定概率振幅的 -1 的平方根似乎是在導致疊置「崩潰」或「分裂」的觀察者的意識干預下引出來的。這裏，-1 的平方根使經典的空間位置性觀念和與之相聯繫的因果關係觀念陷入悖論。

在愛因斯坦的狹義相對論中，閔可夫斯基的四維空間通過將 -1 的平方根納入了時間，使時間成為與空間的三維結構對等的連續統坐標之一。因此，時間似乎成為被意識「佔用」了的空間的一維。這裏，-1 的平方根，似乎來自將空間的一個維度轉化成時間的意識。而且在閔可夫斯基的空間中，光並不跨距離傳播，因此這裏我們的位置性觀念也像在量子力學中一樣變得無效了。

因而在上面兩種情況中，-1 的平方根將「自在」的東西變成了向意識顯現的東西。我猜想，在這兩種理論中 -1 的平方根是意識因子或心靈因子。

探索此類可能性或許會導致量子力學、相對論、**心靈理論**等更多理論的統一。我提議以這樣的方式將相對論和量子力學重新整合：兩種理論中 -1 的平方根將可能是二者結合在一起的關節點，而意識因子就被內在化於其中。

當我們以 -1 的平方根之類打破了經典模式的位置性結構的東西作為出發點時，觀察者和被觀察者之間的二分也可能相應地被打破。結果可能是光根本不跨任何距離傳播，觀察的外部極限（最大的，宇觀的）和普朗克極限（最小的）或許就是等同的。空間完全地捲起來了，是意識用四個維度「呈現」並客觀化空間，其中一個維度仍植根於意識之中並因此被感知為時間。因此，一個不將意識包括在內的物理學理論將導致 -1 的平方根的形成，它是類空間的但似乎在空間的空虛中挖了一個洞。

這可能要求從當前的複數理論中發展出新的數學工具，外加一種處理自我推進性悖論的邏輯，此種悖論邏輯的運作還必須是可以操控的。或許，我們在賽博空間中的虛擬現實經驗會喚起我們發展這種數學工具的靈

感。除非去嘗試，我們不知道會有什麼樣的結果。

　　有關所謂神祕體驗的斷言，由於其不可檢驗性通常被科學共同體拒於門外。其不可檢驗的原因之一，是這些所謂的體驗被認為超越了空間性的限制。科學檢驗要求事件在不同時間、不同地點和不同的人那裏具有可重複性，這意味着可重複事件是完全獨立於時間、空間和觀察者的。但是所謂被神祕主義者觀察或體驗到的事件之所以神祕，正因為它們涉及時間、空間、觀察者和被描述事件之間關係的改變，這也許就是為什麼神祕主義似乎同傳統硬科學不能相容的原因。

　　然而正如我們所討論的，現代物理學已經走上一條超越傳統時間、空間和觀察概念的新的理論道路。基於給定的空 - 時框架的傳統概念被用於解釋新物理學的方程式時，導致不可解決的悖論。在此背景下，像弗里喬夫·卡普拉（Fritjof Capra）和大衞·玻姆（David Bohm）這樣的科學家已開始嘗試尋找古代神祕主義和現代物理學之間的可能聯繫。但是，這類嘗試由於太多思辨色彩而未被吸收進主流自然科學。並且，經驗可觀察性和預言力的缺乏仍是其主要缺陷。

　　但是，像量子力學、相對論和超弦理論這樣的新物理學理論，在比空間和時間更深的層次上或比空 - 時維度更廣的範圍內解釋世界的結構時也具有很大程度的不可觀察性，這都是超空間理論。我們能夠找到一條將神祕主義和超空間物理學結合在一起的道路，以便使雙方能互相檢驗關於不可觀察東西的說法嗎？

　　由於被描述的東西是不可觀察的，我們無法使用經驗主義者的標準對之進行檢驗。然而，既然我們在分析虛擬現實時已表明在我們的給定感知框架基礎上對世界所做的經驗主義描述是可選擇的，我在此提出一種非經驗主義的檢驗方式，我稱之為「趨同檢驗法」。其大概程序如下：

　　　1. 讓超空間物理學家依據其理論對關於在超空間中什麼是可能的和什麼是不可能的問題進行一些定性的和定量的論斷；這些論斷的有效性應同我們對世界的常識性理解沒有明顯聯繫。

　　2. 將這些關於可能性和不可能性的論斷任意混合成一個調查表，且不標明哪些是可能的和哪些是不可能的。

　　3. 讓神祕主義者依據其所謂的神祕主義洞見確定哪些是可能的和哪些是不可能的。

　　4. 第三者，即評判者，檢查是否一致項的數目非偶然地大過純粹概率的允許。如果是，在不同環境下重複上面三道程序。

完成這樣一個過程後，如果總的結果證實在可能性和不可能性問題上物理學家的理論推繹和神祕主義者的選擇之間存在一個比概率更大的吻合，則物理學家的理論和神祕主義者的洞見在一定程度上均被趨同式地證實了。但是，這裏無法處理趨同式的謬誤。同經驗主義常規相反，完全的不相合在這裏並不否證雙方的任何論斷。

第五章
生活的意義和虛擬現實

無限縮小

她領略回歸本體的莊嚴

迅速擴展

她將整個世界

連同自身一起吞沒

哦，影子

你是

最空幻的有

還是

最具體的無？

——《影子》，翟振明，1993

一、回視與前瞻

在第一章，我們同時做了兩項工作。一方面，我們建立了可選擇感知框架間對等性原理，或簡稱 PR。我們通過思想實驗表明，從超越自然實在和虛擬現實的更高視角看，一個虛擬世界的感知框架同自然世界的感知框架之間具有一種平行關係而非衍生導出關係。我們的生物學感知器官，就如同我們為浸蘊在虛擬現實而穿戴的眼罩和緊身服一樣，只不過起着信號傳輸器和信號轉換器的作用。另一方面，我們也表明，無論感知框架如何轉換，經歷此轉換的人的自我認證始終不會打亂。故一個人感知框架的轉換僅使外部觀察者對此人的同一性認證發生混亂，而不會使其自我認證發生動搖。從邏輯上講，僅當我們擁有一個不變的參照點，我們才能夠理解感知框架的轉換；此不變的參照點根植於當事人的統一感知經驗的給定結構中。

在第一章建立了對等性原理後，我們在第二章證明，自然世界的一切功能同樣能夠在虛擬世界實現，從而增強了我們對交互對等性的理解。我們在此先拋開人的不變的自我認證觀點不管，於是我們發現因果聯繫概念對於理解虛擬現實經驗的基礎部分是不可缺少的，正是基礎部分使得我們能夠遙距操作自然世界的物質過程。這種遙距控制，對於我們的生存是必需的。

我們使用「物理的」一詞表示因果過程，它先在於任何感知框架而自行運作。由於空間性關係依賴於特殊感知框架，這裏我們的因果性概念獨立於距離、連續性、位置性等觀念。因此我們所討論的自內對外的遙距控制只是一個比喻性的說法，因為如果對「內」和「外」進行空間性理解的

話，則根本就不存在什麼「內」或「外」。但是如果我們將「外」理解為「外在於」整個空間的物理規律性，則這一比喻似乎更為恰當一些。

　　為了表明虛擬現實在實現人類生活的功能性方面**完全**同自然世界對等，我們論證了為實現人類生育而必需的賽博性愛是如何可能的。由於我們仍以自然世界的立場為出發點，我們考察了虛擬世界兩性之間的性行為如何能夠像在自然世界一樣帶來有性的生育過程。

　　如果虛擬現實僅能滿足我們的基本經濟生產和生育的需要，也就是說，如果虛擬現實僅具有其基礎部分，則它對於整個人類文明將不會具有如我們所說的那種重要內涵。正是擴展部分的無限可能性，使得我們成為我們自己的新文明的創造者。如果我們用「本體的」一詞指謂我們稱之為「實在的」東西，則我們**除了**能夠在基礎部分以本體創造者的身份改變我們同自然過程的感知聯繫**外**，還能夠在擴展部分創造我們自己的有意義經驗。

　　因此在第三章中，我們首先大膽假定了我們用來區分真實與虛幻所隱含使用的一套循序漸強的臨時規則，但是所有這些規則最終都被解構了。這進一步表明，在何為真實何為虛幻的問題上，虛擬現實和自然實在何以具有一種反射對稱結構，從而為對等性原理提供了又一例證。

　　我們還表明，甚至在第二章中被保留的屬於更高層次因果聯繫領域的物理性和因果性概念同樣適用於虛擬世界並具有與自然世界一樣的規律性。即如果我們能夠在通常意義上將物理性和因果性理解成自然世界的一部分，則我們同樣可以將其看成虛擬世界的一部分。直接地說，如果我們試圖將虛擬世界看成是自然世界的衍生物，則自然世界也必須被看成是更高層次世界的衍生物，如此以至無窮。這樣，我們再次以某種獨立於任何感知框架甚至時間和空間的先驗決定性而告終。

　　接着，我們分析了我們的終極關懷在自然世界和虛擬世界中如何是相同的；我們將追問同樣類型的哲學問題而不會改變它們的基本意義，並因此自柏拉圖的《理想國》以降至本書所包含的一切哲學命題 —— 只要它們是純粹哲學的 —— 將在兩個世界中具有同樣的有效性或無效性。

在第四章我們表明，無論我們的感知框架如何從一個轉換成另一個，心靈總是在最深層次保持其自身的統一性，而不管經驗本身可能呈現為多種不同的形式。我們論證了約翰·塞爾和丹尼爾·丹尼特以及許多其他對心靈問題持傳統神經生理學或計算模式觀點的人如何犯了整一性投射的謬誤。

強 AI 信奉者認為意識不過是智能，而智能可以通過數碼計算機實現。但是我們對虛擬現實分析表明恰好相反：我們不能重新創造意識，但我們能夠重新創造整個經驗世界。意識其實是不同於智能的，心靈本身不能依據預設了給定感知框架的大腦科學來解釋。

然而，如果我們採納量子力學這樣的理論 —— 它不依賴於特定感知框架 —— 則我們能夠避免整一性投射謬誤並且有希望開始建立心靈問題的統一理論。我提出，或許 -1 的平方根是量子理論和狹義相對論的意識因子，對其進行重新詮釋可能會在科學探詢的根底處產生真正的突破。

現在，我們開始了第五章，我們將要做些什麼呢？迄今為止，通過使用像虛擬的和自然的、物理的和因果的、真實的和虛幻的、感覺的和感知的以及經驗的和現象學的等概念，我們已討論了虛擬現實是什麼以及它能夠是什麼。我們幾乎還沒有觸及規範性的問題，而這是我們在決定沿着這條迷人而吉凶未卜的本體僭越之路應該走多遠時必須回答的。入駐賽博空間投身於虛擬現實，對於我們意味着什麼呢？我們**應該**欣幸虛擬現實的到來嗎？如果這樣的話，我們的欣幸應該到何種程度呢？

二、意義不同於快樂：美麗新世界？

如果你讀過赫胥黎的《美麗新世界》，你可能想知道是否虛擬現實不過是那種倒掛烏托邦的數碼化再現。當我們討論以機器人為媒介的人類生育時，我們極可能聯想到在「美麗新世界」裏人被從瓶子中緩緩倒出的繁衍方式。因此我們可能會問，如果赫胥黎的描述被證明是人類最可怕的，為什麼不應該把虛擬現實看成是同樣夢魘般的東西呢？

對於赫胥黎的設想，最好用其本人的回顧性說明進行總結：「完全組織化的社會，科學的等級制度系統，被秩序井然的計劃調節剝奪的自由意志，利用化學藥劑定期催生快樂而使人們樂於承受的奴役，通過夜間睡眠課程向人們潛移默化灌輸的正統教義。」[1] 這一畫面之所以聽起來令人毛骨悚然，其中是有多種原因的，但最重要的原因是在這樣一個高度集權的等級社會裏，人已然變成了像人偶（zombies）一樣的造物，他們被人造的各種快感淹沒，卻喪失了作為自由主體進行創造性思考的能力。換句話說，在這樣的社會中，每個人都變成了快樂的奴隸：

> 「今晚去斐里嗎，亨利？」懾宰王助理問。「我聽說艾哈布拉宮的新玩意兒一等地好。在熊皮地毯上有情愛畫面；他們都說相當不錯。熊的每根毛髮都模仿得惟妙惟肖。摸起來感覺酷斃了。」[2]

因此他們仿佛被注定似地來到了一個叫作「斐里」的一流娛樂中心，在那裏他們幾乎完全沉浸在「orgy-porgy」感覺刺激環境中。他們對他們的感官生活十分滿足，還抱怨說：「那些糟老頭到了晚年往往什麼事都不管，他們退了休，過着修道般的生活，竟然將時間用於閱讀、思考 —— **思考！**」[3] 既然他們不是批判性的思想者，他們的視野永遠不可能超越出他們的當前境況，並因而所有被「倒入」社會各個等級（α, β, γ 等等）的人們都充滿了快樂和感恩，慶幸自己是這一特殊等級而不是另一等級的成員。因此，沒有人會對社會地位的不平等表示不滿。

這聽起來像虛擬現實嗎？「斐里」？「orgy-porgy」？你還會讀到：「無論你什麼時候願意，你都可以從現實中抽身出來去休休假，回來後甚至不會感到一丁點頭痛，也不會感到像是經歷了一場騙局。」[4] 如果你僅將此

---

1 Aldous Huxley, *Brave New World Revisited*, New York: Harper & Row, 1958, p. 1.

2 Aldous Huxley, *Brave New World*, New York: Harper & Row, 1958, p. 39.

3 Aldous Huxley, *Brave New World*, New York: Harper & Row, 1958, p. 66.

4 Aldous Huxley, *Brave New World*, New York: Harper & Row, 1958, p. 65.

看成是技術對人類生活影響多少的問題，你就會將我們所討論的虛擬現實看成是一種遠遠超出赫胥黎想像的東西。然而真正的問題不是影響的「多少」，而是何種技術及其以什麼方式被使用。赫胥黎關心的是，與一種利用「新巴甫洛夫條件反射」代替道德教育和利用化學干預代替倫理美德的完全組織化社會相對比，我們是否能夠在個體層面上保持我們作為我們的強大技術創造物的主人地位。書中說道：「現在每個人都可以是有道德的。你能夠從瓶子中帶來至少你一半的品行。什麼是**道德大補丸**？那就是免除了眼淚的基督教。」[1]

不單單是人造快樂給人帶來了主體性的缺失或道德內容的喪失，對於赫胥黎來說，最大的危險是一個極權主義的政府同某種明確以社會穩定的名義加強此政府中央集權的技術結合在一起。在他生活的那個時代，「應用科學」幾乎是「機械和醫藥」的同義詞，倘被一個權力飢渴的國家機構控制，帶給人們的更多是奴役而非解放。因此他要求分散權力以培養「自由個體族類」—— 他們不為感官愉悅（或「快樂」）所麻痺，並且不放棄他們在創造性的參與過程中對意義的追求。

在接受了傳統假定的上帝是意義之源後，赫胥黎通過控制者的口向我們說了這樣一段話：

> 把它叫作文明的缺憾吧。上帝同機械和科學藥品以及全體快樂是不相容的。你必須作出選擇。我們的文明已經選擇了機械和藥物和快樂，這就是為什麼我必須把這些書鎖進保險箱裏的原因。[2]

具有諷刺意味的是，當賽維吉（Savage）領導那些醫院中的 Delta 種群反抗「全體快樂」的命令時，預先設計的人造反暴語音設備二號突然播放出這樣反諷又不自知的問題：「這有什麼**意義**呢？你們為什麼不快快樂

1　Aldous Huxley, *Brave New World*, New York: Harper & Row,1958, p. 285.

2　Aldous Huxley, *Brave New World*, New York: Harper & Row,1958, p. 281.

樂平平安安地呆在一起？」¹ 這裏，「意義」想必被理解為隸屬於快樂和社會秩序的東西。然而赫胥黎不接受這樣的意識形態，他讓他的英雄賽維吉和控制者進行這樣一番對話：

> 「但是我不想要安逸。我想要上帝，我想要詩意，我想要真
> 正的危險，我想要自由，我想要美德。我想要罪惡。」
> 　「事實上，」穆斯塔法說，「你是在要求不快樂的權利。」
> 　「正是如此，」賽維吉堅決地說，「我是在要求不快樂的
> 權力。」²

因此，就藝術、詩意、智慧、自由和許多其他富於意義的好東西不總是快樂的一部分而言，似乎「不快樂的權利」是人類意義生活的必要組成部分。

現在我們又該回到虛擬現實了：虛擬現實為人類帶來的東西，會同赫胥黎所預言的傳統機械和化學藥物帶來的東西一樣嗎？虛擬現實能夠被用作中央集權控制的工具以標準化「快樂」的方式阻滯人類的創造力嗎？

儘管許多評論者對未來電子革命的其他方面評價不一，但他們幾乎一致認為虛擬現實和賽博空間同赫胥黎所描述的「美麗新世界」正好相反：它將前所未有地激發人類創造力並且分散社會權力。

互聯網被認為是賽博空間的原始形式，一些網上評論者認為，賽博空間的社會後果同我們對電話的使用是類似的，而同電視的利用相反。電視將其集中控制的信息灌輸給被動和孤立的觀眾，而互聯網則依靠使用者提供並分享內容；他們相互配合發佈自己創製的多媒體信息。由於資源共享和相互交換是組織良好的成功的社會參與的特性，一些支持者提出，賽博空間可能有助於恢復被電視嚴重敗壞的必要的社會活力。

他們還頌揚互聯網，將其看成是更重要的自由言論形式的先驅。由於網絡允許每個人成為信息的發佈者，它似乎為建立獨立於私有報業集團和廣播公司的公共論壇提供了一個強有力工具。按照這些評論者的觀點，與

1　Aldous Huxley, *Brave New World*, New York: Harper & Row,1958, p. 257, 黑體為本書作者所標。

2　Aldous Huxley, *Brave New World*, New York: Harper & Row,1958, p. 288.

赫胥黎所預言的傳統技術類型相比，賽博空間的數碼技術對人類生活顯然具有積極正面的影響。

關於這些，並不僅僅是一般媒體的熱門話題，虛擬現實祖師爺杰倫·拉尼爾還說了下面一段話：

> 當人們寧願花更多時間觀看電視時，對社會來說是毀滅性的。此時他們不再是一個有責任感的個人或社會人，他們只是被動地接受媒體。現在，虛擬現實恰好相反。首先，它是像電話一樣的網絡，沒有信息起源的中心點。但更為重要的是，在虛擬現實中由於沒有任何東西是由物理材料製造的，一切全是由計算機信息構成，因而在創造任何特殊事物的能力方面沒有人能夠比其他人更優越。因此，不需要錄音室之類的東西。當然也可能偶爾需要一個，如果有人擁有更強大的計算機產生某種影響，再或者有人將擁有一定天才或者聲望的人召集到一起。但總的說來，就創造能力而言人與人之間並沒有什麼與生俱來的差別。[1]

但是，也不乏一些相反的看法。1992 年的電影《割草者》（*The Lawnmower Man*）和其續集《天才除草人 2：超越賽博空間》（*Lawnmower Man 2: Beyond Cyberspace*, 1996），將虛擬現實看成是可能奴役其主人的新弗蘭肯斯坦式的東西。在這部電影中，不會說話的除草機操作人約伯，在這裏起到了改變心靈的藥物和改變感覺的虛擬現實的結合點的作用。作為這種感覺-心靈變更的結果，約伯變得幾乎全知、全能和長生不死了。但是由於他試圖把人們全部帶往虛擬現實從而將這些上帝般的特性擴展給所有的人，人們將此舉看成對他們的最大冒犯，他們在安格魯博士的帶領下制止了他的行動。

這類電影製作者的保守態度，是建立在他們將虛擬現實的人理解為沒有思想、整天渾渾噩噩地沉湎於電子遊戲的人偶的基礎上的。但是具有諷刺意味的是，這些人認為在虛擬現實中，一方面人能夠成為非物質的全

1　Jaron Lanier, "A Vintage Virtual Reality Interview".

知的精神靈魂（就像約伯），另一方面又會成為死氣沉沉、沒有頭腦的人偶。這樣兩種全然相反的觀點如何能夠作為對同一個虛擬現實或賽博空間的刻畫呢？

只用非常粗淺地分析，我們就能夠看到這種對立產生的根源。對於那些沒有進入虛擬現實的人來說，虛擬現實不過是一種完全使「遊戲者」沉迷其中變成「人偶」的電子遊戲。對於已經進入虛擬現實的人來說，虛擬現實本身就是一個自在的純粹感知和意義的非物質世界，自然世界的硬件裝備不過是無意義的物質材料的聚合物。

然而從哲學上講，我們對這兩種相互對立的觀點都不能滿意。我們必須找到一個不偏不倚的立足點，將我們的理解建立在某種有效的獨立於任何偏見獨斷的東西之上。正如我們在上一節看到的那樣，現象學的描述不預設任何觀點和成見，因而使我們能夠看到虛擬世界和自然世界之間的統一性。除此之外，赫胥黎暗含的對意義和快樂的區分已經為我們更深刻的理解指出了方向。

我們應該注意，不要盲目追隨那些樂觀的主張，因為就他們的理解僅停留在社會文化層面而言，他們僅觸及問題的表層。然而問題已經很清楚：當我們將虛擬現實作為生活本身的全部或部分時，這種樂觀主義態度如何能夠擴展到本體的層面？赫胥黎提出的關於快樂和人生意義之間的對立，如何能夠在作為**終極再創造**的虛擬現實背景下得到解決？為了使這些基本問題清楚明白地顯示出來，我們現在就回到「上帝是否是可能的生活意義之源」這一問題上來，作為進一步徹底考察的基石。

三、意義與造物主

當尼采宣稱「上帝死了」的時候，他的意思是說在其他諸事物中，神性在歐洲大陸已不再被看作道德價值的根據。但是如果上帝不是價值的最終根源，那麼價值建立在什麼基礎上呢？一般公眾只能認為價值無論從何種意義上說都失去了依託，他們還沒有學會在沒有了上帝作為人們日常生

活幕後的道德立法者時，如何去理解道德價值的意義。對他們來說，如果宗教沒有提供生活的意義，則生活就是無意義的。因此，這些人變成了虛無主義者。俄國作家陀斯妥耶夫斯基對這種類型的虛無主義有過很好的表述：「如果上帝死了，人們什麼都可以做。」

然而尼采本人並不認為上帝的「死」必然導致全部價值和意義不可逆轉的崩潰。他寧願讓他的「超人」佔據價值創造者的位置，這樣，人類通過他們智力和體力上的創造力的發揮能夠達到自己的頂峰。因此他試圖構建一個嶄新的「價值列表」，作為那些通過弘揚他的「權力意志」來產生意義的人們的指導方針。

不管我們如何看待尼采對於上帝的態度，我們可以沿着同樣進路反思上帝概念和生活意義條件之間的關係。可以確定的是，如果有人相信上帝的存在使得人類生活具有意義，則他（她）也必須相信上帝的生活比人類生活更有意義，或至少同樣有意義。然而這種信仰通常同另一種信仰相伴隨，即我們生活的意義性是建立在所謂我們是上帝的造物這一事實基礎上的，**造物主**的神聖計劃限定了我們的世俗生活目的；這種觀點認為，僅當我們的生活符合這一目的時才是有意義的，否則就是無意義的。然而，相信**造物主**的生活比我們的更有意義同相信意義生活依賴於成為**造物主**的造物這兩種觀點是不相容的。

依據邏輯上的必然性，如果被創造是導向意義生活的必要條件，則**造物主**作為非被創造者將過着無意義的生活；又或者，如果符合某一外部的給定目的是生活有意義的前提條件，則上帝作為唯一的目的給予者將過着無意義的生活。但是很明顯，所有信仰上帝的人都認為上帝的生活比人類生活更有意義，或至少同人類生活一樣有意義。因此，他們不可能將生活的意義性奠基在成為服務於上帝所給予之目的的被創造者的地位之上。

如果我們僅僅是上帝的造物，只服務於上帝的目的，則我們將等同於世界上的任何其他事物，如石頭和爛泥等，因為它們也是上帝計劃的一部分。但如果我們相信石頭和爛泥沒有過有意義的生活 —— 儘管它們也是上帝造物的部分 —— 為什麼我們應該基於同樣理由而將任何意義歸於我

們自己的生活呢？

　　相反，如果依據創造性本身來理解生活的意義性，則一個上帝的信仰者就完全可以理解自己為何過着有意義的生活。這樣一種理解，使得我們在上帝的生活和人類的生活中都能找到意義。上帝是最偉大的創造者，因此他過着最有意義的生活。我們是較低層次的創造者，因此我們的生活不像上帝那麼有意義，但是仍然具有較低程度的意義性。很可能在最高層次上我們的生活服務於上帝的目的，但是在較低層次上我們也產生並投射我們自己的目的。

　　因此，如果上帝作為超級創造者和目的給予者而存在，我們生活的意義的多寡將依賴於我們在此方面在多大程度上同上帝相似。如果上帝並不存在，就我們無論怎樣或多或少地算是創造者和目的給予者而言，上帝的不存在並不能削弱我們生活的意義性。因此，如果創造性和目的性是意義之源的話，無論上帝是否存在，我們的生活總能保持其意義性。

　　總之，由於一個上帝的信仰者必定相信上帝的生活比人類生活更有意義，生活的意義不能建立在信仰者所謂的上帝造物之地位的基礎上。一個邏輯一致的上帝信仰者必定將其生活意義建立在他（她）同上帝的相似性上。也就是說，真正的信仰者，必定將他們自己的生活意義理解為來自他們自己本身的創造力。意義在於目的的給予，而不在於服務於一個強加的目的。至於不信上帝的人，他們可以簡單地將生活意義理解為他們有目的的創造性功能而不必依賴於上帝。

　　可能有人辯駁說，生活的意義必須以某種超越我們物理對象之物質易朽性的東西為基礎，而對上帝的信仰，給予我們這樣一個超越的希望。這種觀點，假定了永久的存在本身就是意義。但是如果這樣的話，我們不必希求任何超越的東西，因為我們知道我們身體的物理元素將永遠存在下去，我們可以將自己簡單等同於這些元素。

　　很明顯，所有那些將他們的希求從所謂神聖計劃導出的人，將拒絕這樣的等同。因此他們所希求的必定是某種特殊的永存性，而不是建立在物質不滅法則基礎上的永存性。因此，這裏物質的易朽性大概不是問題的真

正所在。正如我們所知，這種特殊的永存性通常稱作「永恆」，並且要求靈魂的**不朽**。但是為什麼永久的物理「質料」的存在不能說明永恆，而靈魂的不朽卻可以？或者換一種說法，是什麼使得靈魂的永久存在成為有意義的，而物理元素的永久存在卻無意義？為了考察這種以非物質性永恆為基礎的意義性理解是否合理，我們必須再回到創造性和有目的性的概念上來。讓我們看看為什麼如此及何以如此。

四、意義的差別而不是真實的差別

在人類生活中，某些事情對一個人有意義，不一定要在這個人的經驗中造成**真實**的差別 —— 從該詞語將被闡明的意義上說。如果一個差別對這個人是**有意義的** —— 從該詞語將被闡明的意義上說，即使沒有被這個人真正經驗到，它也會以正面或者負面方式對此人的生活意義產生影響。實際上，這種意義差別的觀點對於理解所有像成功、所有權、道德責任這樣的專屬人類生活的概念是必不可少的。下面的思想實驗例子，將被用於證明這一點：

例一：假設邁克是我最好的朋友，他很愛他的貓，但他不幸得了癌症，自知將不久於人世，他請求我在他死後照顧他的貓，我答應了他的請求。上周邁克離開了人世。若不考慮流行倫理和宗教中的關於守信與死後生活可能性的信念，除了這隻貓本身的福利以及我是否喜歡這隻貓的問題，我是否遵守諾言照顧邁克的貓對已經去世了的邁克而言，有什麼相干嗎？

例二：許多遊客專程到盧浮宮欣賞達·芬奇的《蒙娜麗莎》。現在假設原作不小心被毀了，而公眾對此一無所知並且將來也不會有機會發現真相。博物館私下保存了一幅複製品，仿造得相當好，以至用肉眼判斷不出它與原作的區別。如果在公眾一無所知的情況下將複製品代替原作展出，對那些長途旅行至此，只為見一眼《蒙娜麗莎》的遊客而言有什麼關係嗎？

例三：詹妮花多年前相信是山姆把她從強姦犯手中救了出來，而正因

此她以身相許，嫁給了山姆。昨天，他們家着火了，為了救山姆，詹妮花受了重傷，危在旦夕。但是詹妮花很欣慰，她相信自己捨身救山姆是很值得的選擇，因為山姆也曾在危急的關頭救了她。但是，實際上，山姆正是那個試圖強姦她的惡棍，而真正救她的人被山姆暗算了。山姆對詹妮花耍了手段，使詹妮花錯誤地以為他是英雄，並嫁給了他。但婚後，山姆成了一個十足的好丈夫。現在，如果詹妮花對真相一無所知，欣慰地死去，與山姆是真英雄的可能事實相比，這種欺騙給詹妮花的生活經歷增添了瑕疵嗎？也就是說，在兩種可能性之間，詹妮花的生活有任何正面或負面的不同嗎？

例四：傑夫和蒂娜是夫妻，亨利和海蒂也是一對夫妻。傑夫和亨利是好朋友。蒂娜非常愛傑夫，以至於一想到與其他男人做愛，她就會覺得無地自容。但傑夫和亨利於對方的妻子都有慾望。所以一天，他們商量交換性伴侶。如果知道他們的企圖的話，蒂娜（也許還有海蒂）就會覺得荒唐透頂。於是傑夫和亨利開始練習對方的做愛方式，以便在某個晚上漆黑一片的時候能騙過蒂娜和海蒂。經過一個星期的練習，他們最終鋌而走險並成功了。在交換伴侶後的第二天早上，蒂娜甚至說，她覺得昨晚的性生活比以前的更讓她興奮，她覺得自己更愛傑夫了。如果蒂娜永遠不知道傑夫和亨利的計謀，她算不算被他倆褻瀆了？換句話說，不考慮對社會的可能影響，**僅從蒂娜的角度來講**，當晚是傑夫還是亨利給蒂娜帶來了性快感有什麼價值上不對等的差別嗎？

例五：假設一個獨裁者酷愛政治權力，並樂於炫耀他的權力。他撤銷了立法系統，全部重來。除了頒佈其他一些必需的法律以外，他還要宣佈一項新法律，這一切僅僅是為了炫耀他專斷行使權力的能力。他這樣寫道：「公民們不應該_____，違者必須受到統治者想施行的任何懲罰。」然後，他通過電視直播，以抽籤的方式，任意地確定空白處的內容，句子填補完整之後即成為一條法律。很偶然地，抽籤填空的結果是：「公民們不應該吻自己的鼻子，違者必須受到統治者想施行的任何懲罰。」假定沒人能吻到自己的鼻子，不考慮對未來立法的影響，有沒有這條法律對公民

們的政治自由有任何差別嗎？

　　對以上五個例子中關於有無差別的質問的回答是一樣的：沒有真實的差別，但有意義上的差別。這裏的關鍵在於**意義**與**真實**的區分。值得提醒的是，我們這裏所用的「真實的」（real）一詞，與我們在第三章所做的真實與虛幻比較意義上的「真實」無關。在討論完虛擬現實的本體問題後，我們現在要轉向我們在聽說虛擬現實之前使用「真實」一詞的方式，目的是弄清楚我們現在所關心的規範問題。那麼，這種新語境下，與「有意義的」（significant）相對的「真實的」（real）是什麼意思呢？

　　當然，我所說的「沒有真實的差別」並非指兩個事件在其自然過程中沒有差別。很顯然，我在每一個例子中都隱含了對已發生的事與另外一個可能發生的事的對照。因而，我實際上指的是，事情以何種方式發生，沒有在某個人（或某些人）那裏導致真實的經驗內容的變化，或者說經驗的內容在兩種可能性中給人的心理感受的可接受性不相上下。與通常所講的「真實的」不同，這裏的「真實的」是指當事人具體經驗的真實。

　　所以，無論我是否照看邁克的貓，在邁克的經驗內容中不會形成任何真實的差別，因為死了的邁克不能再經驗任何東西；偽造的《蒙娜麗莎》，作為真實的心理事件，不會在遊客心理中激起少於原作的審美回應………真實的經驗差別只是在一般意義上的自然世界秩序中的真實差別的一個特殊類型。

　　真實差別可以在自然世界以及人類生活的任何地方發現，但只有意義差別為人類事務中所獨有。一個真實的差別可以有或者沒有意義，相反地，一個有意義的差別也可以是真實的或者是不真實的，它們之間有時也會重疊。[1] 哪一種差別對人類生活更為根本？是有意義的差別。如果一個真實的差別不是有意義的，我們就**不必對它關心**；但如果一個有意義的差別不具有也不引發真實的經驗內容，我們卻仍要對它予以關懷。

1　在許多情況下，既是真實的又是有意義的差別或許可稱之為「真正的」差別。如果我錯了請指正。

在前面的每一個例子中，我們都傾向於支持其中一種狀態，儘管兩種情形沒有真實上的差別。我是否像我允諾的那樣照顧邁克的貓，儘管對邁克沒有經驗內容上的影響，但確實對邁克而言有意義上的影響。如果博物館拿偽造的《蒙娜麗莎》蒙騙我們，即使我們不知道真相，或沒感到被冒犯了，在美感與愉悅感上也未有減損，但我們的尊嚴的的確確是被冒犯了。詹妮花如果沒有嫁給強姦犯山姆，而是嫁給了救她於危難之中的那個真正的英雄，她的生命確實可以更為完滿。類似地，儘管在實施性伴侶交換陰謀的過程中蒂娜擁有了更加美妙的性經驗，但傑夫和亨利的謀劃確實給蒂娜的生活帶來了極大的瑕疵。在最後那個例子中，公民們的政治自由確實被專斷制定法律的獨裁者侵犯了，雖然沒人可能違反這條法律，進而造成真實的影響。

相反地，我們知道我們想欣賞的《蒙娜麗莎》與達・芬奇當時畫的那幅畫已有了真實的差別，因為畫作經歷了幾百年的風雨，已有了許多物理和化學的改變。但因為這不是意義上的差別，我們作為達・芬奇的仰慕者，**會忽視**這種真實的差別。我們所舉的蒂娜的例子也是同理，她清楚地知道她丈夫傑夫的身體每天都在發生物理變化，但作為一個忠實的愛人和妻子，她不會在乎這些變化（或者這些變化中的部分）。

因此我們可以看到，一個意義的差別並非一種心理或精神體驗上的差別，後者屬於經驗的範疇。所有五個例子，除了第五個（獨裁者的法律），不管潛在的可能性為何，並沒有相關的心理差別介入現實。但有人會爭辯說，雖然相關的心理事件沒有現實地發生，但至少正是這種心理事件的潛在可能性造成了意義的差別。如果所有那些當事者被給予全部的信息，則沒有相關的心理差別作為至少是潛在的結果，也就不會有所謂的意義差別。然而，這樣的論點實際上是本末倒置的。正是因為某事物是有意義的，才給我們造成正當的心理上的影響，而非相反。否則，我們就無法將合理的（常態的）心理反應同不合理的（反常的）區分開來了。如果蒂娜無論什麼時候一看到他丈夫喝冰水，她就暴跳如雷毫無根據地非要他喝冰茶，這種情形下，蒂娜便是精神異常的，因為喝冰水與喝冰茶之間的實

際差別是沒有夾帶多少意義差別的。但如果當蒂娜知道她丈夫與亨利的換妻計謀，她在心理上受到極大傷害，這就不能看作是精神異常，而應看作是她對意義差別的一種正當的反應，因為這個伎倆**確實**給她的婚姻和性生活帶來了負面的意義。這種意義**先於**也不依賴於她是否知道這個計謀，更**先於**她對此計謀作出的任何心理反應。

很明顯，人類生活最基本的東西，與其說是真實的事物，不如說是有意義的事物。[1] 因為這種「有意義」的意義性與任何經驗上的真實（包括心理事件）相分離，它不必與任何人的實際經驗相對應。因此，比如拿快樂這種經驗而言，我們完全可以過一種非常快樂但卻沒有意義的生活，或者一種很有意義但並不快樂的生活。

但如果意義不是基於現實性，那它又基於什麼呢？在胡塞爾之後，對應於「現實性」，我們把意義的基礎稱為「觀念性」（ideality），我們將在本書的後面部分對此進行更徹底的討論。

實際上，所有的獨獨適用於人類事務的基本概念，都在某種程度上與我們這裏討論的意義差別的概念相關聯。現在讓我們來考察三個僅適用於人類事務的基本概念：成功與失敗、所有權、道德責任。讓我們來看看，對比真實的差別，意義的差別在這裏是如何成為人類生活方式所獨有的要素的。

什麼是成功或者失敗？一個人完全意義上的成功是目標的實現，加上這個目標是他（她）自願設定的並且其最終付出的努力不大於他（她）預計付出的努力。一個人完全的失敗，是他（她）沒能實現他（她）竭盡全力去實現的目標。在兩個極端之間，一個人可以部分地成功或部分地失敗。一個人的成功或者失敗並不依賴於他人對他（她）的評價，也不依賴於他人設置或承認的目標是否與這個人的目標相同。如果其他任何人想成

1　在日常英語中，significant 不完全等同於 meaningful；尤其是，meaningfulness（有意義性）似乎總是被理解為正面的。人們通常不會說，「這是 meaningful（有意義的）並且這也是災難性的」—— 如果他們沒有表達某種諷刺的話。然而，我是以稍許不同的方式使用「meaningful」一詞，這在我們的討論進程中會變得更為清楚。

為百萬富翁，並以此為生活目標，只有我是以成為一個發表詩作的詩人為目標，那麼我成功的唯一標誌即無論如何至少發表過一首詩。假設其他每個人都發表了一首乃至幾百首詩，但竭盡全力卻沒有一個成為百萬富翁，但我不留神撈了幾百萬，殫精竭慮卻一首詩也沒有發表，那麼儘管我與他人之間很可能會相互嫉妒，實際上我與其他人都無任何成功可言 —— 我們都完全失敗了。

但由於一個人是否事實上達到了自己設定的目標並不依賴本人的判斷，考慮到任何人都可能對自己的成功或失敗形成錯誤的判斷，問題就變得複雜了。某本雜誌可能在我不知道的情況下發表了我的詩，或者我精神錯亂導致我相信我已經發表了詩作，雖然實際上我並沒發表；或者我持的股票暴漲，但我的經紀人錯誤地告訴我相反的消息而我相信了他，等等。而且，我可能在我知道真相前就一命嗚呼，或者可能我一輩子活在錯誤的信念中。

因此，假定我打算成就 X，並把它當作我人生的目標，我們可以用一個表格（見表 3）來表示我的信念與事物實際狀況之間的成功或失敗的關係。

表 3　意圖與成功

一個想要成就 X 的人	沒有成就 X	成就了 X
相信沒有成就 X	失敗	成功
相信成就了 X	失敗	成功

因為信念是心靈的真實狀態，那很明顯經驗與每一信念是相對應的。如果成功的信念給你以快樂，失敗的信念未給你以快樂（或許給了你痛苦？），則我們可以用表 4 來表明這種修正了的關係。

表 4　快樂經驗與成功

一個想要成就 X 的人	沒有成就 X	成就了 X
沒體驗到成就 X 的快樂	失敗	成功
體驗到成就 X 的快樂	失敗	成功

在表 3 和表 4 中，我們可以清楚地看到我是否成功依賴於目標實際上是否達到，而不在於我是否知道我的成功或經驗到成功的心理反應。因此成功或失敗本來是一件意義範疇的事，它給人造成的差別是意義上的，而非真實的。你可以相信和覺得你是個失敗者，但實際上你確實是成功者，反之也一樣。

因此，為自以為的成功而快樂的人完全可以是個失敗的人，為自以為的失敗而痛苦的人也可以是一個成功的人。但是，對我的討論可能有人會提出異議。他們也許認為我對成功或失敗的定義並不完全，或者認為只要與經驗內容沒有必然聯繫，是否真的成功或失敗沒有人會在意。可能他們理解的「成功」不僅隱含預設目標的實現，而且**包括**對這種實現的知曉和感覺，而「失敗」則是兩者的缺失。因此，會有人反駁說，在成功與失敗之間，對個人而言，真實的差別比意義的差別更為根本。但我要指出的是，對「成功」或「失敗」的定義是否恰當是語言上的問題，不需要我們過多考慮。問題的要點是，由於下面的理由，那種認為人們只在乎真實的差別而不關心意義差別的斷言是站不住腳的：

如果我們能達到目標**並**體驗到成功的陶醉，這當然挺不錯。如果因為一些錯誤的信息使我們感到了等量的陶醉感，但實際上並未達到目標，這當然是不完滿的，這些不都是自明的嗎？這至少已經表明，除了真實的差別之外，還存在意義的差別。不過我們仍然可以追問的是，究竟是真實的經驗差別還是意義的差別更重要呢？

為了進一步討論，讓我們假設只能兩者擇其一，也就是說，因為錯誤信息或者精神錯亂，我或者達到目標但沒感到快樂，或者沒達到目標卻感到了快樂。假設我想成為一個能發表詩作的詩人，如果，（1）我的詩發表了，但我不知道它發表了（也因此不能感到知道這個消息後的快樂），或者，（2）我沒發表任何作品，但自以為發表了並且快樂得好像自己的詩發表了一樣。僅僅**為我着想**，你覺得我更應該處在哪種狀態呢？

確實，選擇（1）有不完滿的地方，但至少我所希望發生的事已經發生了，這與我的期望是一致的。但選擇（2）能給我的生命提供任何積極

的價值嗎？如果我是一個瘋子，或被洗了腦，或完完全全是一個醉漢，我有可能相信並感到我已成就了許多事，雖然實際上我什麼也沒成就。如果只包括經驗內容，那最值得響往的就是一種精神錯亂的生命狀態，在這種狀態中你相信並感受到任何你希望的東西。所以我設想你為了我的好處更傾向於為我選擇（1）。如果你為我選擇（2），讓我擁有成功的感覺，你也同時會認為我在實際上沒有達到自己設定的目標是一個不小的缺失。也就是說，雖然我深信並且強烈地感覺到我的詩被發表了，但這與我所渴望的實際上的發表相比，還有着重大的缺憾。何止如此，也許，由於我的確沒達到目標，那種經驗到的虛幻的成就感比全無感覺更可憐，這種所謂的「成功」的愉悅比基於對事實正確理解的挫折感更為糟糕。由此可見，意義的差別確實與經驗的（真實的）差別相區別，而且區別很大。

　　現在讓我們討論一下所有權，看看情形如何。所有權概念是所有人類事務獨具的概念中最世俗化的一個，並且聽起來很物質主義。不過，你擁有還是不擁有什麼財產，最根本的是意義上的差別，而非你作為所有者的真實經驗的差別。

　　在前面我們關於成功概念的討論中，我們已經明白，我們可以實現了百萬富翁的目標，但完全沒有意識到，並且由於錯誤的信息，我們感到的完全是破產的痛苦。在這個例子中，不管所有者相信或感到什麼，或者這個世界上其他人相信或感到什麼，只要他持有的股票暴漲，以至於他的資產達到了一百萬，那麼他確實就是一個百萬富翁。或者反過來，即使我在牙買加度蜜月，相信自己是並且舉手投足間儼然是世界上最闊綽的人，但實際上我的股票已經跌得一文不值，即使誰也不知道，我在一夜之間也確已成了窮光蛋。因此我擁有多少並不依賴於任何人的判斷或經驗內容，它只依賴於法定的所有權概念。

　　自然災害或意料之外的事故，也會造成你所實際擁有的與你相信你所擁有的財富之間的巨大反差。當然，精神錯亂也會導致如此。這種認知的差錯還可能一直伴隨着你，也許到死都不會有人知道。這裏，你沒有機會經驗真實的差別，但是與所有權概念相關的意義的差別並不會由此消失。

最後，我們來考察道德責任概念。我對我所做的事在道德上負有責任。如果我**過去**做過什麼道德上為惡的事，**現在**，在道德上我也是有過失的。假設昨天我殺了一個無辜的孩子，憑道德理由法律要判我有罪。為什麼？當然不只是因為我是**造成**那孩子之死的一個原因；否則，那把我用來殺人的槍，至少也是造成孩子死亡的原因之一，也會像我一樣，是邪惡的，有罪的，但誰也不會認為那把槍和我這個人一樣有罪。也許有人會說，我過去的謀殺行為預示着我現在和將來再做同樣事情的極大可能性，而對那把槍卻不必有同樣的顧慮。但這種可能性的考慮與道德責任無關，因為我們不會基於同樣的可能性的考慮把道德責任歸於危險的動物。由此看來，道德責任的概念並不一定直接指向人類行為中任何可以作經驗描述的方面。

答案也可能是：我**故意**殺人，也**知道**那把槍帶來的後果，因此，我是殺人行為的實施者，而那把槍不過是一個被動的工具。如果這種回答對路的話，那剩下的問題即是，為什麼現在的「我」要對過去的「我」的意圖負責任？當然，我昨天蓄意殺人是事實，但這並不表明我現在或將來仍會蓄一樣的意殺更多的人。而且，我現在的意圖不可能對以前的意圖造成任何影響。因此，如果我的企圖使我負有道德責任的話，那當然我受到懲罰的理由不是因為這種懲罰可以在受害者那裏造成真實的差別。所以，如果我的蓄意僅被看作是孩子死亡的原因之一，而不再進一步說明為何這種蓄意使得我在道德上應該負責，那麼，除了警示作用的實踐考慮外，我們對道德責任概念的理解就仍然是一團迷霧。

但我們如果認識到，在關係到我蓄意做什麼和我在此意圖下做了什麼這一點上，懲罰是為了造成意義的差別而非真實的差別，那麼道德責任的概念也就不那麼費解了。因為意義的差別不像真實的差別那樣屬於自然因果關係的序列，我們完全可以說，我負有道德責任的，不僅是我過去所做的，而且還是我將來可能會做的。因為我的過去、現在與將來的行為都屬於一個人，屬於這些行為意義關聯的單一承載者。沒有人會為我還沒做的事情在現在就來指責我，因為現在沒有人知道我將來會做什麼，但我**現在**

必須要對我未來要做的任何事情負道德上的責任，因為我將走哪條路現在即對我造成意義上的差別。時間的先後在這裏是不重要的，正如我前面所舉的邁克、邁克的貓與我的例子。我在邁克死後，對邁克的貓所做的一切對活着的邁克確實有意義的差別。

你可以沿着同樣的思路，進一步分析諸如尊嚴、敬重、誠實、正直、公民權等概念，看它們如何源初地基於意義差別的觀念。事實上，所有對理解人類個體或人類社會甚為重要的概念都與意義差別的概念息息相關，這也是本節一開頭的五個例子所打算證明的。因此，任何否認這種獨立於經驗差別的意義差別之核心地位的人，將不得不得出這些重要概念全無意義的否定性結論。但既然誰都知道這些概念是意義重大的，那麼這種否定是全然錯誤的。

我們通常只把人類個體或群體當作成功或失敗、所有權、道德責任等等的可能承載，如果我們要把這些概念運用到人類以外的其他存在者，要依據某種準則把他們看作與我們人類是對等的。這種準則是什麼呢？當然是他們對**意義**差別區分的能力。換句話說，他們的生命不僅是真實的，而且是**有意義的**。因此，他們不是人偶，而是真正意義上具有人格的人。

意義的差別，正是對兩個或更多並列的可取之道進行意義對照的結果。我們已經理解為何意義觀念是人類生活基本概念的核心，我們現在需要看這些概念在現象學層面上的根源是什麼，這樣，我們就能夠發現理解人的獨特性的關鍵所在，這是對赫胥黎的生活意義不同於快樂問題的有效回答的基礎。

問題的複雜性在於，即使意義的差別獨立於真實的差別，意義性在現實世界中卻依賴於真實性。在我的例子中，我是否成功**的確**依賴於股票的價值真的是多少，或是否任何出版商真的出版了我的詩，即使它不依賴於我或其他人如何真實地、經驗地感知。那麼，真實的和有意義的之間的關係到底是什麼？這一問題將我們帶回到胡塞爾對建立在意識的意向性本質概念基礎上的人之主體性本質的理解上來。

五、主體性三面相和意向性

在經驗主義的哲學陣營之中,「主觀」這個術語,在用於知識論的時候,與日常語言相似,具有一種負面的涵義。事實上,前者乃後者的一種概念化的延伸。經驗主義認識論支持真理符合論:主體一方的信念是真的,當且僅當它與客體一方的事實相符合。主體是能知者,客體是所知的對象。既然假定了只存在一種有待認識的客體領域,而孤立的認知主體則是多種多樣,因此,如果存在什麼相符合的話,那麼,為了真理的單義性,這個符合必定是由所知的客體而不是認知的主體決定的。也就是說,真理乃是根植於客體之中。在給出了這樣的詮釋後,我們便很容易理解為何在日常語言之中,「客觀的」就是「無偏見的」「不偏不倚的」「公平的」「一致的」,也很容易理解為何在做判斷的時候我們希望是「客觀的」,而「主觀的」則是「有偏見的」「偏袒的」等等。

但是當我們停下來進行反思時,我們可能會問自己:如果人是「開關」感知領域使客體顯現的一個主體 —— 正如我們在第一章討論對等性原理時所看到的 —— 他(她)如何可能是不主觀的?這裏我們是在不同的意義上使用「主觀」一詞:不是作為客觀性的對立面,而是作為使客觀性在一開始成為可能的東西。因此,從現象學上講,任何從第一人稱視界理解的東西都可以被看作主觀的。[1]我們要排除一個假定,這個假定認為來自第三人稱視界的觀察可以在第一人稱視界缺席的情況下進行。但正是這個假定,使日常意義上的「主觀」變得成問題了。因此,現在讓我們從現象學意義上通過與客體性的關係來理解主體性。

邏輯實證主義的最著名觀點,是作為經驗陳述的有意義性標準的可證實原則。這裏,一個陳述的證實在於被陳述的東西和被觀察的東西之間的一致。

由於一個科學理論是被概念地組織起來的、不能單獨描述任何事件

1　在中文裏,這裏的涵義已經是「主體的」,但原文都是「subjective」。—— 譯者註

的觀念體，我們不能將它同我們的觀察直接進行對比。因此，它的可證實性，依賴於它能否產生可以進行這種對比的命題。由於觀察是我們通過感官經驗外部世界的直接結果，可證實原則被認為同傳統經驗主義是一致的。

許多理論都討論過沒有前見的觀察的不可能性問題，為此，除了托馬斯・庫恩（Thomas Kuhn）在解釋其科學革命的範式轉換理論時所給予的理由外，人們甚至開始談論主觀性存在的普遍性並且將意識形態的宣傳計劃同科學研究的規劃混同起來。這當然是一個危險的舉動，我也當然希望表明對這一舉動的支持如何沒有牢靠的根據。但是現在我不打算在這裏做這件事，我打算做的，卻是下面的事：我將要闡明，沒有主體性的捲入的判斷和陳述是不可能的，這是真的，但是我們需要將三種主體性面相相互區分開來，這樣我們就知道主體性的哪種面相是客觀性的前提條件並因此從根本上不會帶來個人偏見，而其他面相可能確實是偏見或錯覺的根源。

主體性是使人成為一個主體的東西，一個主體經由其主體性進行觀察而不能被觀察，感知而不能被感知。這在我們第一章討論亞當和鮑伯的交叉通靈境況時已經得到清楚的表明。當一個詞語指謂內在於人但原則上不能在物理空間中被觀察和定位的東西時，則它指向的是主體性的一個成分或整體。因此，像「觀念」「概念」「情感」「意識」這樣的詞語就是其中的幾個例子，因為根據定義任何可經驗觀察的東西都不可能為這些詞語所指謂。舉個例子說，如果你打開一個人的大腦，你可能會看到許多東西並且不確定它們是什麼，然而可以確定的是，你永不可能看到一個概念或者觀念以一個物體的形式在大腦中顯現。相反，這些詞語的每一個所指謂的東西都是專屬某個主體的。因此，我們對這些詞語的理解不是以我們的感官運作而是以我們的反思為基礎的。

但是有人可能會問，如果這些詞語的指謂物是經驗所不能達到的，我們如何能夠知道他們真的存在？我的回答是，詞語「存在」是我們語言中最含混不清的條目之一。除了物理客體的在場是「存在」的無可爭議的當然事例外，我們不能非常確定地聲稱還有什麼別的東西存在或者不存在。

一個洞，是存在物中間的缺失的部分，那麼洞本身存在嗎？一個數存在嗎？三加三與六之間的相等存在嗎？一個頭痛存在嗎？如果我們對這些問題的回答是肯定的，則我想不出充分的理由說明為什麼我們不能說觀念、情感以及意識等是存在的。但是，存在概念的意義不是此刻我們真正關心的話題。我們可以暫時懸擱主體性涵蓋下的各種東西是否存在這一貌似重要的問題，而轉向關於我前面所限定意義上的主體性結構問題的討論。

主體性有三個面相，即構成的面相、協辯的面相和意動的面相。為了方便起見，我簡單地分別稱之為構成的主體性、協辯的主體性和意動的主體性，儘管它們只是同一主體性的三種面相而已。

正如我們所提到的，經驗主義者使用「主觀」一詞同這個詞的日常意義沒有多大差別，在那裏，「主觀的」的東西從來不是指值得慾求的東西。與總是意味着理性與健全的判斷的「客觀性」相反，「主觀性」被視為人類心靈的一個弱點，這個弱點導致我們走向成見與錯誤，我們應該想方設法努力避免的正是成見與錯誤。「主觀性」在這裏的意思是，只與持有那種意見的具體個人相關，這種意見純粹是「個人性的」，因此不應被視為必定是正確的。正如我前面所說，對主觀性的這種理解是自洛克以來的經驗主義哲學家的認識論基礎。

在我們的意義上這種主觀性是意動的主體性，因為作為我們意慾的精神活動的結果，它影響到我們的判斷。這些精神活動包括慾求、希望、渴求、幻想、感情、衝動等等，它們常被認為是個人的偏好、趣味或者「價值」—— 正如某些人們願意稱為的那樣 —— 的根源。或許由於它們同我們的身體機能或生理結構的密切關係，所有這些都被經驗心理學假定為主體方面的事情，並因此對於它們的表達 —— 雖然不是它們自身 —— 是可以以某種方式進行經驗地描述的。由於在主體性的這種面相中一個人所擁有的不能同其他任何人分享，故它是主體間分隔獨立的。

實際上，就派別利益來源於主體性的這一面相而言，相互間的阻隔常造成對外的排他性。因此意動的主體性是當我們試圖證實一個經驗陳述時應該阻止進入我們的觀察過程的東西，並且我們的政治生活中大多數的意

識形態衝突可能與這種主體性面相有很大關係。而且，當我們指責某人在做判斷時非理性時，我們可能是說他（她）在做此判斷時捲入了太多的意動主體性。如果有人相信這樣一種阻止是不可能的，因為我們感覺器官總是為我們的意動主體性所影響，則他（她）將必然地認為科學和意識形態之間的差別不是種類的問題而只是程度的問題，並因此將陷入認知的相對主義。

　　主體性的第二種面相是我所稱的協辯的主體性。這裏「協辯的」一詞很大程度上是在哈貝馬斯的協辯行為或協辯理性理論框架下得到理解的。按照他對這個詞語的使用，進行協辯不僅僅是傳遞某種信息，更確切地說是做命題斷言並且為其有效性論辯。因此，它包括將我們的前感知經驗概念化、定義詞語、做判斷、把命題形式化、陳述命題、理論化、論證性地辯護等等 —— 即所有那些我們通常稱之為認知活動的東西。

　　因此，按照這一理論，形式邏輯的規則是有效協辯的規則。外部世界並未將自己細分成許多獨立的物體，但是，為了組織我們自己的經驗並且同他人進行協辯交流，我們使用概念將其分割成許多項目。當我們使用我們的詞語描述這些項目時，理論上我們需要我們的詞語和那些項目之間的一一對應並且始終如一地堅持這種對應。因此，我們有了形式邏輯的不矛盾律。所有其他邏輯規則，基本上也能夠以同樣的方式來理解。那麼一個理論是什麼呢？一個理論就是將各個概念和命題前後一致地組織起來的一個系統。

　　但是，觀察是如何同這種主體性面相聯繫在一起的呢？近年來，人們常常談論到，如果沒有前見概念和預設理論的捲入，觀察是不可能的，以及我們的工具如何建立在前見信念的基礎上等等。所有這些，都可以根據協辯主體性的必然捲入來理解。因為在同一水平上組織我們的概念和命題的可能框架不止一個，可能會有一個以上的理論在理論效力方面為各自長處的顯現進行競爭。因為不同的框架可以在不同層次上完成，一個新理論可能比舊理論覆蓋更廣泛的領域和獲得更強大的組織力並因此取代後者。也因為觀察本身是一個概念組織和理論引導的活動，故不存在所謂的「純粹客觀的」觀察。托馬斯・庫恩的範式觀念及其變體，在這一點可以被恰當地理解。

但是現在很清楚，這裏所涉及的主體性面相與第一種面相 —— 即主體性的意動面相 —— 是不同的，後者由於一個人的希望、渴求、慾想等而產生武斷的成見。協辯的主體性是主體間透明的，因此通過運作我們的協辯理性，我們能夠看到一個概念、理論或者辯論同其他可選擇項相比的優長短缺。因此在自然科學、社會科學或者哲學領域，不同觀點或理論之間的競爭根本不同於意識形態的衝突。如果最終對某些有效性斷言的有效性取得了一致的認可，這將是在一種理想的情境下，通過理性的論辯達成的，而不是所有派別通過對某一權威或全能者的非自願屈從而達成的。

但是承認協辯的主體性已經威脅到傳統的經驗主義 —— 他們聲稱知識的唯一來源是感官知覺。在維也納學派，紐拉特（Otto Neurath）採取整體主義的科學真理觀。這種觀點認為，即便是在前語句（protocol）的層面上，沒有單獨的陳述能夠被孤立地證實，只有整個理論能夠按照既定原則（如簡單性原則）被證實。石里克（Friedrich Albert Moritz Schlick）立刻感覺到這一觀點有脫離經驗主義而走向理性主義的危險，他因此提出確證（affirmation）概念代替卡爾那普（Rudolf Carnap）的前語句陳述的概念。石里克認為，他的這一做法能夠拯救邏輯實證主義的經驗主義特徵。但是事實又如何呢？

在一個陳述和一個觀察之間有着認識論上的鴻溝，一個觀察不能自動成為一個具有語言結構的陳述。為了證實或否證一個源自某理論的陳述，我們必須以這樣的方式闡述它：它一方面表示來自我們感官的純粹事實，另一方面也被以語言表達並因此能夠被概念性地理解。這種陳述被卡爾那普首先稱為「前語句陳述」。

在一個前語句陳述中，物理客體和事件可以被描述。然而，聲言某人觀察到一個物理客體，已經包含了作為這個人的感覺材料綜合之結果的一個可錯的假定，即這些感覺材料本身並不是物體或者事件的假定。為此，石里克發展了一個新的概念：確證（Konstatierungen，英文為affirmations）。在他的確證中，除了未經處理的現象，沒有別的東西可以被記錄下來。一個確證將採取這樣的形式：「此時此地藍色。」很明顯，

這種陳述不是普通意義上的陳述，不僅是因為它缺少完整的語法結構，而且，更重要的，是因為它的極端私人性和瞬時性特徵以及同一般空－時框架的分離。

然而，一旦過了證實的時刻，我們對這一陳述的有效性的確定立刻就會消失。按照石里克的說法，這是我們為那一刻的絕對確定性所付出的代價。這種絕對確定性的獲得是因為此確證是完全經驗性的，也就是說，唯一起作用的，是我們通過感官所進行的觀察活動。因此，那些涉及不可見物體如原子、夸克等的陳述永不可能被證實，即使它在另一種意義上是可證實的：我們能夠由那種陳述演繹出諸如「此時此地藍色」之類的預言。

石里克沒有認識到，即便諸如「此時此地藍色」之類的準命題，如果是可理解的話，也早已是觀念化了的。只有在觀察者明白什麼東西被觀察時，觀察才能發生，因而只有有意義的現象才能在觀察命題中得到表述。換言之，被觀察到的東西必須被體驗**為有意義的**東西。在這一層面上，例如藍的概念，與這個世界的非藍部分的聯繫，同不可見原子的概念與可見物概念的聯繫是一樣的，即使是在證實的那一時刻。而「此地」或「此時」作為在那一時刻被經驗的東西的意義也暗含了一個無限大的空－時結構，在那裏，「此時此地」是一個點。

實際上，我已經討論了主體性的第三種面相，也就是構成的主體性。術語「構成的主體性」指的是最高層次的主體性，它**構成**物理客體性和在這個世界的空－時連續統中的一般的客體性。換言之，當我們的感覺滿足如第三章所討論的物理性**真實**的標準時，構成的主體性是我們將事物感知為物質實體的前提條件。它補足不在場又必不可少的東西，從而構成世界的物理客體性，並使我們能夠超越我們感官當下感知的東西。沒有這樣一個前概念的構成性運作，無論什麼樣的有意義經驗從一開始就是不可能的。正如我們所知，這一構成主體性的概念主要是被現象學的創立者埃德蒙德·胡塞爾在其主要著作中發展起來的。

我想強調的是，構成性主體性的捲入不僅不會產生個人的偏見，而且是我們所可能理解的任何種類的客觀性的前提條件。它是主體間超越的，

因為它運作於任何可能的主體之上，然而，沒有人能夠自願地進入或者擺脫這種運作。

當我觀察任何物體，比如說，一棵樹時，向我呈現出來的是這棵樹的一側，原則上沒有人能夠看到這棵樹的整體。但是樹的概念，甚至在其純粹的物理意義上，已經包含了對此樹進行觀察之視界的無限多個可能性。因此，當我確認一棵樹，或者只是這棵樹的一側時，在這一觀察時刻，我已經產生了這棵樹的未被感知面的視野從而構成了我們稱之為樹的這個物體的客觀性。

甚至整個世界或者宇宙的客觀性，當我們使用這個詞語指謂它時，已經是心靈的構成性運作的結果了。誰曾把整個宇宙感知為一個物理客體？沒有人。但是我們相信宇宙就是自己在那兒存在着的，即使在我們討論了自然世界和虛擬世界的平行性之後。我們注定會有這樣一個信念，這得歸功於構成的主體性的運作，這種運作同任何隨意性無關。它的運作方式是被決定的，超越任何人的偏好和趣味。但是我們知道那仍然是主體性，真正的主體性 —— 就其使得我們成為一個人類主體、一個認識者、一個感知者而言。

空間和時間的可量化的幾何屬性，是任何物理性和客觀性的前提。按照胡塞爾的分析，沒有構成**主體性**的意向性，對這樣一種量綱性的經驗是不可能的。在感知一個空間性的物體時，該物體的缺失部分通過一個他稱之為「射映」（adumbration）的過程被加到在場部分之上。在時間意識中，正如我們前面提到過的，通過持存（retention）和延伸（protention）——它們不同於回憶與期待 —— 當前時刻被經驗為從過去到未來的連續時間流中的一個點。否則，一個瞬間性的「現在」將是不可能理解的。總之，沒有主體性的構成運作，即使石里克的最簡單確證如「此時此地藍色」也將是無意義的，更不用說對它們的證實或證偽了。

迄今為止，我已經試圖大略地表明客觀觀察如何同構成的主體性是不可分割的。但是在虛擬現實的境況下，當我們退回到思考的反思模式時，被構成的客體性並不維持其牢靠性，即使在我們非反思的感知活動的每一

時刻整個構成活動像原先一樣運作。之所以如此，是因為一旦我們脫離了對被感知物的當下反應過程，我們原來就具有的我們正浸蘊在虛擬現實之中的知識，就在我們的心靈中激活了一個解構過程，我們不得不承認，是數碼刺激使我們產生了「客觀實在」的構成活動，而不存在最原始意義上的「客體」。

在第一章進行了一系列思想實驗或自由想像變化之後，我們已經看到，在一個模擬的自恰的系統內部，我們不可能知道其中的任何東西是模擬物。因此，如果我們用胡塞爾的現象學還原懸擱我們關於什麼存在和什麼不存在的自然主義態度，我們就會抵達一個平台，在那裏「真實」和「虛幻」兩個概念受到同等質疑。主體性的三個面相，在兩種情況下將以同樣的方式運作。正如我們在第三章所看到的，虛擬事件的規律性將使主體性的構成性面相構成虛擬世界背後的因果性和物理性，並且形成客體性概念。之所以如此，是因為基礎構架是作為外部必然性被給予的，至少在當下虛擬經驗的每一時刻，正是如此。

主體性三個面相的核心是自我超越的**意向性**，在意動面相中它投射要達到的個人目標，在協辯面相中它提出要辯明的斷言並為之進行非個人的理論化的有效性辯護，在構成性面相中它構成客體性。我們談論主體性，必須注意防範相對主義的侵入。在後現代及自然主義認識論思想家那裏，主體性往往被賦予社會文化的層面的歷史主義解釋，把先驗理性遣送回到因果他律的桎梏之中。但是，在我們這裏，這樣的相對主義進路從一開始就應該被斷然阻隔。主體性的三個面相，是先於任何特殊的生活內容的社會‐文化相對性而被必然給予的。

現在，在我們對成功、所有權和道德責任概念的分析中，我們清楚地看到有意義性是如何不同於、然而又明確地同真實性聯繫在一起的。由於意義的差別首先與最初意向有關，此意向設定客體世界被選擇的部分（構成的）應該承擔（從意動主體性中發出的）什麼樣的真實變化，客體世界的這部分不含有任何人的經驗作為此部分的一個要素。成功概念對失敗概念最初是有關個體的意向的，所有權概念是有關所有個體參與者的集體的

被制度化意向的，而道德責任概念是有關各個體意向同集體的、被制度化意向之間的相互作用的。雖然意向不能被等同於意向性，但意向畢竟是意向性的一個表現方式，從而有意向性的結構。由於此意向性結構是空 - 時結構中自然秩序的先決條件，而其本身不在此結構中，意義的差別在其意義性中不受此過去 ─ 現在 ─ 未來的時間序列的限制。因此，我們能夠在**現在**對我們過去所做的事情以及我們將來要做的事情負道德上的責任。

正如我在我的第一本書中所討論的那樣，分析哲學傳統有多個意義理論，其中最負盛名的有指謂論（羅素）、圖式論（早期維特根斯坦）、證實論（石里克）以及用法論（後期維特根斯坦）。這些理論儘管存在重大的差異，但它們都把意義視為**詞語**的屬性，而不考慮其在主體性三面相中的最終根源。這在某種程度上是正當的，因為用「意義」一詞我們的確指的是某種可以與我們的意思相分離的東西。但是作為一種終極的意義詮釋它們注定是不妥當的，因為它們並未把根子溯回至其意向性的起源。

如果我們注意到這樣一個事實，即名詞「意義」（meaning）乃出自動詞「意味」（to mean），那麼，我們就不會去把一般的意義化約至任何脫離主體性的東西上面。例如，「貓」的意義可能是它所指謂的東西（載體），從而成為羅素指謂論的一個例證；但是，「如果」的意義很可能意味着它是在一個句子中使用的方式，從而成為後期維特根斯坦理論的一個例證。但是為何我們在一種場合下說意義是載體，而在另一個場合下則說意義是用法呢？如果我們將所有這些不同的理論都看成是真正的意義理論，我們已經假定有一個意義，其意思適用於所有的意義理論。也就是說「意義」這個詞的意義至少是一個常項。因此，必定存在某種獨立於任何載體與用法但又將作為載體的意義與作為用法的意義一同統一起來的東西，如此我們便可以斷言載體與用法都是不同場合下一個詞的意義。正如我們所表明的，這個把各種「意義」統一起來的東西就是根植在意味者 ── 也就是我們所說的主體性 ── 的意向性中。

我們想要的事態是否實現，要依賴於事情在客觀世界如何發展。之所以如此，是因為構成的主體性不屬於一個人的可選範圍。這與意動的主體

性完全不同，因為構成的主體性是在外在必然性的約束下不由自主地運作
的。此外在必然性的分別表現為：自然科學所研究的自然規律，社會科學
中的社會規律以及心理學中行為和心理過程的規律。因此客觀世界是被構
成（be constituted）而非被建構（be constructed）的，因為它必須遵循「什
麼規律是我們所不能選擇的」之規則。所以我們是否成功或者失敗 ——
舉個例子說 —— 不總是同我們在啟動此過程後對它的感知相吻合，正如
我們在前面看到的。因此，承認主體性並非支持認知相對主義。

六、意義、觀念性和人的度規

在我的《本底抉擇與道德理論》一書中，我提出並發展了「人的度規」
（humanitude）概念，以此來與「人的本性」這一自然主義的概念相對峙。
正如我在該書中論述的那樣，如果人的本性被假定為將人與非人區別開來的
東西，並且只要我們是人它就不會發生改變，則對於我們所經驗觀察的東西
的自然主義描述永不可能達到人的本性。用亞里士多德的話說，既然人的本
性是不可改變的人類本質，而經驗所描述的人的屬性是偶然的並因此總會發
生變化，歸納程序永不可能使我們理解什麼使得我們獨一無二地成為人。而
且，任何試圖依據自然律描繪人性特徵的嘗試都不能解釋人類主動因的自律
性，因為自然律依其定義是作為外部必然性強加於我們的。因而我推論：

> 人的本質概念是無法實現的，因為它內在地包含了恆常不
> 變性與經驗偶然性之間、自律自決與自然法則的他律性之間的不
> 一致。[1]

與此相對照，人的度規是與那些試圖將一切自然化的（反？）哲學探究的
流行風氣恰恰相反的概念。人的度規概念建立在前面我們區分意義的差別

1　Zhai Zhenming, T*he Radical Choice and Moral Theory: Through Communicative Argumentation to Phenomenological Subjectivity*, Dordrecht: Kluwer Academic Publishers, 1994, p. 86.

與真實的差別時所得出的結論的基礎上，所有專屬人類生活的那些概念首先是關於意義的而不是關於經驗的。因此人的度規描繪了人之為人的獨一無二特性，而非生物學意義上的人（homo sapiens）的經驗「本性」。我們可以在意向性的和經驗的序列之間做一個對照。（表 5）

表 5　兩種序列的對照

意向性的	經驗的
主體的	客體的
觀念性	實在性
意義	事件
意義結	事態
概念	詞語
命題	句子
邏輯的	因果的
投射性	連續性
自律	他律
人的度規	人的本性

很明顯，除了最後一行，表的左欄的所有條目僅與人類生活有關，而右欄的條目則同經驗世界中的一切事物（包括作為被觀察到的經驗意義上的 homo sapiens 的人）有關。現時流行的各種將哲學自然化（或社會化）的傾向可被理解為或明或暗地試圖將左欄中的條目化歸成右欄中的條目，即將意向性的化歸成經驗的。但是，我們已經證明這是不可能的。[1] 因此如果打算將右欄的最後條目人的本性作為指謂人的獨一無二特性的概念，這

1　很不幸，大多數自然主義哲學家不理解或誤解了胡塞爾在 20 世紀初對心理主義的致命批判。實際上，對自然主義還原論的錯誤的徹底分析可能導致摧毀各種試圖在自然主義形式下理解人本身的嘗試。經過這樣的分析，可以證明當紅哲學家如理查德‧羅蒂、丹尼爾‧丹尼特、查爾斯‧泰勒、阿萊斯戴爾‧麥金太爾、斯蒂芬‧福勒等，從根底上犯了致命錯誤。另一方面，對虛擬現實本身的哲學反思也反駁了這些哲學家論證的基本前提，雖然這要求一個單獨計劃進行技術方面的充分討論。對於自然主義的全面的現象學批判，參見我的《本底抉擇與道德理論》一書。

注定是不能成功的，並因而必須被其左邊的概念，即人的度規替代。很清楚，人的度規和人的本性之間的對照是建立在實在性與觀念性之間的差別基礎上的。因此，現在讓我們轉向關於此差別的討論。

無論什麼時候我們去努力理解他人並使我們自己被理解，觀念性都在起作用。當我們試圖理解某人，比如說 A 時，我首先不是試圖發現他說話的物理或心理過程，而是去領會他的由意義結組成的思想序列。這些意義結是可理解的，與依據物理 - 心理學術語來解釋的自然過程不同。為了理解 A 說話的意思，A 的物理特性是邏輯地無關的，因此我們可以領會 A 的思想而無需任何關於 A 的物埋 - 心理構造的知識。讓我們來看看為何必定如此：

如果你同 A 有一場面對面的交談並真的試圖去理解 A，你必須傾聽 A 的言語。但是當你傾聽的時候，你不可能首先關心從 A 的嗓子裏發出的聲音的物理特性，因為你不可能也不被期望通過傾聽知道這一物理特性。如果你關心 A 的嗓音的物理特性，你必須使用某種工具並且將注意力集中於此工具的幫助下所收集到的資料上。但是這樣做時你將顧及不到這一聲音可能承載的意義了，這意味着 A 的言語的意義不是由 A 的發音器官所產生的空氣振動構成的。

我們可以說意義的來源在於人，一個人的人格是超越或至少多於其物理特性。的確，承載意義的物理過程的質料對於理解過程是如此地無關緊要，以至於不同的物理過程能夠承載完全相同的意義。為了理解 A，你不必直接同他交談，你可以收聽 A 說話的錄音帶或閱讀他寫過的一篇文章，最終仍然可以領會到同樣的意義，如果我們所說的意義只涉及命題的真假。這裏我們看到了觀念性的參與，因為正是獨立於承載意義的自然過程的觀念性使事物成為有意義的。

拋開由於我們碰巧持有某種感知框架而產生的「實在」，我們還要將自己同人的本性概念遠遠疏離開來。三種在意義結中相互關聯的主體性面相是我們的人格的基本要素，而正是此人格將我們同我們通常稱作「實在的」或「物質的」的偶然存在的物體區分開來。如果在此意義上我們將自

已認定為人，則我們沒有人的本性。相反，我們用**人的度規**一詞指謂使我們成為獨一無二之人的特徵整體。

人的度規概念因此將我們從迷失的他治領域帶回家園，使我們得以真正地自我了解。當我們認識到我們能夠從一個感知框架轉變到另一個感知框架時，我們可以失去我們關於「實在」是什麼的感覺，但是我們的觀念性意識將永遠保留下來，它是內在於人的度規之中的，不以任何偶然的感知框架為中介。反之，一旦我們返回到觀念性領域，我們能夠重新獲得我們的「實在」「客觀」或「因果」感，因為我們知道同這些概念相聯的所謂物質性的基本本體地位並不是在一開始就充分地建立起來的。在家園裏，我們完全能夠接受同構成的主體性相關的非物質實在性、客觀性以及因果性等觀念。

在家園裏，我們在有限的意義上成為真正的創造者，並且如前面所論述的那樣過着一種只有創造者才配享有的有意義生活。在全面討論了主體性三面相的意向性結構之後，我們現在理解了前面關於意義差別的例子中所示的非經驗的意義如何內在於人的度規概念之中。

對主體性三面相的理解，也導致我們對前面所提出的關於生活意義和創造性之間的關係的更系統的理解。僅當主體性的構成性面相和意動性面相（在社會層面上再加上協辯性面相）運作時，個體層面的創造性才是可能的。單是構成的主體性，只給予我們外部必然世界的強制感，不能使我們投射出開放的可能性；單是意動主體性，則只允許我們希望或慾求，但不告訴我們要做些什麼以及如何去做才能使願望變成現實。因而，創造就是在外部必然性允許的情況下努力使被構成的客體世界向意動主體性投射的目標行進。與此相應，過一種有創造性並因而有意義的生活不依賴於任何前定的感知框架，也不依賴於所謂的「物理實在」的物質性的本體地位。

世界的物質性雖然很符合常識，但哲學家們很少有直截了當地將其視為當然的。我們知道，對物質性的質疑通常都引導我們進入哲學思考的縱深之處。如果我們不是經驗主義者但又不願意放棄物質自在性的想法，我們可能會將物質概念等同於理性主義傳統中被理解為屬性承擔者的實體

概念。在這種情況下，不管我們是在自然世界還是在虛擬世界，我們的感覺總無法接近這種物質本身，因為這所謂的物質本身基於推斷而非自明的給予。

如前所述，因果性也不依賴於物質性。如果我們仍然想保留物質概念並將物質性歸於自然世界，則我們同樣可將之歸於虛擬世界的基礎部分。在虛擬世界中擴展部分的物體對基礎部分的物體的關係就如同在自然世界中視覺藝術的物體對自然物體的關係。關於電影和虛擬性，西多爾·涅爾森（Theodore Nelson）有過精彩的評論：

> 電影的真實性包括場景如何描畫和演員在鏡頭之間變換到什麼位置，但是誰介意這些呢？電影的**虛擬性**在於裏面的東西看起來像什麼。一個相互作用的系統的**實在性**包括它的材料結構以及它是以什麼語言編製的 —— 但是，又有誰在意這些呢？重要的是，**它看起來像是什麼東西？**[1]

涅爾森沒有討論在「真的」是什麼和「看起來」是什麼之間差別的本體論基礎。但是很清楚，他暗示在電影中看起來是什麼比「真實」更有意義。為什麼？因為看起來是什麼才是我們在開始製作電影時**打算**讓它成為的東西。

七、虛擬現實：回鄉的路

我們還記得，杰倫·拉尼爾建議虛擬現實可以更好地被命名為**意向實在**。但是，所謂「意向的」，他強調的是任一時刻虛擬現實環境在我們的幻想和願望影響下的完全流動性。問題在於當這種流動性被擴展到極致時，構成的主體性將被意動的主體性替代，依據我們的現象學分析，我們的實在感將會完全喪失。在這種情況下，我們感知為「物體」的東西將

1　Howard Rheingold, *Virtual Reality*, New York: Summit Books, 1991, p.177.

不過是我們自己觀念的當下形象；觀念和觀念的形象以及物體將成為不可區分的，或者就是簡單地同一。這樣我們的創造性活動將變得不可能了，因為在我們想付諸**努力**去創造的**東西**和我們所投射的觀念之間將不再有間距。正如我們所表明的，創造性預設了在**外部必然性**下構成的客體性，正是這種外部必然性將物體同觀念分割開來。其實，外在對象的自返同一性必須依賴以視覺為基礎的空間位置同一性的確立，而這種自返同一性在意識的意向性中的構成，是客體性形成的必要條件。

當然，拉尼爾本人作為一個程序設計師不會不知道基本軟件的局限性，即它必須依照我們在他的「意向實在」中建構物體的方式來設計，但是程序設計和建構虛擬物體一樣是創造性活動，只是在不同的層次上運作罷了。他的虛擬程序語言（VPL）甚至在同一個虛擬世界中將程序本身編製成一種特殊的虛擬建築物。

因此，對於我們的虛擬現實經驗的基礎部分來說，我們面對的是同一類型的有關**因果**聯繫的外部必然性。但是，由於除了我們主體性的構成性面相外，意動的（在設計過程中投射目標）和協辯的（信息共享和設計的正當性）面相也牽連到合法改變感知框架的活動中，所感知的物體變得比在給定感知框架中更富於意義性了。它們除了產生真實的差別外，還有意義的差別被充實到意義結中，成為我們人的度規內容的一部分。因此像前面所討論的成功、所有權和道德責任等概念將以與過去同樣的方式適用於這裏的情形。

另一方面，我們的虛擬現實經驗的擴展部分是由結果化的觀念性構成的。所謂「結果化」，我是指將非經驗的意義結轉化成我們能夠在賽博空間經驗的空-時事件。總體上講，包括作為軟件的創造性設計和虛擬物體的創造性建構，我們在集體和個體層面上的意向投射行為，成為凌駕於外部必然性或跨層次因果性的被感知事件。

正如我們所見，這裏還涉及兩種層次的創造性：編製程序的活動和按照此程序建構虛擬物體的活動。第一層次的創造能夠在個體或集體層面上實現，比如集體配合創作巨大的程序。然而在第二層次上，由於任一個體

都沒有機會同其他非模擬物的個體發生相互作用，因而第二層次的創造僅由個體來執行。記住，在我們虛擬經驗的這個擴展部分，我們只遇到純粹的有「生命」的模擬物或無生命的物體。可以確定的是，一場模擬的暴風雨不是暴風雨，而一個模擬的女人是沒有情慾的，儘管如丹尼爾·丹尼特和侯世達這一類還原主義者對此持保留意見。在這裏，我們可以使用由程序提供給我們的建築磚塊去創造我們個人中意的環境並浸蘊其中。

　　值得注意的是，當我們在討論中將虛擬現實分為基礎的和擴展的兩個部分時，我們不是說這兩部分在賽博空間中必須分開，它們之所以是兩部分，是僅就它們同因果世界的不同關係而言的。因此，我們能夠並且應該將這兩種類型的物體結合起來去豐富我們的經驗並邀請我們的朋友加入到我們中間 —— 如果他們願意的話。

　　在擴展部分，成功、所有權和道德責任等概念依舊還有在集體層面運作和在個體層面運作的區別，就這一點而言，這些概念還部分地保留着它們的意義。但是由於源自自然因果關係的外部必然性的客觀性基本被消除，如我們前面所揭示的「經驗的」和「意義的」之間的可能差別，將被縮小到最低極限。我們在本章開頭看到的赫胥黎在其《美麗新世界》中暗含的對經驗快樂和非經驗意義所做的區分，在我們無止境的創造性活動中將趨於同一。因此，虛擬現實豐富了經驗和意義，並且將它們和諧地聯結到我們作為其創造者所感知到的結果化的意義結中。

　　至此，我似乎一直在暗示，虛擬世界的生活必定是更為美好的生活。因為按照思想家們提出過的和我們可以想到的美好生活的標準，似乎很難對虛擬現實的前景持一種負面的態度。然而，果真如此嗎？

　　自古希臘以來的西方哲學傳統，將生活中的善分為內在的善和非內在的善，或者本身自有的善與服務於內在善的善。由於非內在的善僅依據其與內在的善之間的關係而具有價值，它的內容完全依賴於它在服務於內在的善時可能導致的結果。因此非內在的善是一種關於實際效用的問題，與我們要討論的問題無關。內在的善是我們真正關心的問題，人們對它的理解，從來都是在經驗的幸福或超驗的有意義性兩個方面。因此，有必要

讓我們看看虛擬現實關於經驗的幸福和超驗的意義性兩方面有何建樹或糟踐。

如果有意義性是從其他方面被理解而不被包括在幸福概念之中的話，則幸福概念的重心是與疼痛或苦難相對立的快樂。為了求得幸福，人們盡力避免疼痛並追尋快樂。虛擬現實能夠在經驗層面上增進我們的幸福嗎？是的。正如我們所知，虛擬現實擴展部分的意向對象是被同一個人創造和經驗的。如果一個人總是避苦趨樂並且知道自己想要做些什麼才恰當，則那些對象帶給此人的快樂應該大過痛苦。

另一方面，超驗的有意義性概念總是建立在對人理應是什麼的理解之基礎上的。在這一點上，我們的**人的度規**概念將有意義性和人的獨一無二性觀念結合到一起了。我們的虛擬現實經驗作為結果化的意義結因而是內在的善的 —— 如果善被非經驗地理解的話。

由此看來，虛擬現實於經驗和超驗層面都是內在善的。既然此內在的善在兩種意義上都不依賴於客觀世界的物質性，虛擬現實絕不會剝奪人類生活的內在價值。相反，虛擬現實以革命性的方式增進了這些價值。它將我們從錯誤構造的物質性世界帶回到意義世界 —— 人的度規的家園。我們可以說黑格爾式的絕對**精神**正在從一個異化的和暫時的客觀化的物質世界回歸家園嗎？

赫胥黎對在一個「科學的等級制度系統」中個體自由將被一個權威主義政府的整體控制所替代的擔憂，在虛擬世界中似乎被最終克服了。如果當權者不回到自然世界中對個體以物理傷害相威脅，此種控制對人們施加的物理干擾，將不會超出必需的閾值限制之內的強度。

既然如此令人嚮往，我們應該因此消除物理實在和虛擬現實之間的經驗界線，從而將永遠無法區分我們是在哪個世界中嗎？當然不。在我們討論了意義的差別和真實的差別之間的聯繫後，理由變得非常簡單。如果在兩種感知經驗層次之間存在差別而我們卻不能區分這種差別，這將對我們的生活意義產生負面的影響。另一方面，如果我們抹去這種區別，我們將在本體層面上放棄一個基本的選擇項並因而在根底處危及我們選擇的自

由。同樣的道理，從自然世界移居到虛擬世界也不是最好的選擇：如果二者在本體上是對等的，為什麼我們應該為了其中的一個而放棄另一個呢？

　　我應該因此聲稱對虛擬現實和賽博空間的同時接受就不存在危險了嗎？也不。這裏的確存在着某些危險，關於這點我們將在下一章進行討論。之後，為了將虛擬現實理解為永恆意義的可能媒介，我們將進一步詳細闡述人的度規概念的內涵。在討論中，我們還將認識到我們從第一人稱視界把人格同一性理解為一切可能感知框架的統一參照，對於正確評估虛擬現實是如何不可或缺的。

第六章
虛擬現實與人類的命運

虛虛實實，相反相成
片面的深刻
無邊的幻景

自我的形象由此造出
透過窗口
窺視靈魂的背影

糊塗一世，懵懂一時
也許鏡子會給我帶來
片刻的自知之明？

——《鏡子》，翟振明，1997

一、技術文明的脆性

那麼，虛擬現實的最危險層面或者說賽博空間的「黑暗面」是什麼呢？當然就是虛擬現實機器的崩潰了。這種崩潰，可能在硬件和軟件兩個層面發生。因此，我們有可能遭遇虛擬現實毀滅或賽博空間崩潰的災難，就好像自然世界的地球同另一顆行星突然相撞一樣！

幾十年來，技術文明的脆性已經成為哲學批判傳統反思的主要話題。維繫我們文明的，是一個由會出錯的人類設計的連鎖相關的技術系統，因此，至少在兩種意義上我們是非常脆弱的。其一，是在我們所知的每件事情的「如何」背後，總還隱藏着我們不知道「是什麼」的東西，因此我們總是防不勝防地遭遇各種突發事故的襲擊。典型的例子是，在飛機事故中無論我們通過分析黑匣子積累多少新的經驗和信息，總會有飛機由於未預期原因而失事。在計算機程序中，儘管我們不斷努力去修補漏洞，我們永遠不敢肯定將來沒有新的漏洞被發現。早晚有一天，我們會在認為疏漏可能不再產生的時候，突然遭到它們的攻擊。

導致技術文明脆性的第二個根源，是人類自身的行為不端。因為我們是技術系統的設計者，我們知道如何控制這一系統；而任何控制了技術系統的人，都可以在瞬間支配巨大的能量從事各種目的的活動。如果一個人恰好有這種本事，且又偏偏希望摧毀我們的大部分文明，則他 / 她或許簡單地按一下按鈕就能讓我們覆滅。

虛擬現實作為最尖端的技術，無疑隱含有這兩種危險之源。一個軟件中的疏漏或者一個人破壞性地關閉超級虛擬現實機器，都足以引起整個災難。因此，我們一定要有一個後備系統。我們當然可以多建幾個虛擬現實

機器，但是最終的避難所應該還是自然實在本身，我們不知道它是誰創造的，也不知道它的「機器」在哪裏，更不知道它是如何運行的。

　　這就是為什麼即使我們能夠永久地移居到虛擬世界中，我們也**不應該**放棄自然世界的原因。關鍵問題是我們如何能夠在兩個世界中舒適生活並且來去自如，當浸蘊於其中一個世界時，不會忘記另一個世界的基本生存技巧。畢竟，如果我們能同時擁有兩個世界，為什麼偏偏只要其中的一個呢？我們可以選擇絕大部分時間生活在虛擬世界，因為在那裏我們可以創造無限的可能性，但是，我們不必關閉返回自然世界的大門。

　　仕此，我們似乎感到虛擬世界和自然世界的對等性打破了。實際上，由於在自然世界中我們也面臨同樣類型的不穩定性，因此兩個世界仍保持着本體上的對等性。我們不能絕對保證自然世界就是我們安全的最終避難所，我們在自然世界生活中遇到的各種事故和大型自然災害都可以看作是隱藏在背後的實在機器出了差錯的表現。或許有一天，由於偶然的系統故障，我們的整個世界會突然停止運行。

　　但是，為什麼我們感到在自然世界更安全呢？因為作為虛擬現實的創造者，我們知道它的系統結構如何不夠完善。而自然世界是強加於我們的，我們根本不知道它的系統構造是怎樣的。我們在科學探索過程中，只是簡單認定它的運行法則，在宗教信仰中又簡單肯定它是完美的。而現在，虛擬現實運行的基礎是特定的計算機器和機器人，這讓我們覺得遠不如生活在自然世界有着落。我們創造了它，我們同時又知道作為創造者的我們是老出差錯的，所以我們總會憂心忡忡。

　　我們能因此推論出自然世界一定永遠比虛擬世界更安全嗎？不能。原則上，沒有什麼能阻礙我們改進虛擬現實設備的適應性。將來有一天，我們的虛擬現實機器也許會比隱藏在自然世界背後的實在機器更安全可靠。這不是不可能的，因為一方面，我們的虛擬現實機器可以把自然世界的可靠部分作為基地，另一方面，遙距操作使我們能夠避免直接接觸自然世界的危險部分。

　　我們沒有覺得我們正在重新創造一個新的經驗世界，這是因為我們

知道這個集體創造者是誰，他們從頭到尾是如何創造的。我們就像是那英雄的妻子，由於太熟悉自己的丈夫而不會把他看成一個英雄。相反，我們無法知道自然世界是怎樣產生的，也不知道為什麼恐龍會滅絕，艾滋病毒為何攻擊人類。因此我們認為，如果不可知的背後有一個作用者，那麼他一定是至高無上的存在。相應地，我們傾向於將這個宇宙整體看成是完美的，即使它表現得似乎並不那麼完美。

　　虛擬現實似乎是虛幻的，因為它抹去了外部必然性和我們感知經驗生動性之間的物質厚度的間距。我們的實在觀念，似乎要求某種物質性的厚重與堅固。但是我們自始至終的分析都表明，這種意義上的厚重本身不過是我們自己的建構。在現代物理學中，基本粒子的厚實性被彌漫在空間中相互作用的事件所代替。光被理解為物質有限性的實例，因為它的厚重性無限接近於零，因此光速是可能速度的最大極限。光的傳播不依賴任何媒介；相反，它似乎是所有其他物質的終極「材料」。在狹義相對論中，光速作為一個常數，是測量物理距離的最終尺度，而物理距離又是厚度概念的前提條件。但是光本身是沒有質量的，也不待在任何地方。它就像宇宙的「道」，所有的物質和非物質的東西以及虛無都從那裏來，再回到那裏去。

　　但是只要我們對世界的感知依賴於一個令人頭疼的物質概念，所有這些來來去去的東西就似乎必須經由自然世界物質的厚重性這樣一條迂迴之路。然而，在虛擬世界的擴展部分，這種強制的承擔者概念被一勞永逸地克服了。光，成為我們唯一要處理的「要素」。我們的感知經驗現在直接同光接觸；我們同環境相互作用的速度就是數碼界面運行的速度，我們返回到了萬物的終極之道。

　　然而，為了使我們的世間生活繼續下去，我們必須推遲這種終極回歸。我們的感知經驗，依賴於我們身體的生物過程。如果我們想維持這種生物過程，我們必須經常在虛擬世界的基礎部分工作，服從那裏的必然因果秩序。在這種因果秩序下，我們不幸地注定是有限的存在：作為個體，我們每個人終將一死。經驗意義上的不朽，是我們永遠不可能達到的。

但是，虛擬現實不僅是我們感知經驗的地方，而且是我們形成意義結的地方。雖然我們的人格植根於這個世界中，但是正如我們在上一章所說的那樣，我們通過構成主體性和意動主體性的運作讓人格超越出生活的經驗內容，人的度規將在理念性領域永存。由於虛擬現實使我們具有前所未有的創造性，它增強了我們意向性籌劃的能力，使我們能夠在理念性領域內形成更加豐富的意義結。首先，我們的人格作為個體化的人的度規，超越出我們生活的經驗內容，因此已經在較弱意義上不朽了；其次，虛擬現實或賽博空間作為我們創造能力的競技場，一定會更加豐富我們在非經驗意義上不朽的人格。下面讓我們進一步探討非經驗不朽的概念。

二、死亡問題

讓我們回到古希臘，考察一下柏拉圖在反思不朽問題時如何看待死的問題。柏拉圖認為，只有類似於永恆「**形式**」的不朽靈魂才能夠過「真實」的生活。如果我們用**意義結**代替他的**形式**，我們的不朽概念將同理念性概念密不可分。可以確定，柏拉圖堅信我們變化領域內的塵世生活只是對存在領域內神聖生活的模仿，生活意義的最終根源只能在存在領域找到。對我們來說，非經驗的人格植根於現實生活中，但是它不必永遠地「活」下去才能達到意義上的永恆。

當代許多哲學家認為，不朽概念不必奠基於永恆或神性的形而上學教義之上。當存在主義哲學家讓－保羅‧薩特聲稱人類生活是嚮往成為上帝的持續不斷的努力時，一方面，他像柏拉圖那樣認為我們人類注定是渴望不朽的；另一方面，與柏拉圖不同，他不認為上帝作為不朽的存在是自因、自在、自為的。對薩特來講，上帝被假定為如此這般只不過是作為一個限定人類生活存在狀況的指導原則，即，人們持有一個不朽上帝的概念，是因為他們想將現實性和理念性完全統一起來。

馬丁‧海德格爾是少數幾個強烈關注並且深入探討死的問題的當代哲學家之一，在其著作《存在與時間》中，人類生活的特徵被定義為「朝向

死亡的存在」。海德格爾這樣看待死：

  （死）不是在**此在**死亡時最終到來的東西。此在作為朝向死
亡的存在，它自身已經包括了最大限度的「潛在可能性」。[1]

這樣一種看法似乎表明，即使在最好的健康狀態下，我們實際上正在死
亡。果真如此，則這種說法，或者是膚淺的濫調，或者就是簡單的謬論，
就看我們如何定義「在死」這個語詞。如果「在死」意味着正在靠近機體
生命的時間終點，則這種說法是膚淺的大白話；如果「在死」指的是日常
語言中所說的正在患致命疾病，則這種說法是荒謬的。

  當海德格爾聲稱死的問題內在地同生活整體問題相聯繫時，他似乎
涉及生活界限或邊界問題。雖然海德格爾的術語比較混亂，常被其追隨者
和批評者進行各種不同的詮釋，幸運的是，我們不必捲入關於其思想的論
爭。對我們來說，只要知道死的問題對理解人類要求超越有死性命運如何
必要就夠了。

  在生命過程的任何自我意識瞬間，一個人總能夠提出「存在還是死
亡」的問題。如果一個人不受外力的控制，他總能面臨繼續存在和自殺之
間的選擇。換句話說，活着暗含自我否定的可能性。但是，知道這種可能
性如何必然使得我們成為價值的創造者呢？

  海德格爾稱，死的可能性是**此在**的「最專有可能性」。如果理解成
他認為死是人類所有經驗中最私密的經驗 —— 正如一些解釋者認為的那
樣 —— 這種理解肯定是錯誤的。沒有人能「經驗」自己的死，因為從根
本上講，死是經驗主體的終結。即使身體死後存在不朽的靈魂，也無濟於
事，因為就靈魂不死而言，它不可能經驗**它自己**的死。或者，如果靈魂經
驗到死，則靈魂一定是同死去的人不一樣的東西。我們怎能將死看成從根
本上是人最私密的經驗呢？

---

1 Marin Heidegger, *Being and Time*, John Macquarrie & Edward Robinson trans., NewYork: Harper & Row
 Publishers, 1962, p. 303.

　　人們可能傾向於將「死」等同於「在死」，後者是指當患致命疾病時走向生命終點的過程。但是，沒有證據表明致命疾病同可治疾病在經驗上有何本質不同。相反，我們的日常實踐以這樣的信念為基礎：病人（根據個人體驗）對自己是否將要死去並不比他人知道得更多。因此，如果我們在這裏相信二者有什麼不同，我們必須在對待病人的方式上同慣用的方式有所區別，這樣才能保證述行上的一致。

　　很明顯，海德格爾不是關心死亡的物理過程 —— 他應該是論述存在的本體論問題而不是存在者的「實體」問題。但是，這裏我們關注的，是人類生活的有限經驗內容和從這些生活內容產生出的無限意義籌劃之間的對照。我們要做的，是闡明我們對死的內涵的理解同關於生活一般意義的規範陳述的初始條件之間的聯繫。

　　死是對生的否定，這就是為什麼死的概念是理解生活整體的一個界限概念。在經驗層次上，為了使一個斷言具有認知上的意義 —— 正如某些分析哲學家正確指出的那樣 —— 這個斷言和它的否定命題都必須邏輯地包含事件的可能狀態。這樣，從外部觀察者的角度看，**他人**的生和死之間的對比是我們理解「生活」意義的參照基礎。因此，對死的理解可能是將一個自我的主體經驗和主體間生活世界經驗聯繫起來的一個關節點。

　　我可以經驗到我自己的快樂、痛苦、焦慮等等，它們不能被別人以同樣的方式經驗。實際上，如果我的快樂和痛苦曾經發生過，我一定不會沒有經驗過它們，因為我經驗它們和它們在場完全是同一個過程。但是，死的情況沒有這種同一性。相反，我的經驗的存在表明我還沒有死。我經驗的可能是任何東西，如對死的恐懼、升入天堂的幻覺、看到自己身體被焚燒的噩夢或其他事物，但不是我的死本身。因此，無論是否存在來世，我們可以斷定沒有人 —— 作為一個人 —— 能夠經驗他或她自己的死。

　　也沒有他人能夠告訴我關於死的經驗，因為只要他或她還活着，他們同我一樣不能經驗死。如果我既不能自己經驗死，也不能從他人那裏獲得死的經驗知識，則死作為我自己的宿命必須從負面理解成我的整個在世生活的對立面。在這種情況下，我們不是經驗死本身，而是經驗着對於作

為不再存在的可能性和不測性的死的預期。我們意向地而不是實際地面對死亡。

因此，我們可以選擇這樣的方式詮釋海德格爾的論題：我們不能實際地經驗死，但是我們理解同我們生活「整體」的經驗內在地聯繫在一起的死的意義。所謂「整體」是指我們對死的憂懼不僅在於它是生命的時間終點，而且在於它是生活的邏輯對立面，它使得我們能夠將生活經驗理解為超越生活之上的統一意義結之發源地。如果意向地面對死亡是一種在其與**存在**本身的關係中充分理解生活意義的方式，即使不是**唯一**的方式，也必定是**一種**方式。我們對死的意義的理解，使我們從永恆理念性的視角看到了超越死亡的東西。

三、人格的超越性和不朽

現在，讓我通過一個實例，看看一個瀕臨死亡的小孩是怎樣理解死與永生之間的關係的。

發自：Cibotti Ron

發送時間：1996 年 11 月 14 日，星期四，上午 6：20

發往：麗莎・蒂湯瑪索；邁克・馬爾克爾；卡羅・奈德爾；理查德・斯內另；蘇珊・丹尼

主題：轉寄：轉寄：請轉寄這封信☺

這個在 Mayo 醫院的小男孩患了重病，他知道自己快死了。你們知道，有些「滿足願望基金會」專門幫助患不治之症的孩子滿足臨死前的心願，現在這種情況就類似於此。這個小男孩喜歡電腦，他的願望是通過在互聯網上永遠發送的連鎖信一直活下去。這不是開玩笑。如果你們中有人願意將這封郵件發送給儘可能多的人們，他的願望就可能得到實現。（**這不是僅僅為了一次性譁眾取寵而發佈的連鎖信！**）它從頭至尾充滿了發自內心的誠意。

［還有許多轉寄者的名字和他們充滿同情與支持的評論在這裏被作者刪除了］

────────── 轉寄的郵件內容如下 ──────────

發自：安東尼・帕金

〈Parkin@MayoHospital.health.com

日期：1996 年 4 月 17 日，星期三，12：46 +080 發往：

Amy E Nygaard［郵箱地址在這裏被作者刪除了］

主題：我臨死前的心願

我的名字叫安東尼・帕金，你不認識我。我今年 7 歲，患了白血病。我用 gopher 找到你的名字，我想請你幫我實現我臨死前的願望，將這封連鎖信第一個發出去。請將此信發給五個人，你知道這樣我就能永遠活着了。

非常感謝

你剛剛讀到的上面的東西是什麼？不是別的，正是我在 1997 年 1 月 3 日收到的電子郵件。關於小安東尼，你怎樣看？他渴望不朽的做法是毫無意義，還是有一點意義，還是具有非常重要的意義？為什麼他的信的轉寄者會感到有某種義務幫助他實現願望，即使他們在通常情況下厭惡參與連鎖信活動？假如安東尼在得知他的活動受到支持之前就死去 —— 他的願望實現與否對他有沒有不同的意義？

上一章我們討論了意義區別和真實區別，因此我們知道，對於安東尼來說，他的願望實現與否沒有**真實**區別但是有**意義**區別，即使他無法經驗到這個區別。我們在他死後做的事情在意義層面上對他至關重要。

在《本底抉擇與道德理論》一書中，我詳細論述了理念性的超越性問題。[1] 但是，在那裏我沒有說明它同不朽概念之間的緊密聯繫。這裏，我將在新的語境下以類似方式重申我的論證。

────────────

1　Zhai Zhenming, T*he Radical Choice and Moral Theory: Through Communicative Argumentation to Phenomenological Subjectivity*, Dordrecht: Kluwer Academic Publishers, 1994, chap. V.

　　正如我們在上一章論述的那樣，我們根據構成一個人本身的意義結概念理解人格，人格因此超越出人的物理性存在。即使一個人的人格同一個人作為行動主體的地位密不可分，人格的範圍仍遠遠超出一個人的行動能力之所及的範圍。人格也超越出一個人的物理死亡，即使一個人具體在世生活是其人格所由以構成之意義結的支撐者。意義結與具體一個人的**概念**不同。我們甚至可以談及人格的**存在**，如果這種說法不導致形而上學實體性的話。關鍵在於，即使我們不敢確定是否我們可以說人格**存在**，但是我們已經表明我們有關人類生活的語言假定了它的基本功能。正如我們前面提到的，像成功、所有權以及道德等概念都假定了任何一個人除了有關事實的意見或知識外，還具有非經驗的意義。

　　上面所說很容易被誤解為意味着某種為我們所熟悉的東西，即人是知道自己行動意義的存在。但是這種看法前定了我們的存在邏輯上可以同意義結分離，正是這種可分離性的假定使傳統人格同一性論證產生問題。我們這裏想說明的是，意義結既不同於我們對意義的知曉，也不同於任何一個單獨孤立的意義，確切地說，它是我們談及人格時不可或缺的東西。人格因此被理解為超越空間和時間的，沒有人能夠終止它，它必然是不朽的。但是，人格也由於一個人的慾求而植根於其經驗生活中。

　　我的慾求是我生活的一項重要內容，為了能夠欲求我必須實際地生活在世界中。我具有欲求的能力，表明我擁有意動主體性。但是，我的慾求的滿足超出我的生活之外。下面我用我在另一本書使用過的兩個例子來說明這一點。

　　假如我欲求我的曾孫之一成為偉大的音樂家，這個願望實現與否都將在我死之後我才能了解。如果我曾孫中的一個真的成為偉大的音樂家，則我的慾求被滿足；如果他們中沒有一個人成為音樂家，則我的慾求不被滿足。因此我死後發生的事情影響着我的生活的實現 —— 不是由於實際結果而影響，而是通過它同我的期望或籌劃目標的一致與否進入我的人格並因此進入環繞我生活的意義結來影響。這樣理解，則我的慾求的滿足不必要求我實際經驗到這種滿足。

假如，貝絲把知道她的親生父母是誰看作她生活的重要部分之一。但是她活到老死都認為她叫作「父親」的那個人就是她的生父，而事實上卻不是。按照她自己的標準，她失去了她生活的那重要部分了嗎？在相當重要的意義上，她失去了，即使她實際上從不知道這個事實，並因而在死前從未經歷到精神上的幻滅。也就是說，她的人格因獨立於其實際生活經驗又同其生活密切相關的意義結的歪曲而受到影響。

在上面兩個例子中，慾望的滿足不是一個心理事件：達到慾望的目標、平息慾望、安撫意動。換句話說，慾望並不是在經驗中得到滿足的。既然慾望作為一種意動的主體性的一種乃是意向性的，它們的對象並不必然限制於一個人的生命範圍之內並在那裏得到實際的滿足。因此，如果我對 X 有所慾望，而 X 的實際實現超出了我的生活經歷，那麼，我對 X 的慾望便只能在超越性中得到滿足。因為一個人慾望的超越的滿足是至關重要的，因此，比如說，基於一種全盤幻覺的經驗滿足之生活，在心理學上可能是令人愉悅的，但卻實在是不值得一過的。毫無疑問，我們在這裏所說的是生活本身，而不是一種生活的觀念。在這裏我們甚至看到，即便某個人生活中所有的體驗在他自己或別人看來都是活躍的和豐富的，但在其本真性中，這種生活依然可能是未曾得到實現的生活。這再一次表明，意義結對於人類生活是至關重要的。這個意義結使具體的個人得到了同一性，並可以發展出不同於這個人或任何其他人想要的甚或了解的樣子。

在這種意義上，我們人格內涵的形成遠遠超越我們的生活，即使我們不相信來世或靈魂。同樣，我們所說的慾望及其滿足也適用於其他意向活動及其超驗的對應物。一個人的預言也是意向性的，可能在其死後被證實或否證，該結果則有助於其人格意義結的形成。

一位去世的歷史學家曾預言 2005 年會爆發第三次世界大戰，而現在（1997 年）我們確實看到這一危險並努力阻止這一預期的戰爭，那麼，就牽涉於戰爭與預期之間的思想關聯之中的意義結而言，我們所做的一切大大有助於這位歷史學家人格的形成。請記住，即便現在沒有人知道這個歷史學家的預言，因而也沒有任何這方面的記載，情形也仍然如此，因為意

義之間的關聯並不取決於任何經驗的互動。因此，無論何時我們閱讀柏拉圖的《理想國》，當我們理解或誤解他的思想時，我們都在重塑着柏拉圖的人格的內涵，即使柏拉圖無法經驗到這一切。但是這種超經驗的聯繫，是通過柏拉圖寫作這本書的活動植根於柏拉圖的經驗生活中的。

無論如何，作為主體性的一種本質特徵，意動的籌劃將我們的生活經驗與超經驗的構成主體性聯繫在一起。就生活經驗的意義乃是基於這個人的人格意義結而言，它確實獲得了相同的先驗主體性的非經驗特質，儘管它又與人類生活的經驗層面直接相關。

實際上，我們的人格概念是流行的人之靈魂概念的替代物。靈魂概念的困難，在於它試圖將兩個不相容的觀念結合在一個概念之中。一方面，靈魂作為一個人意義經驗的連續體，被認為是不佔據物理空間並與感覺無涉的。另一方面，靈魂還被認為能像空間實體一樣四處活動，並像生理存在一樣經驗感性世界。然而，一個人的人格擁有一個人存在的所有意義要素，而與此世生存以及實體性的生存觀念無涉。

現在，儘管意義內在地與一個意向主體存在着一種現實或潛在的聯繫，但是任何人對一種具體意義的實際覺察，並不是此意義進入其人格意義結的必要條件。然而它通過意動的籌劃植根於這個人的實際生活中。因此，一個人通過意向的且總是超越自身的主體性的運作參與到意義中，就此而言，在這個人停止生存後，世界中所發生的事情由於進入其人格而仍然與之有關。正如主體性不是一種獨立的、不依賴他物的存在而「存在」的實體一樣，人格也不必是某種幽靈式的類實體的東西；或者乾脆說，它一定不是。

實際上，在中國傳統中一直就存在着這種與不朽靈魂不同的不朽觀念。中國人認為一個人可以通過三種方式成為不朽：做偉大的事業（立功），樹立偉大的道德榜樣（立德），或者說出偉大的道理（立言）。很明顯，這三項事情都與靈魂無關；然而，它們都同意義結的來源有關：你在告別這個世界時能給人類的總體意義留下多少貢獻？

但是正如我們所知，人格的超越性同一個人生活的經驗內容邏輯上是分不開的。只有活着的人才能夠有慾求、期待等等。而正是有慾求或期待

之類的行為，才使一個人的經驗性或超越性滿足成為可能。

　　原則上，當我們談論任何超越的東西時，我們必須同時假定一個經驗上可識別的對應物在超越的東西之下並貫穿其中。在這方面，超越的人格同超驗的觀念性保持着密切關係。當我們說觀念性邏輯地先於客體性時，我們的意思是，只要我們理解經驗世界，我們必定從觀念性的維度 ── 即從意義的維度來理解，這是超驗地決定了的。當我們試圖理解觀念性自身時同樣如此，即，我們在觀念性的維度理解它。但是這並不意味着我們在理解時可以不以經驗為依據把握觀念性的意義。可以肯定，超越的和觀念的東西必定超越某種非自身的東西。這在某種程度上表明，超越的人格如何以及在何種程度上同先驗的主體性相關。因此，由於人格就是植根於個體的人的度規的內容，前面討論的人的度規如何超越出經驗的客體性就變得十分明顯了。

　　因此，人格標明了使一個人同另一個人相區別的充滿意義的獨特領域。一個人的人格同所有其他人的人格相互交織在一起，因而我們有一個公共的人格互聯領域。這是因為，我們不僅為了分享植根點的公共根據地而在現實世界中相互作用，而且在觀念性的領域進入彼此的意義結。

　　然而，這並不意味着我們能分享同一人格。每個植根點綜合體的獨一無二性，保證了每個人格意義結單元的唯一性。正是從一個人的獨特人格中發源出的意圖，導致其現實世界中的行動。原則上，沒有一個人的人格同另一人相同。因此，就像主體性一樣，一個人的人格超越出世界的自然秩序，因此使我們在較弱的、非經驗的意義上成為不朽。現在，我們終於能夠理解，為什麼小安東尼將他的永生願望同賽博空間的無限可能性聯繫在一起 ── 這是具有非常重要的意義的。

四、即將會發生什麼？

　　本書不是關於虛擬現實技術未來發展的預言，因此我們不必列出虛擬現實未來發展的時間表。實際上，本書所論證觀點的有效性不依賴於虛擬

現實將來是否繁榮或衰落。我們將虛擬現實的**觀念**擴展到其邏輯極限，是為了看清如果我們遵循這種發展路徑，虛擬現實對於我們人類生活和整個文明的本體論意義。

但是在完成緊張而扣人心弦的哲學論證之後，我們可能想放鬆一下，試圖看一下在我們的有生之年能夠發生什麼 —— 如果你像我一樣還有幾十年好過的話。這種預測不依賴於作為本書之強調的邏輯強制性；毋寧說它是以根據最新科技報道進行的大致推斷為基礎的。

娛樂，可能是虛擬現實流行的第一個公眾領域。人們推測，虛擬現實或早或晚將代替電視和電影。即，代替觀看，你將參與到故事之中。在這裏，虛擬現實擴展部分的發展要比基礎部分快得多。因此，我們在初期仍可以將虛擬現實經驗稱為「虛幻的」。

虛擬現實何時以及在何種程度上真正代替其他娛樂依賴於許多因素，包括技術、社會政治、經濟、意識形態以及心理等因素，關於這些我不比別人知道得更多。不過我們有理由假定，在不久的將來將會產生複雜性程度與下面所述類似的事物：

（一）洗一次虛擬淋浴

你去一家娛樂園買一張「虛擬淋浴」門票，輪到你的時候，你進入衣櫃間脫下你的衣服。然後，就會有激光掃描器掃描你的身體，磅秤稱量你的體重。接着你走進一個櫥櫃裏，它像花生殼包花生一樣把你包住，唯一的不同是你的四肢被分別包起來。這個外殼是由重材料做成的，但是和你皮膚相接觸的表面植入了微型傳感器和刺激作用器，它們能夠給你的全身上下帶來連續變化的觸覺和熱的刺激。外殼是由精密複雜的馬達驅動的，馬達則是由接收外殼傳感器發出信號的計算機控制。在你的腳下是一個踏車，它能夠使你隨意走動但不離開你的外殼。當然，踏車的移動也是由於你的走動傳送到計算機，再由計算機進行控制產生的。你的眼睛正前方是三維屏幕，你的耳朵則套着立體耳機。在這種裝置下，你可以自由活動你的四肢和整個身體，但是你的外殼也將通過傳感器使你感覺到壓力、溫度

和物體重量等相應變化。

　　系統一旦開始運轉，你就浸蘊在三維環境中了，你似乎就站在浴盆中，一絲不掛地等待着淋浴。你彎下腰來去推動把手打開水龍頭，就感到熱水從噴頭中噴出來灑滿你的全身；你看到和聽到的一切都和真的淋浴一模一樣！

　　這種「虛擬淋浴」是比較容易實現的，因為熱水流過全身的感覺是重複性的；水流的表象亦然。我們不必以嚴格的方式將觸覺和視覺表象協調起來。因此，如果我們有一個觸覺記錄系統，就能夠事先將觸覺和視覺表象編好程序或記錄下來。另外，由於淋浴不需要非常複雜的身體移動，遊戲者被限制在一個狹小的區域內，移動履帶的結構也不必非常複雜。因此一次「虛擬淋浴」不需多大的計算力就能給遊戲者帶來難忘的深刻感受。

（二）網上購物

　　今天，在線購物的最大問題之一是顧客在購買之前不能看到和摸到商品。由於虛擬實境標記語言的出現，許多三維網站建設起來了，但是這距離我們在第二章提到的以網絡為基礎的賽博空間還很遙遠。

　　在可預知的將來，一些具有局部觸覺刺激作用的半拉子虛擬現實將會出現。你不必穿緊身服，也不用在踏車上走。你只需戴上頭盔和手套，就能撿起一隻玩具小熊翻來覆去地看，當抓緊它時聽到它發出「哎呦」聲。你也可以拿來一台錄音機按下播放鍵聽它放歌。當然，這些不過是為了做廣告而設計的虛擬商品。如果要查看你想買回家的實物，就必須建立一個非常精密的遙距操作系統。但是這在在線購物領域是不大可能很快實現的。

（三）虛擬現實會議

　　現在，多媒體會議越來越普及。但是虛擬現實會議對技術的要求遠遠超過多媒體。虛擬現實會議必須是浸蘊性的，並且除了立體聲音與圖像的協調外，還需要至少部分觸覺的協調。在虛擬現實會議中，參加者應該可

以互相握手、分發傳遞文件並在上面簽字。這種即時性協調可能要求遠多於「虛擬淋浴」的計算力，但是這也會在不久的將來得到實現。

（四）遙距做愛

在第二章討論賽博性愛和人類生育問題時，我們認為，在同自然世界具有本體對等性的可能虛擬世界中，賽博性愛是不可或缺的部分。它能夠通過數碼刺激、感覺浸蘊和實用遙距操作的完美結合得到實現。然而，在不遠的將來，可能會有不涉及生育的較為簡單的賽博性愛形式出現。

我們不必遵循光盤脫衣舞表演的模式。或許，這可以發生在夫妻之間 —— 當其中一個在商務旅行或由於其他原因與你分離的時候。在類似於第二章所描述的環境下，這裏做愛者性器官的移動不必即時協調。不過我們可以添加更多的樂趣，比如改變做愛場景 —— 這時性夥伴要能夠任意變大和縮小以便從不同的角度和距離觀察自己。他們也可以改變他們的外表和身體大小或形狀以經驗更多的多樣性。或者，在前戲時互相交換視界以經驗性愛的心靈融合。這種視界交換在結構上同第一章提到的亞當和鮑伯的交叉通靈境況是對等的。

（五）鑽越……

醫學應用是杰倫·拉尼爾涉及的虛擬現實的最早應用研究領域之一。這些應用屬於所謂的擴展實在。比如，像我們前面所說的那樣，通過電子或機械設備產生視覺浸蘊效果，使醫生能鑽進你的身體中鑽越你的內部器官。利用這種鑽越技術，建築師和他們的客戶能夠在房子建成之前就進行實地檢查，就像在建好的房屋中一樣。實際上，一些用虛擬實境標記語言建立起來的三維網站已經具有類似功能，只不過缺少浸蘊體驗。

（六）虛擬現實教育和虛擬藝術

當前，華盛頓大學的 HITL 實驗中心可能是虛擬現實教育應用的前沿。比如，學生可以「進入」分子的結構中。至於虛擬現實藝術，不難想

像一個雕刻家處於虛擬環境時會是什麼樣的景象。拉尼爾作為一個音樂家，對虛擬現實音樂一直非常熱衷。事實上，虛擬現實的整個擴展部分就是浸蘊形式的藝術，這是由虛擬經驗的藝術本質決定的。我們慶祝其成為新的人的度規棲居地，它使我們極富創造性，從而有一個意義極為豐富的人生。

　　當然，那裏將會產生更多我們可以預見和不可預見的東西。我相信，單是迪斯尼世界就會在他們的音響室和電影院裏給我們帶來越來越多的虛擬現實刺激和樂趣。日本人在未來幾十年內也會不斷給我們帶來驚喜。

　　無論下　少可能發生什麼，我們不想將視野局限在看得見的將來。要記住，我們真正關心的是虛擬現實終極潛能的本體論內涵。

五、虛擬現實與本體的重建

　　由於人格是超越的，並通過一個人的意動主體性活動植根於這個人的經驗生活中，則這個使超越的人格成為可能的結構必定就是使我們成其為人的東西。即，人的度規必定就在植根於經驗的超越性人格之中。

　　正如我們所論證的，賽博空間是一個集體建造的平台，我們在那裏通過自己創造的數碼感知界面產生我們人類的經驗內容。在這個平台上，構成的主體性、主體間性和客體性的統一以清晰生動的具體形式表現出來。在某種意義上我們可以說，虛擬現實是一連串終極化的意義結，或感知化的理念性。

　　虛擬現實是流變的，這種流變性不僅促進我們自我肯定的創造行動，而且激發我們自我超越的再創造行動。它使我們能夠以遊戲的心態體會弱意義上的不朽，這種自物質客體化了的外化世界回歸的心態必定是一種嚴肅的遊戲精神。這樣一種流動於賽博空間的遊戲精神正促使我們開始練習在本體論的「解碼流」中徜徉 —— 套用法國哲學家吉爾斯·德魯茲的話說。

　　有人可能反駁說，由於我們在賽博空間的活動是無後果的，故虛擬

現實剝除了作為人類意義生活必要條件的倫理內容。我們經過前面章節的論證，現在來解釋為什麼這種看法是一種曲解。一方面，它將原因和結果本末倒置了。人類生活的善依賴於其生活意義，而道德就是關於對這種善所負的責任。因此在人類生活中，意義性是比道德更根本的東西，而非相反。另一方面，我們在虛擬現實基礎部分的遙距操作同我們在自然世界的活動一樣具有後果性。因此，道德在這裏仍保留着它的後果關聯性甚或更多 —— 如果虛擬現實增強了我們控制自然過程的能力。我們對行動後果所負的道德責任，難道不是同我們對後果所做的創造性貢獻成比例嗎？

馬歇爾·麥克盧漢（Marshall Mcluhan）使我們知道，大眾媒體的有形和無形力量在多大程度上形成着我們社會心理層面上的自我認同，在這一點上，雪莉·特克爾更加強調影響力日益超過電視屏幕的電腦屏幕。但是正如我們所論述，虛擬現實或賽博空間揭開了我們在形而上學層面上的自我認證結構。既然倫理學的目的是服務於我們的社會生活，我們就不能將自然世界的後果主義態度作為普遍的價值標準。除非我們追溯到作為道德基礎的終極意義之源，否則我們就不能超越出當下自明的具體判斷而為任何試圖將我們預設的道德法則普遍化的論斷提供正當辯護。請聽聽我們的幻想家邁克爾·海姆是如何想的：

> 總的說來，虛擬現實正在我們同技術的關係中引出一些新的
> 東西 …… 畢竟，虛擬現實不是以人工形式再生的世界嗎？ ……
> 我們正將自己放到創造全部世界的位置上，在那裏，我們將度過
> 我們生命的一部分。[1]

是的，我們將有選擇地度過「我們生命的一部分」而不是我們的全部生命。人類文明已經通過信念、儀式、風俗、制度、習慣、藝術、論證、神話等要素的結合設想了實在的本質。由於這種結合沒有諸要素間和諧互動的具體例證做基礎，我們總是需要對其進行闡明。但是只要我們試圖闡

1　Michael Heim: *The Metaphysics of Virtual Reality*, New York: Oxford University Press, 1993, p.143.

明，總會產生這些要素自身在符號層次的一致性問題。由於我們只能使用概念去闡明，我們便不斷陷入某種無望的爭鬥：一方面我們需要無所不包的綜合，另一方面我們又傾向於依賴獨立的語詞功能。我們假定感知世界的背後存在着不可知的「實在」世界，卻不知道這種假定必然導致自相矛盾——不可知的東西被當成可知的理解怎能不造成自相矛盾呢？

　　隨着虛擬現實的發明，我們開始走向形而上學的成熟階段。我們不必經歷消極的寂滅就可以看穿所謂物質厚重性的把戲。我們擁抱虛擬現實，因為它可以成為我們參與終極再創造的舞台。

附錄一
杰倫·拉尼爾的虛擬現實初次登場訪談 *

一次早期虛擬現實訪談

這次訪談，記錄了我在二十多歲第一次告訴世界關於虛擬現實的東西時，在思考與想像中迸發出來的一些遐想。它大約於 1988 年在《全球評論》上第一次發表，但是訪談本身是在更早的幾年進行的。這次訪談，被以許多種語言再版多次。

亞當·海爾布倫（Adam Heilbrun，以下簡稱 AH）：「虛擬的」一詞是計算機術語。你能向那些不熟悉這個概念的人們闡明它嗎？

杰倫·拉尼爾（Jaron Lanier，以下簡稱 JL）：或許我們應該了解一下虛擬現實是什麼。我們正在說到的，是一種使用與計算機相連的服裝來合成共享實在的技術。它在新的平台上重新創造了我們同物理世界的關係，這樣說一點也不為過。它不影響主體世界；它不直接影響你的大腦中正在發生的事情，它只同你的感官感知的東西直接發生關係。在你感官另一邊的物理世界通過你的感官被感知，它們分別是眼睛、耳朵、鼻子、嘴

---

* 這次訪談最初發表在《全球評論》上，受到版權保護，這裏刊載的網絡版本經過了拉尼爾的同意。

和皮膚。實際上它們不全是孔竅，並且也不止五種感覺，這不過是老模式罷了，所以我們現在繼續依照這樣的說法。

在你進入虛擬現實之前，你將看到一堆衣服，你必須穿上它們才能感知到一個與物理世界不同的世界。這類服裝大多由一副眼鏡和一雙手套構成。確切地說會有什麼樣的衣服還太早，因為有太多不同的可能樣式，因此現在真的太早，還不能預言哪一種是最流行的。一套最小化的虛擬現實裝備會有一副眼鏡和一隻手套供你穿戴。眼鏡能使你感知虛擬現實的視覺世界，它上面鑲嵌的不是透明鏡片，而是更像兩個播放栩栩如生畫面的小立體電視。當然，它們比小電視更加複雜，因為它們必須向你展現一個可以亂真的立體世界，這裏所涉及的一些技術還有待實現，不過這是一個很好的設想。

當你穿戴好裝備時，你會突然看到你周圍出現一個新的世界 —— 你看到虛擬世界了。它是完全地立體的，並且就環繞着你，當你轉動頭部四下張望時，你在眼鏡裏面看到的圖像也隨之變化，畫面的設計使你覺得就像是在虛擬世界中四處走動一樣，而你實際上仍站在原地。圖像來源於非常強大的特殊計算機，我喜歡稱它為家庭實在機器。它就在你的房間裏，並且同你的電話輸出插口相接。我馬上會更多地談到家庭實在機器，但是現在我們先說一下眼鏡。

眼鏡還有另一個用處。在鏡柄的終端各有一個小的耳機喇叭，很像一個隨身聽，從那裏你能夠聽到虛擬世界的聲音。這裏沒有什麼非常特別的；它們就像你平常用的隨身聽的喇叭。你從那裏聽到的聲音是經過處理後的立體聲，這是稍稍有點不太尋常的；它們來自一定的方向。眼鏡還能做其他事情，它們裝有能夠感知你的面部表情的傳感器。這一點很重要，因為你是虛擬現實的一部分，你穿的衣服必須儘可能多地感知你的身體變化，然後用信息來控制你身體的虛擬版本，也就是你和其他人所感知的虛擬現實中的你。因此，例如你可能選擇在虛擬現實中變成一隻貓，或者任何東西。打個比方說，如果你是隻貓的話，你會被這樣連接起來，當你在現實世界中微笑時，虛擬世界中對應着你的那隻貓也在微笑。當你的眼睛

四處瞄射時，貓的眼睛也四處瞄射。因此，眼鏡也有感知你面部表情的功能。

頭部配置、眼鏡 —— 它們有時被稱為眼視風（eyephones）—— 你必須記住我們正在目睹一個文化在這裏誕生，因此許多術語還沒有被真的固定成為一個專門用語。我想，在我們明確地決定這些東西叫作什麼以及它們確切地要做什麼之前，我們必須給從事虛擬現實工作的人員團體一個機會，在這些不同的可能性中進行挑選。不過在這裏，我所描述的東西是非常自然而可以理解的一套裝置。你的手戴上手套，它們讓你覺得手伸了出來，並且感覺到原本沒在那裏的東西。手套表層的裏側裝有觸覺刺激物，這樣，當家庭實在機器讓你感覺你的手正在觸摸一個虛擬物體時（即使那裏本來沒有物體）你會實際上感覺觸摸到這個物體。手套的第二個功能是，它們能讓你在實際上同物體相互作用。你可以撿起一個物體並且用它做事情，就像用一個真實的物體一樣。比如說，你可以撿起一個虛擬棒球並把它擲出去。因此，手套能讓你同這個世界相互作用。它能做的還不止這些，手套還可以測量你的手正在怎樣移動。這非常重要，這樣在虛擬世界中你能夠通過看你的手的對應圖像的運動去看你的運動。你穿的衣服不僅向你傳送感覺，而且測量你的身體正在做什麼，這是非常重要的。

運行虛擬現實的計算機將利用你的身體運動控制你在虛擬現實中所選擇的任何樣子的身體，這些身體可能是人的，也可能是完全不同的其他東西。你可以變成一座山脈、一條銀河或者地板上的小卵石，還可以是一架鋼琴……我曾經想變成一架鋼琴，我對變成樂器非常感興趣。你還可以有一件樂器，除了在虛擬現實中演奏音樂之外，你還能以各種各樣的方式去演奏，通過演奏而創生出實在的東西，這是描述隨心所欲的物理現象的另一個方式。你能夠用一個薩克斯管演奏出城市和舞動的光線，你能夠演奏出由水晶做成的放牧水牛的平原，你能夠演奏出你自己的身體並且隨着你的演奏不斷改變自己的形象。你能夠在一瞬間變成天空中的一顆彗星，然後逐漸展開變成一隻蜘蛛，比從高空上面俯視的你的所有朋友們的行星

還要大。

　　當然，我們要談一談家庭實在機器。家庭實在機器是一個計算機，按照 1989 年的標準，它是非常強大的計算機，但是在將來它不過是一個普通的計算機。它有很多工作要做，它必須重畫你的眼睛所看到的圖像，計算出你的耳朵聽到的聲音，計算出你的皮膚感覺到的質地，這一切速度都非常快，以至於造出來的世界就和真實的一樣。還有一個非常重大的任務，它必須同其他人家中的家庭實在機器進行信息聯繫，這樣你才能同他人共享實在，這是個非常重大的任務。這是個非常特別的計算機，它使 Macintosh 看起來就像　個小斑點。

　　AH：當你第一次穿上服裝，開始知道家庭實在機器時，你被提供一個類似於 Macintosh 台式機的東西，這意味着有一個工作空間可以使用工具在裏面工作嗎？

　　JL：這還是一個文化問題。關鍵在於，在虛擬現實中並不需要一個總體的比附，而在計算機中需要一個總體的設計比附。在現實生活中，我們習慣於經常轉換背景。你在客廳裏以某種方式做一些事情，然後又去上班，然後又去做一些完全不同的事情，比如說去海濱度假；你還可能處在更加不同的心靈狀態下，這是很正常的。所有那些地方是真正不同的生活之流，我們把它們同全部生活情境聯繫在一起。完全不需要一個統一的範式來經驗物理世界，在虛擬現實中同樣不需要。

　　虛擬現實不像計算機下一步將要發展成的樣子；它比計算機的概念遠為寬廣得多。計算機是一個特殊工具，虛擬現實則是一個可選擇的實在，你不應該為虛擬現實設定極限，而這是計算機必須要有的，也是使計算機成為有意義的東西。設定極限是荒唐的，因為我們在這裏人工綜合的是實在本身，而不只是一個特殊的孤零零的機器；它比 Macintosh 包含了多得多的可能性。

　　下面的情況可能發生：家庭實在機器將會有能力掃描它所在的房間

和你的眼鏡所在的地方。當你第一次穿上虛擬現實服裝時，你看到的第一樣東西將是一個物理房間的另一個版本，那裏是你的起始點。所以，舉個例子說，如果你正在你家的客廳裏，你穿上虛擬現實服裝 —— 讓我們假定你的客廳裏有一個長沙發、一套架子、一扇窗戶、兩扇門、一把椅子；除了有這些東西，它還具有一定的延伸界面（牆和天花板）。當你戴上眼鏡時，你看到的第一個東西將是一個具有同樣維度的你的客廳的另一個版本。無論客廳裏的東西在什麼位置，它在虛擬世界中都會有某種對應物。對應客廳裏的椅子所在的地方，虛擬世界中也會有某個東西在那裏。那裏可能不再是一把椅子 —— 雖然很可能就是一把椅子。家庭實在機器將會造出一個替代物，目的是防止你撞到東西上。還會有一些原始的簡單工具供你使用。舉例說，計算機中將會有聯繫人名錄的對應物，當然，它們看起來並不像一本名錄。它們可能是巨大的格架，裝設一百萬英里寬的格架結構，但是重量非常輕，你能夠自己拖過去，用它們歸檔各種不同的物體，做成一個真正的你可能去探究的不同物體的博物館。你可能將其中之一放到你的房間裏展覽。你還非常可能有很多圓筒形的頭套，無論什麼時候你將其中的一個戴到你的頭上，你就發現自己轉換到另一個世界或者另一個宇宙中了。類似的情形將會有很多。

AH：這些頭套會是你自己創造出來的東西或者它們將以軟件包的形式出現嗎？

JL：一開始會有一些。它們將被用戶團體在一定的時期內公共地創造出來，我們中間的一些人將會開始做這樣的事。過些時日，你一定會做出你自己的來。但是你必須記住的是，虛擬現實是一個比 Macintosh 等更寬廣的概念。它的目的將是一般的人與人之間的聯繫，而沒有這麼多種類的工作要做。Macintosh 台式機被設想為一種桌面工作的自動化的工具，因此他們使用桌面的比附。很明顯，它相當恰當並且非常成功，他有一個在文化層面的匹配。虛擬現實被設想為實在的擴展，為人們中的大多數人提

供另一種實在，使他們共享經驗，因此最常見的比附是像汽車、遊記、不同的國家、不同的文化之類的東西。

舉個例子說，你很可能有一輛虛擬汽車，你能夠駕駛它到處遊逛，即使你實際上是在一個固定的地方。它將穿越不同的虛擬現實疆域，這樣，你既能夠繞過它們 —— 也許這就是交通轉換站。因此你就可以有地理上的比附。很可能發展出新的地理構架，比如說 —— 有一個虛構的行星，那裏有新的大陸，你能夠投身進去發現新的實在。在虛擬現實發展的早期階段，你只能在進入其中後才能看到虛擬現實。到了後來，將會有更複雜的虛擬現實，在那裏你能夠將虛擬物體和自然物體混合起來，這樣你就能在一個混合實在中生活一段時間，並且你能夠看見你的自然環境，好像你是戴着太陽鏡似的，但是也會有非自然的物體混在其中。那將是更靠後的階段。我們已經開始發展技術做這些事情，但是這是一個巨大的工程，完成起來更複雜。

在虛擬現實中，任何工具都是可能的，那裏將會有一些絕妙的工具。在虛擬現實裏，你的記憶能夠被外在化。因為你的經驗是計算機產生的，你當然可以把它保存下來，因此你可以在任何時候播放你過去的經驗，這些經驗都是以你的視界為出發點的。假定如此，你能夠組織你的經驗並且利用你的經驗，利用你的被外化了的記憶，作為你將在 Macintosh 中稱為「發現者」的東西的基礎。這將是非同尋常的事情，你可以將整個宇宙放進你的口袋裏，或者你的耳朵後面，並且隨時可以把它們掏出來查看。

AH：從技術程序上講，你如何着手播放你的記憶？

JL：你實際上要做什麼？瞧，這是非常個人的決定。在虛擬現實中你必須理解這一點，每個人都可能擁有非常具有個人氣質的工具，這些工具甚至是他人看不見的，但是這是共享實在，我們關心的要點是，你可以使用你的工具施加影響，這就是最重要的事情所在。而且互相看見對方的

工具也是件很爽的事；這是很親密的情形，也很有趣。要是我的話，我可能會把我的記憶的方式弄成 …… 我想我會把它們藏在我的耳朵後面。我想像把手伸到耳朵後面，把它們拉到眼前，然後，我會突然發現自己正戴着我本來沒戴着的雙光眼鏡。在眼鏡的下半部分我看到了虛擬世界，它似乎是被共享的；而在上半部分，我正在查看我的過去的記憶。當然，這不是真正的雙光眼鏡。從現在起，無論何時我談到某樣東西，我都是指虛擬事物，而不是自然事物。那裏將會有一個機器，它看起來像是驗光師用的機器，你能夠從那裏彈出一些小的鏡頭到空中；那裏將會有這樣一個機器浮出來到我跟前，我能夠彈到空中的每一個鏡頭過濾出我的歷史的不同方面。一個會說，「好啦！濾出不在這個房間裏的所有東西」。另一個會說，「濾出不和這個人在一塊的任何東西」。還有的會說，「濾出不涉及音樂的所有東西」，等等。當我將所有這些濾片彈到空中時，我便會有關於我的越來越窄的歷史的視域，因此我看到的歷史就會越來越少。

我可能會以不同的方式命令另外的濾片彈到空中，我可能願意按照經驗它的時間先後命令它，或者我可能願意按照它在虛擬地理空間的位置遠近把它播放出來。然後我有一個小裝置，一個我能夠把我的記憶向前或向後調節的旋鈕，我可以同時彈出濾片。這些濾片也可能改變它們呈現的方式，比如說，它可能使特定種類的東西變得更大更亮。如果我只是想從過去找出樂器，我可能貫穿我的歷史前後搜索，樂器將非常容易找到，因為它們會更大更亮，而它們仍在原來的背景中，因此我依然能夠依靠我的內在記憶 —— 它在背景下記錄東西。當然，我有點將事情簡單化了，因為我現在只是使用虛擬現實角度的話語。我將有同樣的可觸知和能發聲的記憶。然後，如果我看到我想帶到當前實在中的東西，或者如果我看到一個舊的記憶，我想同現在身邊的人們以不同的方式重新體驗它，我能夠把它從裏面拉出來（只不過將手伸到那個記憶裏把它拉進當前情境中）或者我們全部能夠爬進記憶裏去 —— 兩種方式都行，這無關緊要。

AH：所有這些記憶如何從你的腦海中弄出來進入虛擬現實？

JL：他們從來就不在我的腦海裏。你知道，他們是外部實在的記憶。讓我們假設你正在虛擬現實中進行幾分鐘的體驗，也許你正坐在土星的光環上 —— 無論你是在做什麼。為了讓你感知到你所感知到的一切，為了感知你看出去的空間的寥廓，以及你回頭望到的一個巨大的土行星等等，為了感知到這些，家庭實在機器會模擬出這些感覺。它在產生你在眼鏡中看到的圖像，它也在產生你從耳機中聽到的聲音，它還在產生你在手套內側感覺到的質地。它完全能夠像儲存任何其他的計算機信息一樣把這些儲存起來，它們就在那裏。你完全可以播放你經驗過的東西，經驗成為你能夠在計算機文件夾中儲存起來的東西。

我知道這聽起來可能很可怕。我是第一個對以信息代替人類經驗的恐怖提出警示的人。我認為信息就其本身是一個可怕的概念，它剝奪我們生活的豐富性。它剝奪我們每一分鐘的歡樂活動和下一時刻的神祕性。不過，外部經驗不是內部經驗，虛擬現實的外部經驗真的就是計算機的文件夾。道理就是如此簡單。原因是整個事情的運作在於，從一開始，你的大腦花費很大力氣使你相信你就在一個連貫的實在中。你能夠在物理世界中感知到的實際上是非常不連貫的，你的神經系統做的許多工作就是在你的感知中掩蓋這些裂隙。在虛擬現實中，這是大腦為我們工作的天然傾向，一旦那裏有一個開端，大腦將傾向於認為物理世界或者虛擬世界就是你身在其中的實在。但是一旦大腦認為虛擬世界是你身在其中的實在，突然之間，似乎這項技術運作得更好了。各種各樣感知的幻覺活動起來掩蓋技術中的瑕疵。世界突然變得比其原應是的更加生動逼真了，你感知到原本並不存在的東西，你感知到物體的抵抗力，當你試圖推動它們時，才發現事實上那裏根本就沒有物體，等等，諸如此類。

絕對物理學

AH：為了界面互動，你能不能在你的浸蘊環境中相互交談？當前的聲音識別技術好像並不怎麼樣。

　　JL：你能夠相互交談，這將是一件很棒的事，但是這根本不是核心問題。事實上，這是相當表淺的東西，至少從我所想像的虛擬現實來看，我相當確信這不是它的一個非常重要的層面。這得花一點時間解釋為何如此，但是我認為應該解釋！關於虛擬現實有幾件特殊的事情要記住，正是這幾件事情才使得它很重要。一是這是一個實在，在其中任何事情都是可能的 —— 只要它是外部世界的一部分。這是一個沒有限制的世界，一個像夢一樣沒有拘束的世界。這也是一個像物理世界一樣可以共享的世界，它和物理世界一樣是共享的和客觀實在的，不多也不少。確切地說，它是如何共享或者怎麼實在，還有待探討，但是無論物理世界有什麼東西，虛擬現實也會有什麼東西。關於虛擬現實，最精彩的是你能夠在虛擬現實中虛構實在並且與他人共享。就好像有一個合作運演的透明的夢，就好像我們有着共享的幻覺，除了你能夠像創造藝術作品一樣創造它們外，你能夠從根本上以任何方式構思這個外部世界作為一種交往活動。

　　問題在於：這麼說吧，假如你有一個你能夠改變的世界，你如何改變它？你僅僅向它說話它就變成你吩咐它成為的樣子了嗎？或者你還要做點別的？現在看來，你如何能通過談話改變這個世界，這還是一個真正的限制。舉個例子說，想像你正試圖教一個機器人安裝汽車引擎，你對這個機器人說，「現在好了，把這塊和那塊連接起來，上好螺栓，等等。」你能夠在一定程度上成功，但是對於一個人你真的做不到這樣。你必須向他們顯示一番，你不能用語言來運轉這個世界。語言是非常有限的。語言是穿越實在平原的一個非常非常狹窄的溪流，它遺漏許多東西。這首先並不是因為他遺漏了一些東西，而是因為語言都表現為由離散符號組成的川流而不同於由連續體和各種姿態構成的世界。語言能夠表達關於世界的東西，但是詞語不能完全描述繪畫，也不能完全描述實在。你只能通過僅存在於虛擬現實中的特種物理學來探查實在，這就是我所謂的絕對物理學。前段時間我一直在做軟件，它將能夠使絕對物理學在虛擬現實中生效。現在暫且回到物理世界，在物理世界你只有很少的東西可以快速變化，作為進行

交流的方式。大多是你的舌頭，其次就是你身體的其餘部分。你的身體基本上就是你能夠進行實時交流的物理世界的幅度，但是你能夠如你想像那樣快地同它交流，這就是用身體交流的方式。然後，要想繼續改變物理世界，你需要工具。你可以旋轉開關把一個黑暗的房間突然變亮，因為那裏有個開關。物理世界的技術的大多數功能是以這種或那種方式擴展人的身體，這樣它就可以作為人類活動的媒介。問題是，你能夠擁有的這些工具種類是非常有限的。你不可能只用一個電燈開關就把白天變成夜晚，或者用一個把手將房間突然變大或縮小。你可能會有工具給你的臉塗上顏色，但是沒有工具能把你從一個物種變成另一個物種。基本說來，所有那些絕對的物理學就是指從根本上包含任何種類的因果關係的物理學，因此你能夠擁有所有的這些工具。一旦你有了這些工具，你就能開始使用你在虛擬現實中選擇的無論什麼樣的身體，使用這些工具以各種各樣的方式快速地改變世界。然後，你就有了能夠即興創造實在的觀念，這是虛擬現實最令我興奮的事情。

AH：這個界面看起來像什麼？如果我想把這個茶杯變成綠色的，我要做什麼才能使它變綠？

JL：有很多方式，不止一種。有一百萬種方式可以使這個茶杯變綠。你可以虛構出新的茶杯，你可以改變放在那兒的那個茶杯。瞧，你用來改變實在的工具是有點個人性的。在實在中，改變的結果是更社會性的東西。對於這個人們會帶些氣質特點，這將是某個人個性的一個方面。你必須理解這些工具是什麼，在虛擬現實 …… 事物是大不相同的，你身邊始終能夠有各種各樣的工具。事實上，記憶在虛擬現實中是外在的。你有一個你的生活的影片，你隨時可以把它拉出來。裏面有你曾經使用過的所有工具。你可以很快地找到他們，你會有各種各樣的工具。現在，你將這個茶杯變綠的方式可能是用某種小的塗色設備。我將擁有的這種塗色設備是一個小棒一樣的東西，我撿起的一個小棱鏡。我轉動它，它向我的眼睛反

射出彩虹。無論何時，只要顏色看起來合適，我就會握緊它，無論它隨意指向什麼，它指的東西就會變成那個顏色。這就是我個人的方式；你可以使用完全不同的其他方式。

廣播媒體和社會媒體

AH：現在，我們正在目睹外部世界中的共識實在的終結，由於社會的大部分沒有關於實在的共同觀點、共有假定，它的政治反響似乎相當令人恐懼。虛擬現實不會進一步削弱共識實在嗎？

JL：這是一個具有多重角度的複雜問題。我來談談幾個吧。其一，要理解共識實在與虛擬現實的觀念屬於兩個不同的序列，這是很重要的。共識實在包括一系列主觀的實在，而虛擬現實僅屬於客觀的實在，也就是說，後者是外在於感官的共享的實在。但是這兩者之間在多種層次上發生相互作用。另一個角度是理想上的，我可能希望虛擬現實為西方文明的許多人們提供一個接受多樣實在的體驗，這種體驗在其他情況下是被拒斥的。地球上的大部分社會都通過某中獨特的方法來在不同的時候去體驗極端不同的各種實在，這包括宗教儀式及其他各種各樣的方式。西方文明傾向於排斥它們，因為那是一些小伎倆，我認為虛擬現實不會被排斥，因為這是終極的伎倆。在許多方面，它都是玩意伎倆的極致實現。我認為它將為西方經驗帶回一些曾經迷失的東西。

至於為什麼如此，那可是一個大的話題。它將帶回某種共享的神祕的彼岸性的實在感受，這種感受，對幾乎每個其他還沒落入巨大的家長式權力統治之下的文明和文化，都是非常重要的。我希望，這可能導致某種意義上的寬容和理解，但是，這裏還有更加豐富的內涵。我經常擔心，這是一個好的技術還是一個壞的技術？對此，我有一個小的試金石。我認為，如果一個技術提升了人的力量或者甚至人的智力，並且這是它唯一的功能，則它從一開始就是一個邪惡的技術。我們已經有足夠的力量和聰明去實現很多東西，我們的所有問題都是在這一點上自我生發出來的。另一方

面，如果這項技術有一個**趨勢**促進人們的交流、共享，則我認為它是一個大體不錯的技術，即使它可能在許多方面被不恰當地利用了。我經常舉出的例子是，電視是壞的而電話是好的。我可以一直這樣繼續下去。

我希望虛擬現實提供更多的人與人之間見面的機會，它趨向於培養同情，減少暴力，雖然那裏肯定沒有最終的萬能藥。人們不得不成長，這得花很長的時間，非常長的時間。那裏也有一些其他層次的相互作用。你瞧，虛擬現實一開始是作為媒體出發的，就像電視或者計算機或者手寫的語言，但是一旦它被應用到一定程度，它就不再作為媒體了，而是完全變成我們能夠棲居的另一個實在。當它跨越了那個邊界時，它就成為另一個實在。我認為它就像一塊海綿，把人類的活動從物理實在的平台吸收到虛擬現實的平台。這種轉移在多大程度上真正發生，就在同樣的程度上呈現出一種非常有益的不對稱關係。當虛擬現實從物理的平台吸收了有益的能量時，則你所抵達的虛擬現實成了美麗的藝術、精彩的舞蹈、出色的創造性、完美的可以共享的夢幻以及激動人心的冒險。當虛擬現實從物理的平台吸收了壞的能量時，我們在物理層面得到的是一些或多或少減小了的強力和傷害，而在虛擬現實層面的相應的事件雖然可能更為醜陋一些，但不會有任何實際後果，因為它們是虛擬的。

芭芭拉·斯塔克（Barbara Stack，以下簡稱 BS）： 除非它們被組織起來，不過這樣一來就變成教化宣傳的工具了。虛擬現實不見得是無後果的設置吧？難道它不會使參與者變得更加野蠻嗎？

JL： 哦，物理實在是悲劇性的，因為它具有強制性。而虛擬現實是多重渠道的，人們可以選擇並變換他們所在的虛擬現實平台。他們也可以簡單地脫下他們的緊身服配置，如果他們想擺脫它的話。你很容易將物理世界視作理所當然，從而忘記你就在物理世界裏面。（好，這是一個有待解釋的困難的評論。）但是，當你進入虛擬現實時你很難忘記你是在虛擬現實之中，所以你也不容易在這裏面遭罪。你可以乾脆就把緊身服配置脫

下，輕易離開它。

AH：縈繞我心頭的圖像之一，是我在成長期間看過的《貓和老鼠》（*Tom and Jerry*）卡通片，那裏有一個可選擇實在，你能夠看見某人被蒸汽壓路機壓扁，然後砰地爆裂，然後又成為一個完整的人。我認為那裏吸收了許多想像王國裏讓我們目瞪口呆的東西；我們已經成為不知道別人痛楚的一代。

JL：虛擬現實與電影或電視的情況非常不同。我將要說一些繞圈子的東西，但是它正好回到你提到的這一點上。電影和電視首先是廣播媒體，因此一個設備必須產生你看到的影像。而且，生產這種影響是非常昂貴的，因此很少人能夠有機會去做。因此，要製作這種影像變得超格外不現實，從而大家看到的都是一樣的東西。它對人們有麻痺作用，並且鈍化人們的同情心。電視極大地削弱人們的同情心，是因為人們在這個世界中不再相互作用或者承擔責任或者直接相處。美國人在看電視上所花費時間的令人震驚的統計資料，能夠在很大程度上解釋我們在這個世界中的活動和我們同情心缺少的原因。人們寧願花更多時間觀看電視，這對社會來說是毀滅性的。此時他們不再是一個有責任感的個人或社會人，他們只是被動地接受媒體。

現在，虛擬現實恰好相反。首先，它是像電話一樣的網絡，沒有信息起源的中心點。但更為重要的是，在虛擬現實中由於沒有任何東西是由物理材料製造的，一切全是由計算機信息構成，因而在創造任何特殊事物的能力方面沒有人能夠比其他人更優越。因此，不需要錄音室之類的東西。當然也可能偶爾需要一個，如果有人擁有更強大的計算機產生某種影響，再或者有人將擁有一定天才或者聲望的人召集到一起。但總的說來，就創造能力而言人與人之間並沒有什麼與生俱來的差別。這意味着將存在着這樣一個不同形式的混雜。那裏將會有介入虛擬現實製作的電影工作室，但是我認為如果有的話，更可能是一些像「實在行吟詩人」那樣的小企業

家在旋轉的實在中旅行。將要出現的是這樣一個巨大的形式變化，即「東西」將變得廉價起來。基本說來，在虛擬現實中一切都是無限供給的，除了那種最神祕的東西，即那被叫作「創造性」的東西。當然，還有時間、健康和其他那些依然真正內在於你身體中的東西。但是就外在的東西而言，它們是無限的、精彩的、豐富的、變化多彩的和等價的，因為它們都能夠被很容易地製造出來。因此，真正有價值的東西、作為一個虛擬現實背景下的突出位置的引人注目的東西，與物理世界中的引人注目的東西相比是大不相同的。在物理世界，一點點的超越或新奇常常使事物格外引人注目。一千美元鈔票在物理世界中會很突出，但在虛擬世界裏，一千美元和一美元鈔票是沒有什麼區別的；它們僅僅是兩個不同的圖案設計，它們都可以變成你能夠讓它們成為的那樣多。他人的參與是虛擬現實這個聚會場所的生命。他人的參與，使虛擬現實獲得無窮魅力並展示出獨一無二的品性，他們使得虛擬現實充滿令人驚奇的未知和驚訝。人的個性將更加突出，因為表現形式會變得如此廉價；由於表現形式如此不費力氣，人的個性將更加得到彰顯。

　　我們可以做一個有意思的簡單的實驗。先觀察一個人看電視，他們看起來像一個沒有靈魂的人偶。然後再去看一個人使用電話，他們看起來充滿了生氣。不同之處在於一個是廣播媒介，另一個是社會交往媒介。在社會交往媒介中，它們同人們相互作用。虛擬現實正如此，並且比任何曾經有過的其他媒介更加如此，包括像口頭語言之類的東西，我認為。這樣你將看到人們被調動起來了。當人們進行社會互動並且能看見對方時，尤其是在如此「透亮」（就在這個意義上來說）的背景下……由於所有的形式都是可變化的，虛擬現實世界異常地缺少階級或種族差別或任何其他形式的妄自尊大。在虛擬平台中，當人們的個性相接觸時，他們拋棄了在物理世界的一切裝模作樣，我想這將是一個大大改善交流與強化同情心的非凡工具。在此意義上，它將對政治具有正面的影響。你不能真正地問虛擬現實的用途是什麼，因為它實在太大了。你可以問一把椅子的用途是什麼，因為它很小，可以有一個用途。有些東西是如此之大，以至於它們成為了

背景，或者成為問題。

AH：這就是我們所說的範式轉換。

JL：我認為，虛擬現實將產生、提高並且在某種意義上完善文化的後果。我的觀點是，我們的文化已經被技術難以置信的影響變態地扭曲了，不過，這是在技術還相當不成熟的時候。我的意思是，電視是一個不可思議且反常的東西，它將作為二十世紀的一個奇異技術被記住，羅納德·里根只能存在於電視中。我們必須記住，我們正生活在一個非常奇特的泡影中。虛擬現實，通過創造一個普遍到足以更像一個實在，其次才是技術的東西，幾乎結束了一個時代。我認為擁有虛擬現實的理由是無所不包的。它是消遣，它是教育，它是表現力，它僅僅是純粹的工作，它是療法——所有這些東西。所有這類你將在語言或物理實在或任何其他非常廣博的人類追求中發現的東西。

AH：在過去幾年裏有許多不確切的關於蓋婭的討論，說我們的星球是一個有機體。我們能夠用什麼樣的觀點看待虛擬現實變成那種有機體的外在化的意識？

JL：這是一個有趣的問題。虛擬現實代表着，在自然呈送給我們的神祕秩序之上的一個新的神祕。這是一個謎，因為它完全是人工製造的，在此，正是在虛擬現實中的參與者之間的交互作用點上，這種神祕才被創造出來，他們將這一混沌狀態創造性地轉換成為一個全面的值得去經驗的實在。我自己並不認為機器能成為有意識的，這不是說我反對這種觀點；我只是認為這個問題一開始就問錯了。但是我的確認為那裏將會有一個新出現的社會意識，它只依靠虛擬現實的媒介就能存在。虛擬現實是第一個恢宏到可以不對人的本性的發揮施加限制的媒介。它寬廣到可以接納我們的天性的任何部分，讓我們不加限制地生活在其中，這是以往任何媒介都

不能勝任的。它是我們能夠在其中展現我們的本性、相互展示我們的整個本性的第一個媒介。事實上，這些都是相當含糊的，因此讓我們這樣來說，當我們能夠自己製造自然時，我們就可以移情於自然，並且充分地欣賞它。

在我們現有的這個文化中，我們已經將自己同自然隔絕開來。我們的自我對於我們是非常重要的，我們乾脆把自己從環境以及全部生活之流之中分離出來。將要發生的是，在虛擬現實中我們將重新創造這種生活之流。這種生活之流無論在何處都是同一個流，因此我們在虛擬現實中創造的將既是一個新的流，也是同一個永恆之流的一部分，我們將突然成為……瞧，現在那裏有一個反對意見。我們在這個世界的威力、我們的行動產生的影響，一直都是通過對物理質料下手才辦到的。我們以這種方式對自然事物施加影響是非常慢的，因此，為了避免白費功夫，我們不得不限制我們的行為方式。現在，在虛擬現實中，我們突然變得有力量了，因為我們能夠無需那種限制而行動。它容許我們不只是希望我們像上帝那樣行為，它使得我們實際上就像上帝一樣行為，儘管是在模擬的世界中。但這真的是無關緊要的，因為這個模擬的確重新創造了一個同物理世界所為我們扮演的一樣的角色（它是一個外在的共享實在）。它將我們同自然之流重新結合起來。因為終極地看，我們創造的一個新的流只是同一個自然之流出現在一個新的地方。我們將非常留心它，因為我們將能夠感到在這個世界我們威力無比，而我們在物理世界卻感覺不到這種威力。我們偶爾也可以用用原子彈，但我們要做得幾乎就是這些。這實際上是非常有限的，我想這令我們感到非常灰心。我想我們都感到就像自己剛剛出生時那樣：我們想做的是如此之多，但是我們能做的卻如此之少。我們能夠做到的就是尖叫，然後我們學會說話，接着可能我們學會一些技術，能夠對世界做更多的東西，但是我們從未克服這種可怕的受挫感：我們不能把我們周遭的與他人共同分享的世界像我們的想像一樣隨我們的心而變動。這是如此地令人灰心喪氣！我們屬於這個世界，我們在這個世界中行動，但我們卻被限制在其中。

當然，虛擬現實只是讓我們暫時突破了某種限制。我們仍然依賴於我們的物理身體而存活，我們仍然是有死的。它可能在一定程度上還突顯了我們的必死性，從而使得它比現在更難叫人忽視。人們想像虛擬現實是一個逃避主義的東西，在那裏人們將更加脫離現實，更加感覺遲鈍。我認為事實恰好相反 —— 它將使我們強烈地體會到在物理世界成為人的東西是什麼，這是我們現在一直誤解的，因為我們如此地浸蘊於其中，而不知其廬山真面目。

硬件

AH：這些要通過電話線連接起來嗎？

JL：絕對要。很明顯，我們不是說現在的電話線，而是未來的電話線，因此整個計劃不是下一年將要發生的東西。這要等到光纖維電話線配置進入到美國家庭，但是這已經有了開始，有相當數量的線路已經安裝好了。我要為帶有技術眼光的讀者指出，虛擬現實要求的帶寬實際上是相當低的，因為你僅僅同數據庫裏的變化交流信息；你實際上不必通過電話線發送圖像或聲音。因此這實際上是較低的帶寬通訊。幾乎現在的電話線就可以使用。事實可能是，如果你有幾個而不是一個，你可能已經具備初步實現的條件。因此，在實現這項技術上，這不是一個主要瓶頸。

AH：你能粗略描述一下現在這些東西的基本模型，以及沿着這條路還要走多遠，我才能在自己的家中擁有一套虛擬現實設備？

JL：哦，現在還太早。我們所處的虛擬現實的階段，類似於計算機科學在其最早期所處的階段。虛擬現實所處的階段，或許類似於計算機科學回到 1958 年或 1960 年那時的樣子。系統的建立是相當大的工程，它有特殊的用途。只有龐大的組織機構能夠負擔得起。但是這將會改變，虛擬

現實的發展變化比計算機的發展變化更快，第一個耳機、頭鏡在 1969 年由伊萬・薩瑟蘭（Ivan Sutherland）發明出來，他也是計算機圖像技術的奠基者。實際上，人工智能的奠基者馬文・明斯基（Marvin Minsky）在 1965 年做過一副，不過真正將整個事情進行下去的是伊萬・薩瑟蘭。手套首先由湯姆・齊默爾曼（Tom Zimmerman）發明出來。現在的手套是由揚・哈維爾（Young Harvel）設計的。這些人都來自 VPL。現在，所有這些我描述過的基本元件都有了，雖然它們還處在相當原始的階段。總的系統也開始工作了，雖然是以相當原始的方式。這類設備的最尖端技術大概被緊鎖在軍工工業締約公司的大門的後邊，這些公司的人員根本不會出來談論他們的祕密。作為一個完整系統工作的最有趣的一個，是在美國宇航局的 Ames，被稱為 View Lab。它是由邁克・麥格里維（Mike McGreevy）和斯科特・費希爾（Scott Fisher）合作裝配起來的。

　　VPL 有一些精彩的驚喜等待着你，但是這些引人入勝的東西還沒有到被公開的時候。幾年之內，你將可以開始體驗虛擬現實。在大學裏將會有虛擬現實房間，學生們可以在裏面做項目。我想將會有相當引人注目的熱鬧的遊樂園乘坐項目，這不值得我們費心考慮。我想到過這麼一個主意，開放一個虛擬現實大廳，它將是比較文雅一些的。它有點像一個沙龍場面，在那裏人們可以進行虛擬現實交談，並有一些原始的經驗，不過這些經驗是合作互動的。這不能搞成像一個遊樂園，不能設計出一些愚蠢的經驗內容，比如讓你喝某種軟飲料、看某部電影、買某件衣服等。相反，這更像一個虛擬沙龍。我想這將是非常棒的，或許幾年後我們將看到這樣的東西。我這樣希望，也這樣認為。說幾年是有點含糊的，但是我不得不這樣說，因為有這麼多的未知數。但是在三到五年後，讓我們這樣說，這些東西將到處都是。它們會非常昂貴，因此不可能進入你的家庭，但是許多人將可以通過那些機構和企業體驗它們。另一方面，Mattel 已經從 VPL 得到生產數據手套的許可，這是價格便宜的被用作 Nintendo 遊戲的手動控制器的東西。要說你的家庭擁有它們，我看這大約要到 20 世紀末，到那個時候才能實現。可能你不必自己買回整套的裝備，而這整個過程可能

只是通過電話公司來完成的。他們將會擁有全部服裝或者他們有一部分，而你有另外一部分。現在它還相當昂貴，但是到了世紀的轉折點，我認為它不會很貴了。你將為你使用的時間付費，這很像電話採用的方式。從商業的觀點看，我認為電話是極其類似的一種技術。現在電話機是如此便宜，你乾脆就把它買回來。但剛開始的時候，電話公司持續擁有這些電話裝備，他們只是通過你的話費賬單賺你的錢。

　　幾年後，我們將看到醫用虛擬現實，在那裏殘疾人能夠體驗和他人相互作用的整套動作，不能動或者癱瘓的病人將能夠體驗到一個完好身體的運動狀態。另一個醫療用途是擁有外科手術模擬裝置，這樣，訓練外科醫生就能夠像我們現在訓練飛行員一樣，無需拿活人來冒險就可以進行學習和操作。當然，外科醫生可以用屍體來練習，但這是不同的東西。屍體與能夠真正有反應的身體不同，後者會真的流血，但在一具屍體上你沒有出同類差錯的可能。有一些人正積極地從事這項研究工作，如斯坦福的喬‧羅森（Joe Rosen）博士和羅伯特‧蔡斯（Robert Chase）博士，他們都從不同的角度研究這個問題。喬‧羅森可能還作為神經芯片的發明者早就為一些人所熟知，不過那是另外的話題了。

　　另一個領域是微型機器人，它們能夠進入人體內，它們將會有顯微鏡照相機和小手。你可以將你的活動傳輸給機器人，機器人將把它的感知傳送給你，這樣你就會有在病人身體內的感覺，從而完成微型外科手術。事實上，有一些人現在正在致力於這一技術的探索。我確信當前的這些嘗試還沒有一個算得上是成功的，但是已經有人在試圖做這件事，我相信有一天我們將會見到成果，我想到 20 世紀末就能完成。

　　BS：當我考慮到，在一個以我們見證着的方式發展着的社會裏，我想要什麼樣的晚年以及什麼樣的晚年將是可能或可行的時候 …… 如果我不得不被鎖進一個非常小的房間裏，我就會想被鎖進這樣的房間，在這個房間裏有很多我鍾愛的機器。因此它多少會使我們的晚年活躍一些，在這個過程中，我們不是同碰巧在這個社區留在家中的人聯繫，事實上，我們

是在遍及世界的我們想聯繫的人們聯繫。但是另一方面，這將為他們把我們管起來提供了一個好的藉口，因為畢竟，我們得到了我們的機器。這將是一個對付我們的廉價方式……

JL：是的，這當然是一個可怕的設想。我告訴你最生動的虛擬現實經驗是離開它回到自然世界時的體驗。因為在進入那種人工的實在之後，隨着內在於其中的所有限制與相關的神祕性的喪失，仰望自然就是直接仰望阿佛洛狄忒[1]（Aphrodite）本身；它在直接感受一個美的對象，此感受的強烈程度是前所未有的，因為我們以前沒有某種作為與物理實在相對照的另一種實在的體驗。這是虛擬現實給我們的最大禮物之一，一個被復甦的對物理實在的察知。因此，我不確定要說什麼。我確信壞的東西將會伴隨虛擬現實出現；可能會有某種痛苦作為它的一部分，因為它是一個非常大的東西，而世界可能是殘酷的。但是我認為總的來說它傾向於增強人們對自然、對保護地球的感受性，因為他們將會有一個對比點。

後符號交流

AH：虛擬現實能夠與一個帶有類似於 Xanadu 的世界知識的數據庫進行界面互動嗎？

JL：哦，虛擬現實提出這一問題：「什麼是知識和什麼是世界？」一旦世界本身成為可改變的，它就變成即時性的了，在某種意義上描述成為過時的東西。但是這就進入了另一領域，可能要花較長時間敘述。簡單地說，有一個觀點我非常感興趣，稱作後符號交流。這意味着在虛擬現實中，當你能夠如你所能地即興創造實在並且與他人共享時，你真的不再需要描述這個世界，因為你完全可以製造任何可能性；你真的不需要描

1　即愛與美的女神 —— 譯者註。

述任何活動，因為你能夠創造任何活動。是的，那裏將會有類似 Xanadu
一樣的知識數據庫，但我還是認為 Xanadu 概念仍然將知識與世界分隔開
來。Xanadu 仍然是將網絡中的描述聯繫到一起的一種方式；它仍然是非
常描述化的。虛擬現實真的開闢了一個超越描述的疆域，它超越了描述的
概念。

　　AH：在我看來，似乎這將會是不錯的設想 —— 讓我們擁有一個巨
大的知識庫，把來自歷史的偉大思想和圖像輸入其中，從而成為我們創作
虛擬現實的原材料資源。

　　JL：絕對如此，絕對如此。這將是非常精彩的。

　　AH：僅將其看作舞台背景而已。作為遺產，我們擁有這些佈景、道
具和服裝。

　　JL：是的。虛擬現實是非常普遍的東西，它能夠做許多事情。你可以
虛構一個虛擬的 Macintosh，它將像真正的 Macintosh，或者一本書、一個
圖書館、一個梵語經文、便箋簿或任何其他東西一樣起作用。它將完成所
有這些事情，並且所有這些像物理世界中的事物一樣活動的虛擬現實中的
事件與結構是非常重要的，因為它們發揮的是橋梁作用。我認為它們將是
必不可少的。事實上，我將要告訴 Xanadu 的人們關於作用界面的事情，
了解清楚我們正在做什麼以及他們正在做什麼。這樣，我們從出發點開始
後將會有一座橋梁。我不知道他們對這些東西有何感覺，但是我認為從虛
擬現實的觀點看，Xanadu 可能會成為一個從虛擬現實到物理世界的標準
作用界面，因為它將有物理世界中的最好的描述庫。計算機依靠描述而存
在。然而，我們不會。

　　讓我們假設你乘坐時間機器回到正在醞釀語言產生的最早生物的時
代 —— 我們的遠祖時代，然後給他們穿上虛擬現實服裝。他們還會發展

語言嗎？我懷疑不會，因為一旦你可以以任何方式改變這個世界，這是絕對的權能和口才的表達模式，它使得描述好像有點受局限了。我不完全知道這意味着什麼。我不知道直接的實在化通訊會是什麼樣子，沒有符號的實在即席創造會是什麼樣子。我懷疑是否我們能夠永遠地把符號拋之腦後，因為我們的大腦已經發展得適應於符號；你知道，大腦有一個語言皮層。所有單個符號都是我們所感知的指謂其他事物的東西。因此每一個符號至少有一個雙重本質，一個是當你不把它理解為一個符號時它自身所是的東西，另一個就是它意指的東西。比如說在一首詩中，既有這些詞語作為一個集合所指謂的東西，然後也有內在的節奏和印刷格式以及所有其他作為一個人工品的非符號層面的東西。甚至那些東西也可能有符號的層面。舉例說，一個鉛字組可能表示某個東西，但是它自身也是一個鉛字組。這變得有點複雜了；這給哲學家們提出了問題。我們簡直看不到可以用來進行大規模交流的非符號的方式，我們的生活正是圍繞符號建立起來的。關於符號我指的相當寬泛，包括手勢、圖畫和語詞。虛擬現實將開始一個全新的平行的交往之流。關於沒有符號的交流像是什麼樣子，我一直致力於一個全面的表述。它有一個不同的節奏。舉例說，在符號性交流中，你有着提問和回答以及限定着這一交往之流的模式機制。在虛擬現實中，由於人們是以合作改變一個共享實在作為交流的方式，你將擁有的是相對的靜態特性對非常動態的特性的結點。那會是在世界被快速地改變和它有幾分安頓下來之間的這種節奏。這個節奏就好似語言中的一個句子之類的東西。在口頭語言中你會有試圖尋找下一個字句而暫時停頓的現象，並且在此時發出「嗯……嗯……」之類的聲音。虛擬現實中將會出現同樣的東西，在那裏人們將經歷一個從實在中出來的空白間隔，準備他們對共享實在的下一個改變。

　　我能夠指出在一般意義上它可能像什麼的大致方向，但是要想舉出完全生動貼切的例子來，很明顯這是幾乎不可能的。不過我會給你舉出幾個試試看。如果我們考慮這樣一個經驗，你正在向某個人描述某個東西——讓我們假定你正在描述生活在東海岸這些低劣的暴力城市裏是什

麼樣子，以及你對於生活在似乎相當安全和美好的然而相當乏味和茫然的加利福尼亞城市如何有一套完全不同的期待 —— 現在去描述那些東西 …… 我剛剛做過。我剛剛想出一些關於紐約和加利福尼亞的城市像什麼樣子的簡單的符號描述。在虛擬現實中，可能只要向來自另一個城市的另一個人播放一下這個人的記憶就行了。當你直接任意地招手，發出指令讓外部實在被播放、創造或者即興演練時，描述就非常狹窄了。現在描述還令人關注，是因為在它的狹窄性中它的確為詩意帶來了可能性，這大概是全面的後符號交流中所沒有的，在這裏你始終只能創造整體上的經驗。另一方面，在始終創造整體的經驗中，你可能會參與某種合作，在這種合作中你真的不能使用符號，在此人們能夠一起建造一個共享的實在。我認識到這些東西是很難描述的，這是正常的。我試圖描述的是超越描述本身的交流。這一觀點可能被證明是錯誤的；結果可能是，沒有符號和描述的交流只是一個可笑的想法和不明智的企圖。因此這真的是一個偉大的實驗，我想它將非常有趣。

　　當然，沒有符號的交流已經經常地發生了。首先，接受非符號訊息的最明顯例子是同自然的聯繫。當你走在森林中自然向你傳遞信息時，你的直接感知是完全先於或超越符號的。這是無需證明的，任何企圖反對這種判斷的語言專家都是不值得傾聽的。一個顯而易見的沒有符號的交流例子是當一個人移動自己的身體時的情形。你沒有向你的胳臂或手發送一個符號，你同你自己的身體的交流是先於符號的。一種最精彩和明顯的沒有符號的交流的例子是在清晰的夢境中。當你神志清醒地做夢時，你知道你是在做夢，你控制着夢。這更像是虛擬現實，除了它不是共享的以外。你與你的夢進行交流的方式是沒有符號中介的。在那裏你正編織着這個世界，編織着世界中的任何東西，這裏是沒有符號的，僅僅是使其如此罷了。但現在，當然，這些都是被提煉了的例子，是一些已經存在的被提煉的非符號交流例子。然而，全部生活當然已經被非符號交流深深滲透了。一本書有它的非符號層面；我的意思是，一本書是作為一件物體的一本書，它先於能夠被譯解的作為符號承擔者的一本書。一切事物都有符號的和非符號

的層面。一個事物不是一個符號；只是你能夠使用任何事物作為一個符號。你把一個東西用作符號時它才成為符號，但是每個事物也是其物自身；每個事物有一個基本的物體性。（像這樣的拐彎抹角的句子是導致我去尋求後符號交流的原因之一！）

AH：虛擬現實同賽博空間的圖景有怎樣的關係呢？關於後者，我們在近年的科幻作品中看到了如此之多。

JL：虛擬現實更好。我的意思是，賽博空間只是另一套東西，那裏有青少年的幻想的展開。在這些小說中，像《真實姓名》（*True Name*）和《神經漫遊者》等，人們不能用人工實在做任何特別有意思的事情。

AH：這就像 CB 廣播。

JL：正是。賽博空間就是虛擬現實的 CB 廣播。這是一個很好的比喻。它是一種沒啥內涵的應用。

AH：就人們在 D&D（龍與地下城，Dungeons & Dragons）遊戲中不得不幻想的自由而言，那裏所表明的想像力如何受局限是令人驚奇的。

JL：我完全同意。並且我相信虛擬現實中也會有世俗性，因為世俗性是人性的一部分。我不太擔心這個。虛擬現實的整個「經濟結構」的建立是強調創造性，因為它是 —— 正如我所說的 —— 供應短缺的唯一東西。在某種意義上它是真正存在的唯一東西。個性和創造性處處可見，並且形式將越來越不被注意，因為它們無處不在。

AH：那樣會把我們中的那些搬弄「質料」的人放到哪裏？房屋清潔將是怎麼進行的？

JL：哦，質料似乎會更加稀有，房屋會更髒，因為對比而言物理世界將顯得更擴展了。從根本上，我不是反物理世界者，也不是反符號交流者。我的意思是，我熱愛那些東西。

AH：你能想出一些與這樣的歷史開創性事件相關的歷史上有過的著名圖景嗎？

JL：噢，很多，很多。天哪，這也是一個巨大的問題。有這麼多，這麼多。有迷失的記憶的藝術、記憶宮殿。西方文化的大多數依賴於被想像的虛擬現實，在這些被想像的宮殿裏人們把他們的記憶懸掛起來作為藝術品。為了有一個回憶事物的方式，人們將記住他們的宮殿，在哥特堡之前這是一個非常重要的事。對於一個特殊文化來說，它像音樂或戰爭藝術一樣至關重要，絕對如此。記憶藝術好像逐漸消失了，因為它們變得過時了，但是它們像虛擬現實一樣引人注目。這讓我們想起了太多的東西，這實在是一個太廣闊的問題。我們試圖改變這個物理世界。我們已經強暴了這個物理世界，因為我們沒有虛擬現實。我的意思是，技術只是我們利用物理世界作為行動方式的一個嘗試。物理世界抵制它並因此我們有一直與我們相伴的醜惡。但是虛擬現實是這種類型的行動的理想媒介。總的來說，僅僅建築學、一般的技術現象真的是最明顯的先例，是我們改造物理世界以適應人類行動的需求的一種嘗試。這是最強大的先例。哦，如此之大。那時，第一次有人戴上顯現一種人工影像（眼前的物理世界裏並不存在的影像）的眼鏡 —— 我的意思是說我提到的那種被馬文·明斯基和伊萬·薩瑟蘭製造出來的眼鏡，是第一副有着計算機影像的眼鏡。然而，早在 1955 年，有人已經將立體照相機連接到帶有立體視屏的眼鏡上了。一些來自 Philco 的工程師把它裝配成一個潛望鏡一樣的裝置。有一個立體照相機裝在房屋的天花板上，你能夠通過它從房屋內部往外看出去。它有一個被限定的追蹤角度，因此你能夠有穿透房屋一邊看過去的感覺。這是非常令人激動的事情。現在可能還是。

AH：我可以想像，回到 20 世紀初，第一個看到其立體幻燈機的效果的人將會有什麼樣的激動。

JL：絕對是。那裏有如此多的先例。我想虛擬現實是一個文化高潮的主要中心點。我認為將會有巨大的事業通過它完成，還有巨大數量的東西能夠被看作為先例。

附錄二
虛擬現實未來發展的假想時間表
（不能被當作預測）

為了幫助我們理解虛擬現實概念，我在發表於《哲學研究》2001 年 6月號的《虛擬現實與自然實在的本體論對等性》一文中建造了如下的假想時間表：

第一階段：
從感覺的複製或合成到賽博空間中的浸蘊體驗

2001：眼鏡式三維圖像熒光屏再加上立體聲耳機被裝在頭盔上，用無線電波與計算機接通。

2008：人們戴上傳感手套後，手臂、手掌、手指的動態形象在眼鏡式熒光屏上出現，代替觸盤和光標。

2015：傳感手套獲得雙向功能，根據計算機的指令給手掌及手指提供刺激產生觸覺；視覺觸覺協調再加立體聲效果配合，賽博空間初步形成：當你看到自己的手與視場中的物體相接觸時，你的手將獲得相應的觸覺；擊打同一物體時，能聽到從物體方向傳來的聲音。

2035：壓力傳感手套擴展至壓力傳感緊身服，人的身體的視界內部分的自我動態形象在賽博空間中重現。人們感覺到自身進入了賽博空間，此空間以自己的視界原點為中心。

2037：傳感行走履帶或類似的設施與人的兩腿相接從而給計算機傳送人的行走信號，從而給「不出門而走遍天下」創造了一個必要的條件。

2040：整個人體的動態立體形象與環境中的其他物體形象相互作用，由此產生相應的五官感覺輸入。這樣，我們身體的動作導致視覺、聽覺等的相應變化使我們感受到一個獨立自存的物理環境：往前看是洶湧澎湃的大海，一轉身是巍峨聳立的群山，回過頭來一看還是大海，只是遠方剛駛來一隻讓人癡迷的帆船……

2050：錄觸機進入實用階段，利用壓力傳感服等裝備人們可以錄製、重放觸覺。

2060：賽博空間與互聯網結合，上網即進入賽博空間，與其他上網的人進行感覺、感情的交流，遠方的戀人可以相互擁抱。

2070：通過編程控制，人們可以在一定範圍內選擇自己的形象及環境的氛圍，改變感覺的強度。

2080：通過感覺放大或重整，人際交往的內容、感情交流的方式得到巨大的充實、改善。

2090：在賽博空間中的交往成為人們日常交往的主要方式。

第二階段：
從感覺傳遞的交往過程到遙距操作的物理過程

2100：遙距通訊技術與機器人技術相結合，浸蘊在賽博空間的人的視覺、聽覺、觸覺等由遠方機器人提供刺激源；一方面，機器人由計算機和馬達驅動，重複遠方浸蘊者的動作；另一方面，機器人通過與人的器官——對應的傳感器官與周圍環境中的物體或生命體交往而得到遠方浸蘊者所需的刺激信號。這樣，浸蘊者就產生遙距臨境體驗，也就是說，我將可以即刻到達任何有機器人替身的地方，而無需知道機器人的存在，因為在我的氛圍裏，我自己的身體形象代替了機器人的形象。

2150：機器人不但給遠方的浸蘊者提供感官刺激界面，而且重複浸蘊

者的動作主動向遇到的物體或生命體施加動作，完成浸蘊者想要完成的任務，也即我們常說的「幹活」。浸蘊者的行走動作是經過行走履帶給計算機輸送信號然後發射給機器人的，遙距操作初步實現。

2180：遙距操作發展到集體合作的階段：由不同的浸蘊者控制的機器人替身一起完成複雜的室內或戶外作業。

2200：遍佈全球的機器人替身可與任何浸蘊操作者一一接通。人們無需物理上的旅行就可到達各個地方，完成各種工業、農業、商業的任務。

2250：機器人分成不同大小和馬力的等級，浸蘊者可在這些不同等級的替身之間自動換擋連接，根據需要而達到功率或動作的放大或縮小。在浸蘊者的視場裏，物體的形象可以放大和縮小。於是，我要穿針引線時，針孔可放到房門那麼大，我可以拿着線走過去。我要把一架飛機用手拿起來，就可把飛機影像縮成玩具那麼小，並利用自動換檔系統接通大功率大尺寸機器人替身，從而輕而易舉地捏起飛機。

2300：人類的大多數活動都在虛擬現實中進行。在其基礎部分進行遙距操作，維持生計；在其擴展部分進行藝術創造、人際交往，豐富人生意義，通過編程隨意改變世界的面貌。

2600：在虛擬現實中生活的我們的後代把我們今天在自然環境中的生活當作文明的史前史，並在日常生活中忘卻這個史前史。

3000：史學家們把 2001 年至 2600 年當作人類正史的創世紀階段，而史前史的故事成為他們尋根文學經久不衰的題材。

3500：人們開始創造新一輪的虛擬現實 ……

附錄三
視覺中心與外在對象的自返同一性 *

　　現象學意義上的感覺對象的意向性構成，如果要與描述的範疇結構對應，必須以對象的自返同一性（reflexive-identity）A ≡ A 為基點。這意味着，一個對象要被認定，必須首先使該對象被認定為就是它本身，而不是任何其他對象。這樣，形式邏輯的同一律，才可以在有關對象世界的描述中生效。然而，對象的自返同一性的最簡單、無歧義的理想模型，就是對象的任一空間點的自返同一性。胡塞爾在《邏輯研究》中試圖在智性直觀中把握邏輯的同一律與意識的意向性結構之間的聯繫，梅洛‐龐蒂在其《知覺現象學》中對感官知覺的樣式與對象世界的本體論前提的關係有過一定的描述，但兩者都缺乏對空間點的自返同一性在身體感知中的發生機理進行操作性的剖析，更缺乏對這種空間點自返同一性如何與我們對宇宙大全之「太一」概念形成的關聯的闡明。本文試圖要做的，就是在一步一步的操作中，對這種機理進行分析揭示。

一、內感覺：觸碰點的一與多之含混

　　把你的兩隻手斜着伸出去，閉上眼睛，試着在稍微偏離正前方的某個地方讓兩個相對的食指指尖相碰。如果沒受過特殊的訓練，你一般很難

＊　本文原載《哲學研究》2006 年第 9 期。此處略有修改。

在你覺得兩個指尖應該相碰的時候，讓兩個指尖真的就相碰了。往往會在你覺得應該相碰的時候，兩指尖各自都沒碰到任何東西。你試着運動兩臂調整兩指的位置，過一會兒終於碰上了，但相碰的可能是兩隻手的其他部位，而不是指尖。也就是說，當你看不見兩個手指頭的位置時，靠你對兩隻手的位置的身體內感覺，你的知性不能準確判斷兩個手指頭的空間位置。

現在，你還是閉上眼睛，兩隻手做同樣的指尖相碰動作。但另外一個人 L 在你不知情的情況下，在那裏搞鬼。當他看到你的兩個手指頭已經接近，並且你在猶豫中調整兩個指頭的位置的時候，他把自己的兩個手指尖同時各自觸碰你的兩個指尖。這時，如果那搞鬼的 L 的動作做得恰到好處，你會有何反應呢？想想看，當你期待兩指尖相碰的時候，兩個指尖各自分別碰到的卻隻是 L 的指尖，但你並不知道實情。這時，你有何理由不認為就是你的兩個指尖相碰了呢？

我們做這樣的分析：1. 你的左手指尖處給你體內提供的阻力信息，在它觸到你自己的右手指尖時，與在它觸到 L 的指尖時，沒有什麼實質的不同；2. 你的右手指尖處給你體內提供的阻力信息，在它觸到你自己的左手指尖時，也與在它觸到 L 的另一指尖時，沒有什麼實質的不同；3. 你的關於兩個手指尖位置的內感覺，正是使你以為它們應該處在同一空間點的感覺。在你不藉助視力（或者其他可能幫上忙的外感官）的情況下，這三個相互獨立的信息，正是你的知性藉以判斷兩個指尖是否相碰的全部依據。於是，不管你的知性有多麼完善，你都不能將 L 在搞鬼時造成的你的內感覺效果，與你的兩個指尖相碰時的內感覺效果區別開來。這樣，因為 L 的干擾是超出常規的意外，在沒有被特殊提醒的情況下，你有足夠理由作出你的兩個指尖相碰的判斷，雖然實際上你的指尖碰到的是 L 的指尖。（Gettier 問題展開）

現在進一步設想，還有另外一個人 Z 在旁邊竊笑，並忍不住告訴你 L 在搞鬼以及 L 是如何搞的鬼。理解了 Z 的描述以後，你又會作出何種判斷呢？此時，你理解到，如果確實有 L 在搞鬼，你此時兩個指尖沒有相碰

也是可能的。因此，由於你不知道 Z 所描述的情況是否真實，你就不能斷定你的兩個指尖是否真的相碰了。

　　現在，我們想要知道，僅靠內感覺，你的知性判斷有怎樣的結構？實際上，如果你的知性是正常的，你試圖作出的判斷可以被分析為三個相互獨立的判斷，再加上一個綜合此三個判斷的綜合判斷。第一，第一個指尖（可定為左指尖）是否碰到了障礙物？第二，另一個指尖（右指尖）是否碰到了障礙物？第三，兩個指尖是否（現實上）**可能**處在同一空間點？對這三個問題，純邏輯上講，有八組答案的可能組合：「否否否」「是否否」「否是否」「是是否」「否否是」「否是是」「是否是」「是是是」。只有在最後一組，即「是是是」成立的情況下，你的知性才會最後作出一個綜合的判斷，即「我的兩個指尖相碰了」。不過，我們也不妨對其他七組答案的情形進行一一的分析，看看會給我們下面的討論開闢什麼思路。需要事先提醒的是，上述第三個判斷中的「可能」兩個字是關鍵。

　　1. 否否否。此時，你沒感覺你的左指尖碰到了什麼東西，你也沒感覺你的右指尖碰到了什麼東西，你也沒感覺你的兩個指尖可能同處一個空間點而相碰。當你剛伸出雙臂，閉上眼睛，並伸直兩個相對的手指準備相互靠近的時候，你必定作出這種「否否否」的判斷。

　　2. 是否否。此時，你感覺左指尖碰到了障礙物，但右指尖啥都沒碰到，並且，你不覺得你的兩個指尖在此時有可能相碰。這樣，你斷定左手指尖碰到的一定不是你的右手指尖，因為你的內感覺使你知道你的右手指尖沒碰到任何東西，並且，你的內感覺告訴你兩個指尖不可能處在同一空間點相互觸碰。譬如說，當你剛伸出兩臂開始移動時，那個搗鬼的 L 在沒告知你的情況下用他的一個指尖觸碰你的左指尖，你就會作出此種判斷。

　　3. 否是否。除了「左」與「右」調換，內容與第 2 組答案相同。

　　4. 是是否。此時，你左指尖和右指尖都碰到了障礙物，但內感覺告訴你，你的兩個指尖相距甚遠，不可能相互觸碰。於是，你就會斷定，兩個手指尖各自碰到了各自的障礙物。

　　5. 否否是。此時，你的左和右指尖都沒碰到障礙物，但你的內感覺

已不能讓你區別你兩個指尖此時的位置與它們相碰時的位置。但是，你知道，你的內感覺在此失去區分是正常的，所以，從一開始，你就把你藉助內感覺作出的對指尖方位的判斷放在「可能」的模態之下，這與你對兩個指尖是否碰到障礙物的直截了當的實然判斷形成鮮明對照。

　　6. 否是是。此時，你的左指尖沒有觸到障礙物，而你的右指尖卻碰到了障礙物，並且，你的內感覺告訴你，兩指尖處於可能觸碰的方位。這樣，你就判斷右指尖碰到的不是左指尖，而是其他什麼東西。

　　7. 是否是。除了「左」與「右」調換，內容與第 6 組答案相同。

　　8. 是是是。只有這最後一組判斷，使你得出一個這樣的結論：「我的左右兩個指尖相碰了。」但是，剛才已經說過，L 的蓄意搗亂會讓你出錯。實際上的情況是，當你的內感覺讓你覺得兩個指尖可能處在同一空間點而相碰時，你的兩個指尖並不處在同一空間點上，因而並沒有相碰。與你的兩個指尖分別相碰的，是 L 的兩個指尖。當旁邊的 Z 向你提醒時，雖然你的「是是是」的判斷還是有效的，你馬上就會意識到你有可能得出了一個錯誤的結論。依靠你的內感覺，原則上，你沒辦法在 L 搗亂時發生的情況和你兩指尖實際相碰時的情況之間作出區分。這裏的關鍵是，存在一個空間區域，你不能靠你的內感覺對兩個指尖在此區域中的相對位置作出判斷。所以，在沒有相碰之前，靠你的內感覺，你只能斷定兩個指尖「可能」相碰，而非「必定」相碰。這裏的「可能」，源出於剛才的「是是是」判斷中的第三個「是」，因為這個「是」本來就是「是否可能」的「是」。

　　這樣的話，你如何才能作出確切的判斷呢？當然，你睜開了雙眼。

二、視覺：空間的絕對零點與自我的同一性

　　一睜開眼睛，你即刻就可以對你的兩個指尖是否相碰作出裁決了。你看到的，正如 Z 所言，L 正在搞鬼，他把他的兩個指尖對準了你的兩個指尖，而你原先的自己的兩個指尖相碰的內感覺，只是錯覺。

　　但是，你為什麼要將視覺對兩個指尖是否相碰的判斷當作最終的判斷，不懷疑視覺也會像剛才的內感覺那樣出差錯呢？或者，更進一步地，你為何不以內感覺為準，斷定你的視覺「不準確」？你之所以根本不會懷疑眼睛看到的觸碰點與「實際」的觸碰點會有什麼「誤差」，是因為你眼睛看到的點就是實際的點本身。所謂「空間點」的最終所指，正是視覺見證的點。這樣，誰要說看到的點與實際的點有個距離的誤差，那就等於說一個空間點和它本身有個距離的誤差。這種言說，直接違背了邏輯的同一律。

　　進一步地，藉視力判定的空間點的同一性，就是空間點的同一性本身，因此，當你看到兩個指尖處在同一空間點時，你就看到了兩個指尖所處的空間點的同一性本身。換句話說，空間點的同一性是內在於視覺的本性之中的，空間點同一性是在視覺的運作中原初地構成的，外在於視覺的運作根本就不存在有待於視覺觀照的先在的空間點同一性。這裏的同一性，沒有對其說「可能」的餘地，只有直截了當的 $A \equiv A$。

　　當然，視覺會產生幻象，但幻象中的任意空間點的同一性照樣是自足的同一性。空間點的同一性的斷定，完全是在現象學層面發生的，這裏不涉及現象的背後是否有「實體」承托的問題。設想如此情景：當你看到兩指指尖觸碰時，你的內感覺卻沒感覺到兩個指尖同時碰到了障礙物，你會作出何種判斷呢？你會想，大概自己看到的兩個手指實際上是別人的手指，而某種預先的巧妙安排，使你錯誤地以為那就是自己的手指。或者，你乾脆就懷疑自己看到的是幻象。但是，無論如何，你不可能認為你看到的相互觸碰的手指指尖沒有相互觸碰。

　　你也許會問，既然是觸碰，為何不以觸覺為準呢？在觸碰的瞬間，觸覺只讓你知道兩個指尖同時碰到障礙物了，卻不會告訴你兩個指尖是否互為障礙物，因而兩個發生觸碰感的點是否在空間關係中為同一點，依靠觸覺是沒法判斷的。內感覺中的身體部位的相對位置感，是以視覺中的空間位置定位為原本參照的，只為你提供與空間位置具有某種相關性的信息。但有關空間點位置的信息雖有助於我們對與我們身體相關的空間關係進行

推測，卻永遠也不是對空間點本身的直接把握。視覺對空間幾何關係的把握，屬於羅素所說的「親知」（acquaintance）的範疇，而身體對身體部位相對位置的內感覺，只有在把視場中的空間關係作為指稱根據時，才獲得某種間接的空間指向。因此，內感覺對空間關係的指示，只限在身體的場域內，並且永遠都是模糊的「可能」。經過訓練，這種指示會趨向精確，但再精確，也是對另外一種東西的度量。這就像溫度計的刻度，再精確，也有一個正負誤差的「可能」量域，因為那刻度永遠不可能是溫度本身。當然，我們的觸覺經常幫助我們測知空間的深度，但深度本身，卻是兩隻眼睛的視覺協同作用直接建構而來的。總之，視覺中的空間點是空間點本身，而內感覺中的空間方位感，只是與空間位置的相關性。

讓我們把分析再推進一步，以求理解視覺的「看」在自我軀體認同方面所起的作用。現在，你睜着眼靠視覺的指引對準兩個指尖相互接近，直到你看到它們相碰。與此同時，你的內感覺也使你感覺到兩個指尖相碰了。如果 Z 在此時又在旁邊竊笑，又告訴你一點什麼祕密，你還有理由根據他說的話而對你自己視覺判斷的真確性再生疑竇嗎？如果他告訴你，其實你自己的兩個指頭沒有相碰，你看到的兩個相碰的指頭是別人的指頭，你會有何反應？

你會說，我的內感覺告訴我，我的兩個指尖相碰了，而我又看到了它們相碰，內感覺和視覺相互印證，不可能出錯。但 Z 說，你的兩個指尖確實碰到障礙物了，但只是各自分別碰到了各自的障礙物，而不是相碰。你反駁說，那不可能，因為我明明看到，那兩個相碰的指尖就是我自己的指尖，並且我看到它們相碰的一剎那，就是我內感覺感到兩個指尖都碰到障礙物的一剎那。Z 又反問，你怎麼知道你自以為看到的自己的指尖，不會是別人的指尖呢？你的答案是，那不可能，我看到了那兩個手指長在自己的身軀上。Z 還不罷休，問你，你如何知道你「看到」的你自己的身軀，不會是別人的身軀呢？

你此時為自己辯護而給出的理由，無非有三個：1. 這個身軀的運動我能控制，比如說，在我發出要動某根手指的意念時，我就**看到**它動起來

了；2. 我**看到**這個身軀的某個部位被環境中其他東西刺激時，我相應的內感覺（如痛、癢、燙等）就同時發生；3. 這個軀體與我**看時**的觀察中心的零距離點相接續。

但 Z 可以告訴你，有另外一個人 L，他能看到你的兩個手指頭，用即時模仿的方式做與你手指的動作一樣的動作，而你看到的正是 L 的手指。這樣，你的理由 1 就被駁回而失效了。類似地，Z 告訴你，你看到的是 L 的身軀被環境中的其他東西刺激，而他在幾乎同時也以適當的方式去刺激你的軀體的相應部分使你獲得相應的內感覺。這樣的話，你的理由 2 也被駁回了，那麼，剩下的第三個理由，能使你最後斷定你看到的軀體就是你自己的軀體嗎？

理由 3，其實是最具決定性的判據。在日常生活中，如果在某種偶然的情況下，你不能隨時判斷你所看到的幾個軀體的部位中的哪個與你的視覺中心相接續，你就得依靠 1 和 / 或 2 了。比如說，你和你的雙胞胎哥哥同蓋一條被子，他把頭蒙起來了，你不知他是在你左邊還是右邊，但他和你一樣在被子另一端伸出一雙腳。你光看那四隻腳，很有可能不敢肯定哪兩隻腳是你自己的，哪兩隻腳是你哥的。但你意圖動一下你的腳，看看哪隻腳響應你的意念，一般情況下，你就不再疑惑了，你此時訴諸判據 1。但如果碰巧你哥也同時做了同樣的動作，那你就會更加疑惑了，一個意念怎麼會導致兩隻腳同時動呢？到底哪隻腳是我的？於是，判據 1 失效。那麼你訴諸判據 2，但在特殊情況下，按 1 的情形類推，我們知道判據 2 也有可能失效。你最後還得掀開被子看看，依靠判據 3，才弄清楚哪雙腳是自己的。

那麼，我們就要格外仔細地分析判據 3 了。由第一部分的分析我們得知，通過視覺對空間的性狀作出的判斷是對空間本身性狀的體認，是絕對正確的。因此，視覺中的零距離，就是零距離本身，而不是對零距離的指示或測量。內感覺，是絕對的空間零點（「我」）內部發生的事件，所以最多只會有關於空間廣延的某種信息，而不可能會有空間廣延。然而，「零距離點」即為你的眼睛的所在點。你如何斷定眼睛是你的？又回到 1

和 2 嗎？不行，唯一的根據是：距離的「零」。眼睛與什麼之間的距離為零？與你。你是什麼？當然不能說是視場中的軀體，因為判斷這個軀體是否屬於你，依靠的正是對眼睛與你的距離為零的確認。你就是原初空間點的絕對同一性，你就是零，零就是你的對象性無歧義絕對認同的唯一支點，支點之外只有對象的雜多，以及雜多與你的不同程度的關聯。

這樣，設想你看到一組軀體隨着你的意念做着一模一樣的動作，你感覺手掌刺痛時看見這一組軀體的手都被針紮，你怎樣確定哪個身體是你自己的呢？當然，你看不到眼睛的那個軀體就是你的，因為你的眼睛與你距離為零。但是，眼睛只與它自己距離為零。那麼，你就是你的眼睛麼？當然不是。並且，眼睛完全有可能以鏡面呈現出的樣子與你建立空間關係，而不與你距離為零。瞎子阿炳根本就沒有眼睛，但只要你去聽聽二胡曲《二泉映月》，就會斷定，曾經有過一個與眼睛無甚關係的阿炳。失去眼睛，並不比失去一隻鼻子多失去一丁點自我人格的同一性。

沿着這樣的思路，我們討論的就再也不是作為空間對象的軀體意義上的身體了，而是梅洛 - 龐蒂在其《知覺現象學》中討論的具有本體論多義性的場域性的心靈 - 身體了。在此處再引入時間性，我們便可以進入到心靈哲學的縱深之中，探索身心關係的奧祕。但在本文中我們不得不先放棄這條思路，而先看看視覺中的空間點的同一性的確認，如何引向我們對無所不包的「太一」的確認。

三、邏輯同一律與視覺的歸多為一

同一性，作為形式邏輯的 $A \equiv A$，在廣延的對象世界中的無歧義的對應，必定是由「多」聚集而成的「一」，因為「多」是客體概念的內在要求。那麼，什麼情況下，客體之「多」才能聚集成絕對的「一」呢？有兩種情況：1. 在某個無窮小的空間點有無窮多的質料單位相互之間的距離為零；2. 無所不包的宇宙之「太一」，亦即無窮多的質料在絕對統一的廣延中被囊括。

　　這裏，我們先考察第一種，那就要回到我們以上討論過的絕對空間點的自返同一性的思路。實際上，剛才討論的兩指尖相互觸碰時視覺對空間點同一性的絕對確認，只是此處的第一種聚集的要點片斷。兩個指尖的「兩」，與任何多於一的「多」並無實質上的區別。指尖首次相互觸碰時，觸碰點趨於無窮小，而在這個無窮小點聚集的可以是兩個、三個、四個、五個……以至無窮多個無窮小的指尖。

　　這種聚「多」為「一」，只有在廣延性的視覺空間中才能發生，而在觸碰時產生的內感覺（平時所說的「觸覺」）的場域中是不會發生的，這已經為我們對觸碰過程的分析所闡明。限於篇幅，我們沒能將對其他感覺（聽覺、嗅覺、味覺等）進行分析得到的結果在此展開，但結論是簡單的，那就是，除了視覺，其他感覺都沒有在廣延中聚多為一的功能。

　　不過，我們還不明白，第二種聚多為一，即宇宙的「太一」，是如何可能的呢？這種化絕對的「多」為絕對的「一」的綜合，與任意空間點的自返同一，有什麼必然聯繫呢？

四、從無窮小的一到無窮大的「太一」

　　空間點自返同一性的確立，同時也就是廣延中的任意點的絕對無差別性的確立。一個絕對的空間點，在純粹的廣延中是沒有位置的。在純粹的廣延中，沒有以質料為基礎的參照系，任何一個空間點都與任何所謂「其他」的空間點毫無差別。

　　當然，我們此處要討論的是質料的聚集。有了質料的聚集，是否就給廣延本身的不同部分帶來了差別呢？並不如此。嚴格的論證，這裏暫且略去，但我們可以用一個淺顯的例子來幫助我們理解。一本厚書，放在桌子上。現在，你把它從桌面挪到了書架上。問題是，這本書的廣延是留在了桌面上，還是跟着書本上了書架？都不是，因為作為質料之聚集的厚書並不獨自擁有一具廣延，所以它既不能留下，也不能帶走廣延。廣延是自在的，並且是任何對象聚集的前提條件。因而，邏輯同一律 A ≡ A 要有客

體對應，就必須預設廣延的先在性。

於是，綜上所述，我們得到以下兩條推論：1. 廣延中的任一點與所謂的其他點沒有任何差別；2. 任何質料的聚集必以廣延的絕對性為先決條件。

當你的知性要確定一個具有自返同一性的對象的任何性質之前，問一問這個對象「在哪裏」，是天然地合法的。但是，當你問到一個絕對的空間點「在哪裏」和整個宇宙「在哪裏」的時候，你就預設了廣延之外的廣延、廣延之外的廣延的廣延 …… 以至無窮。所以，任何一個絕對空間點哪裏都不在，整個宇宙也是哪裏都不在。

只是，如果有任何東西的自返同一性 A ≡ A 成立，任一空間點的同一性必先成立。但是，由於任一空間點和任何所謂「其他」的空間點是無差別的，對任一空間點的同一性的確立也就是對所有空間點的同一性的確立。結果是令人吃驚的，那就是，在這裏，「一」與「多」是絕對的同一，無窮小與無窮大也絕對同一。剛才說的「兩個」哪裏都不在的絕對同一，其實就只是一個。這裏既不需要經驗的證據，也不需要邏輯的推理。這樣，我們就理解，一輩子被關在密室裏的人與職業旅行家之間，從對宇宙大全的「太一」的把握上講，並沒有區別。儘管任何人只對宇宙大全的微不足道的部分有過直接的感知，但每個理性健全的人都對宇宙大全之「太一」有直接的斷定。

在無窮大與無窮小之間有無窮多的對象，對於這些對象，自返同一性只是思想強加的，只是概念化思維的要求。任何對象，其貌似的自返同一性都是任意設定的。你眼前的電腦，作為廣延中的對象，你就不知道到底要在哪個邊界與他物分開。鍵盤、電纜線、插頭、插座，是不是電腦的一部分？隨你自己決定，如果你確實需要決定的話。再者，換了大部分軟件的電腦，是否還是原來的電腦？這裏的 A ≡ A，即使撇開歷時變化的因素，也找不到確切的對應。

由此看來，外在對象的確定的同一性，只在無窮小的空間點與無窮大的「太一」那裏可以找到。並且，指尖之間的絕對空間點的自返同一的確定，就是無所不包的宇宙的「太一」之確定。這種確定，完全基於視覺對

廣延距離的無中介的「親知」，此「親知」，與其說是認知，還不如說是體知。如果說，「指尖之間的無窮小就是宇宙『太一』的無窮大」這個說法是個悖論，那麼這全是視覺在對象世界中尋找 A ≡ A 的邏輯同一律的客觀對應時惹的禍。這種康德式的二律背反，[1] 是以視覺為中心的知性對外在對象的自返同一性進行必要的確立時不可逃脫的境況。並且，只要你想對外在對象世界的事態作出描述和判斷，你就必然要訴諸 A ≡ A 的邏輯同一律，這樣，視覺中心主義就是不可避免的。所以，並不像某些後現代思想家認為的那樣，視覺中心主義只是某種文化傳統的偏見。

　　當然，如果你撇開外在客體的對象性，像伯格森那樣轉向對精神世界的內省，時間性就取代空間性成為基本的要素。這也許不是對另一種不同事物的認知，而是像斯賓諾莎認為的那樣，是對同一事物的不同樣態（modification）的探討。[2] 但是，無論如何，你如果在此處還有意尋求另一種同一性，即自我人格的同一性的話，那麼，就像我曾經論證過的那樣，[3] 以空間為框架的外在同一性的確立就無關宏旨了。如果此時你還堅持以視覺為中心，你就會陷入不可救藥的混亂，落得個竹籃打水、徒勞無功。

1　見康德《純粹理性批判》。
2　見斯賓諾莎《倫理學》。
3　見翟振明：《虛擬實在與自然實在的本體論對等性》，《哲學研究》2001 年第 6 期。

附錄四
文章與訪談

從互聯網到「黑客帝國」：人類要開始應對無節制的技術顛覆 *

一、虛擬＋現實：瞬時跨越地球握個手一起蓋大樓

中國人正在熱炒「互聯網思維」和「互聯網＋」之際，谷歌掌門人施米特（Eric Schmidt）卻宣稱「互聯網即將消失」。正像我不久前說過的那樣，其實，施米特指的是互聯網即將被改造成「物聯網」，即從以人與人之間的文本圖像交流為主被改造成以物與物之間的連接為主，使人在相互聯繫的同時能夠監控操縱各種人造物和機器設備。

這時，再假設人與人之間的聯繫是通過虛擬現實界面來達成的，情況又會如何？如果你我分別在紐約和廣州，我們可以約好在虛擬世界的某個地址見面，五分鐘後穿過地球見個面，拍個肩膀握個手，沒問題。與此同時，我們也可以獨自或合作操縱物聯網中的任何一個物件或機器，完成各種生產和建設任務。

這可不是科幻電影中描寫的遙遠的未來的情景。目前，美國的谷歌、

＊ 原載於《南方周末》2015 年 6 月 1 日。此處略有修改。

臉書、微軟、亞馬遜、蘋果、英特爾等 IT 巨頭，正全力整合資源準備將虛擬現實的軟件和硬件以可穿戴的形式推向消費者市場。日本的索尼、愛普森，韓國的三星等也推出自己的硬件，歐洲各國都有各自的領頭企業積極參與，中國的騰迅、華為、百度、暴風影音等公司，據說也在努力中。

　　一方面是「虛擬現實」的風雨滿樓，另一方面呢，各國政府和非政府的力量正在花很大的人力物力財力來建設施米特所說的「物聯網」，虛擬現實與物聯網融合起來這意味着什麼，無需贅言。

　　這聽起來好像非常高科技並且規模宏大，但對於生活在今天的大多數人的生活方式，真曾有啥「顛覆」嗎？

　　進一步設想一下，我們不久將看到普通眼鏡一般大小的虛擬現實顯示器，該顯示器只要與手機相接，無需台式或手提電腦，就可以聯網進入沉浸式的網絡化的虛擬世界。這樣，在「大數據」的背景下，人們沉浸在與我們現在所處的物理世界在經驗上難以分別的虛擬現實中，這種世界，可以看成現在網上的《我的世界》（*Minecraft*）或《第二人生》（*Second Life*）的虛擬現實顯示器升級版。

　　進入這種世界，再在其中遙距操作物聯網上的東西，我們就沉浸在「擴展現實」中進行各種「體力」活動了。並且，現實世界中的現實場景，也可以隨時無縫整合進這個虛擬世界中，原本身處廣州的我和遠在紐約的你，就可以即時克服空間距離進行約會了。這種虛擬與現實無縫融合的世界，我稱之為「擴展現實」。

　　當然，這種監控操縱，不是靠鍵盤鼠標來進行的，而是以虛擬現實為界面通過動捕和傳感系統使人能夠用完全自然的身體運動來行使的，在這裏，主從機器人，估計會是最常見的人機互聯中介。

　　什麼叫「主從機器人」呢？看過電影《阿凡達》的人對此理解起來就簡單了。男主角傑克（Jack）是一個和我們一樣的普通人，但是，科學家給他培育了一個第二身體，放在遙遠的外星球服從他的遙控，原來的他成了這個「主從」關係的「主端」，遠處的第二身體成了「從端」。現實中，用機器人來充當第二身體，遙控信號就用我們正在用的電磁波，就這麼平

實可靠。到時，我們就能夠克服空間的距離，以「遙距臨境」的方式（雖遠離千里但感覺就像親臨現場一樣），對自然物和人工物進行即時操控。

這樣，由虛擬現實人聯網＋主從機器人遙距操作＋信號傳感物聯網融合而成的巨系統，就是類似於電影《黑客帝國》中展示的那種大家在其中全方位交往的人造「物理」世界。

多年以前，我在學術討論中提出，這種虛擬現實化的「擴展現實」與我們現在身處其中的自然現實在本體論上具有對等性的命題。十多年後，英國物理學家霍金在他的《大設計》（*The Grand Design*）一書中宣稱，如果把我們整個宇宙理解成一個虛擬實在，很有可能解決當代物理學和宇宙學中的很多難題，從不同的邏輯起點出發提出與我的命題相契合的設想。

二、「擴展現實」中有啥存在？

在我們按上述思路建造起來的「擴展現實」中，會遭遇如下各種對象（如圖所示）：

1. 人替（avatar），直接由用戶實時操縱的感覺綜合體，將讓人感覺完全沉浸在虛擬環境中，在視覺上代替了原來的自然身體，讓你以第一人稱的視角把周圍世界對象化，成為視聽場域的原點。

2. 人摹（agent），由人工智能驅動的摹擬人，可以是系統創設的，也可以是用戶創建的。

3. 物替（inter-sensoria），對應於物聯網中的物體，服務於遙距操作的感覺複合體。

4. 物摹（virtual physicon），該世界中各種不被賦予生命意義的「物體」。

5. 人替摹（avatar agent），用戶脫線時派出的假扮真人、由人工智能驅動的摹擬人替。

此外，考慮將來動物群體的加入，我們還會有：

6. 動物替（animal avatar），如果我們在信號輸入端使用了完全的傳

感技術進行實時動態捕捉而擯棄鍵盤和鼠標，我們就可以允許我們的寵物或其他動物進入虛擬世界，於是該世界裏就會有這類對象活躍其中。

7.動物摹（animal agent），由人工智能驅動的摹擬動物，如幾年前 HiPiHi 公司給廣東河源市政府建造的虛擬恐龍公園中的「恐龍」。

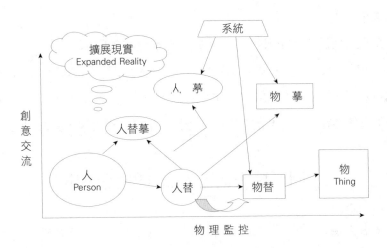

註：橫軸的指向是向對物的操控，縱軸的指向表示與其他人替（意識主體）的交往。

圖 12

可以設想，如果我們將各種現有的數字城市整合到虛擬世界，數字城市就會很自然地成為人聯網與物聯網融合的界面，亦即實施遙距操作的界面。現今的數字城市，主要是為城市規劃和管理建造的，這類數字城市，一方面可以轉化為供人替居住的城區，另一方面又可以轉化為物聯網在虛擬世界中的「物替」系統，為用戶通過人替對物聯網化的城市實施監控和遙距操作提供有效的界面。此外，像美國的 City Cluster 項目，卻主要用於歷史文化名城的再現，與此類似的項目，中國的一些博物館也有涉足。

再進一步，我們可以把網絡遊戲中的人摹放置到虛擬世界的大環境中，網絡遊戲的競賽活動也可以轉化為人替之間的一般交往和娛樂的內容，甚至用作軍事訓練。最後，遊戲場景也可以轉化成我們行使遙距操作

時使用的「物替」。這樣，我們就有了一個嶄新的人工與自然無縫連接的擴展世界。

這將是一個允許我們與原來的自然環境道別的人造環境，對人類現有生活方式的挑戰之徹底，前所未有。但是，如果我們願意，我們確實可以棲居其中，維持我們的生存和發展，在這個「物理」的虛擬空間中創造新型的未來。

這種主要用來改變人類主體狀態的技術（也包括克隆人等生物工程技術），我稱之為「主體技術」，與以往的「客體技術」（亦即用來改造人之外的自然對象為人所用的技術）形成強烈對照。與客體技術相比，主體技術更加直接地在人類生活的基準線上挖掘、重建，從而也更具顛覆性。

三、阿西莫夫機器人法則的實踐困境

讀者不禁又要問了，這種顛覆性，也許聽起來或令人神往或令人恐懼，但我們除了被動應對，還能有更多作為嗎？

首先，必須注意的是，對於這種無所不包的「擴展現實」，總體規劃者既可以在結構原則上使其方便自己行使一種凌駕於一切的權力並以此來操控人替，使其成為物聯網的附屬工具，也可以反過來，讓所有人替作為權力的主體來操控物聯網，使物聯網服從每個人的主體訴求。人的需求和人的價值的實現，才使得物聯網的建設獲得工具性意義。這兩種對立的構架代表了兩種對立的價值預設，我們必須從理論上證明，只有第二種選擇才是正當的，而第一種選擇是不正當的因而是需要被避免的。

但是，按照當今比較主流的說法，物聯網屬於網絡技術的「嚴肅應用」，而以虛擬現實為特徵的像《我的世界》和《第二人生》那樣的人聯網則被看作「遊戲」，是「不嚴肅」的應用。這樣的看法，折射出來的是手段與目的顛倒的異化思維，是人文理性缺失的結果，具有相當的危險性。

其次，要理解這種由人聯網與物聯網全面融合形成的系統，「人替」

這個概念的所指非常關鍵。一方面，每個人在沉浸式虛擬環境中有個身體的動態視覺替身，並以這個替身在人聯網中建立自己的獨特標識與他人互動，這個替身是網絡虛擬世界中人們一般稱作「avatar」的東西。

另一方面，每人還有一個機器人替身，就像電影「阿凡達」中為主角配置的送往外星球的替身那樣。這裏，我們所指的是主從機器人的「從端」，其動作完全由「主端」的人的意志力直接掌控，即時重複人的生物身體的動作。可以說，這是我們用來切入物聯網的另一個身體，雖然我們不稱其為「人替」，卻還是從事人的體力勞動的實實在在的「替身」。

這裏所說的「主從機器人」，與人們平時想到的由人工智能直接控制的機器人不同。主從機器人的出現，使阿西莫夫幾十年前提出的「機器人三大法則」以及後來補充進去的第零法則，在機器人設計的實踐中陷入了更深一層的困境。

這幾條法則是這樣的：（1）機器人不得傷害人類，或坐視人類受到傷害；（2）除非違背第一法則，機器人必須服從人類的命令；（3）不違背第一及第二法則下，機器人必須保護自己；再加上第零法則，（0）機器人不得傷害人類整體，或坐視人類整體受到傷害。

以上四條法則，在人工智能式的機器人的設計實踐中就遇到了各種困難，但人與機器的界限起碼在那裏還是相對分明的。而我們現在涉及的「主從」機器人，很可能是這樣：「主端」原來的生物身體只是被用來作為一個中介，藉此中介來得到驅動的遠方的「從端」替身，卻成了主人與外界互動的實際上的身體。正像在電影《阿凡達》中的那樣，當主人公與外星人交往時，原來的生物身體已被棄置一邊，人造的「替身」變成了他實際上的身體。於是，以上第一條法則中預設的「人類」與「機器人」的分立，在這裏就失效了。在主從機器人這個設置中，機器人成了人的一部分，「機器人傷害人類」的含義也就需要重新得到恰當的澄清。不然，我們就很有可能在「人傷害人」與「機器人傷害人」的判定之間無所適從。

其次，「傷害」概念也變得更為複雜，因為「人身傷害」與「毀壞財產」之間的界限也需要重新界定。因此，為了讓我們的生活秩序獲得起碼的保

證，我們就要重新討論道德和法律的理念基礎的有效性。以此類推，其他
幾條法則的確切含義和可行性也受到了類似的挑戰。

更糟糕的一個可能情形，是在這種人與機器的界限變得模糊的趨勢
中，人被整成了機器，原先的主從關係不復存在，大部分人成了少數寡頭
實現自己權力意志的工具。

四、人文理性的介入和挑戰的應對

有鑒於上面討論中揭示出來的危險和挑戰，我們現在應該採取什麼措
施來應對呢？這裏，著者嘗試拋磚引玉，提出以下幾條建議：

1. 建造「擴展現實」小模型（本人主持的「人機互聯實驗室」正在
施工中），把人聯網和物聯網整合後的各種可能性率先展示給人文社科學
者、媒體從業者、政府決策者，讓他們在有切身體驗的情況下探討各種可
行理論或推行各種應對策略。

2. 堅持虛擬世界中的「人替中心主義」，把人替信號流向的非對稱性
作為標準化的設計，讓每個人替的主人可以在充分知情的條件下自主選擇
對外來信號的開放度，而來自系統和他人的指令信號必須在主人選擇和監
控下才能起作用。

3. 人摹與人工智能的結合要服從人替中心的掌控，這樣的話，虛擬世
界中的純數字化的「機器人」就不至於與人的替身（「人替」）相混淆。

4. 將人工刺激源的作用嚴格限制在自然感官上，嚴禁直接對腦中樞直
接輸入刺激信號；我們的腦信號可以被直接用來控制人造環境和物聯網中
的器具，但他人不能被允許使用直接的腦神經刺激來操控人的行為。虛擬
現實作為人機互聯的界面，必須被設計成只能通過刺激外感官來與人的意
志互動，而帕特南式的「缸中之腦」之類的腦神經元直接刺激模式，應該
在人替程序的設計標準中一開始就被禁絕。

5. 將服務器分散化，用分佈式計算來保證任何寡頭的中心集權式控制
成為不可能。

6. 將主導或參與虛擬現實和物聯網前期建設的行業領袖召集起來，以「造世倫理學」的學術研究為起點，形成共識性的行業倫理規範，確保人文理性從一開始就在業者的實踐中發揮範導作用。

7. 在物聯網未建成運行之前，促使以虛擬現實為特徵的人聯網充分發展，在諸如《我的世界》《第二人生》等以人替為中心的在線虛擬世界中注入鮮活豐滿的人文理性和藝術創造精神，以「人是目的」的基本原則為指導，形成各種豐富多彩、自由、自律的虛擬世界文化共同體，抵擋來自各方的將人的生活工具化、物化或奴化的企圖。

8. 條件成熟時，仕人類各共同體間達成某種理性的規範性共識，編撰「虛擬世界和擴展現實大憲章」，作為面向未來的立法和制定其他政策時的理念基礎，也作為在新時代保護人的基本權利和維護人的主體地位的基本依據。

以上八條的提出，只是作為我們進一步深入討論的起點，一定有不少疏漏抑或謬誤。為了從容應對信息技術革命給我們的生活方式帶來的顛覆性轉型，我們必須迅速邁開步伐，準備為即將來臨的「擴展現實」合乎理性地奠定價值基礎，以期讓這個顛覆性的轉折給人類帶來的是福音而不是其他。

我們該如何與機器相處 *

這次圍棋人機對決，第三場一見分曉，馬上有人說，「從此再也不是人工智能挑戰人類，而是人類挑戰人工智能了」，這不無道理。但如果有人說，這只是一個韓國（棋）人輸給了一隻英（美）國狗（Go），那也不全錯。

第四輪李世石扳回了一局，又是否表明人類挑戰機器初見曙光？

需要先聲明的是，我在美國期間，除了在大學教書還兼職寫過代碼，主要是為程序除錯（debug），但從未下過圍棋。主業則一直從事哲學研究和「擴展現實」（即虛擬現實和物聯網融合後類似電影《黑客帝國》那樣的人造世界）的理念構架和技術路線設計，我創建和主持的人機互聯實驗室已通過沙盤測試，目前正在升級改造之中。

一、棋局之外的重重玄機

有人以為，這次阿爾法圍棋（AlphaGo）贏了，但畢竟沒有五局全勝，這說明人類還是有希望反撲的。在我看來，無論是 AlphaGo 橫掃李世石，還是互有輸贏，其間並沒有什麼特別的不同，都說明人類在 AI 這一領域的技術取得了長足進步，但與「機器人征服人類」之類的噩夢式前景無甚關聯。假若這次機器徹底贏了，總有假設的一個過去的時間點，他們之間會互有輸贏。早幾天遲幾天，會有多少實質性差別呢？長遠來看，機器必勝。

＊ 本文原載《南方人物周刊》2016 年第 8 期。此處略有修改。

　　焦慮和恐懼有不同的來源，其中一種反應是由於覺得人類的智力優勢被機器奪走後，自己就會在就業市場上被淘汰。這些人主要把自己的存在價值理解成只是一種工具價值，李世石的完敗，幾乎等於讓他們丟掉了最後一根稻草。

　　其實這是自我矮化的傭工思維，與整個人類的前途無甚關聯。說到底，我們人類的內在價值，並不在於我們會幹活。體力勞動和腦力勞動，都是為了解決問題，完成我們自己給自己設定的任務，這種設定源於我們的自我意識和意義系統。有了這種設定，才能知道什麼是該幹的「活」，什麼是服務於我們的訴求的有效勞動。下棋一類的智力活動，在人類這裏剛好不是用來「幹活」完成功利目標的技能，而是屬於生活內容一部分的高級遊戲活動，這很有工具理性之上的自足意義。但是，這場人機大賽，引起譁然的並不是這個，而是人們感覺到的一種基於工具效能理解的自我認同挫敗。

　　日本宇航員若田光一與機器人 Kirobo 在國際空間站進行對話實驗。Kirobo 創造了「首個進入太空機器人」和「最高海拔聊天機器人」兩項吉尼斯世界紀錄。

　　這種強大智能機器的發明，與人類從科技進步中期待得到的東西之間並沒有什麼特別的違和感。你說是了不起的里程碑也可以，但這裏涉及的主要並不是 AI 技術內部邏輯的斷裂性突破，而是我們一些人把圍棋和李世石預先設想為當然的標杆後，標杆在某種光照下投下的張揚的影子。玄機在哪裏呢？不在棋局中，不在 DeepMind 的工坊裏，不在 AlphaGo 的「神經網絡」裏，而在我們自己心智的幻影中。這就是腦力勞動自動機的一個演示版，搞好了就是一個不鬧情緒的超級祕書而已。

　　那麼，是否可以這麼認為，這種人機大戰，只是人設計的機器戰勝真人棋手，還是實際是人和人之間的大戰？

　　這個說法還算靠譜，但是我不太想用戰爭隱喻來刻畫這個事件。換句話說，這只說明了，在單一的抽象博弈智能方面，體制化的學術集體戰勝了天賦極高的自然個體。機器沒有獨立的意志，最終說來，「輸」與「贏」

的說法，都是我們人類單方面的投射，與 AI「自己」無關，因為 AlphaGo 根本就沒有所謂的「自己」。沒有獨立的意志，怎麼和人發生「大戰」呢？相反，棋盤之外，人們反而有反應，比如無名的焦慮、不可克制的興奮。更具體點，中國看客幾乎異口同聲地把 AlphaGo 稱作「狗」，這卻是要超出現今任何人工智能可以「理解」的範圍的，這不又是玄機麼？

有圍棋人士指出，AlphaGo 給出選點的思維方式與人類很不同，一個流行的說法是，「最可怕的不是 AlphaGo 戰勝李世石，而在於它能贏卻故意輸掉。」這句話雖然只是玩笑，但其內涵可以非常深刻。這裏引出的問題就是，什麼叫「故意」輸掉？AlphaGo 並沒有自我意識，沒有自由意志，如何談得上「故意」？「故意」可是一種截然不同的能力。這已經涉及人們常說的「強人工智能」與「弱人工智能」的根本差別的問題。

AlphaGo 系統雖還屬於「弱人工智能」的範疇，但也不就是「弱爆了」，它還是有令人興奮的亮點，那就是所謂的「學習能力」。但這個「學習能力」的說法，不加澄清就會誤導人。其實，這是基於一種模仿人腦神經元的網狀連接結構的軟件運行時的符號累積迭代過程。這種神經網絡算法裝在高速計算機上，使得這個 AI 棋手可以永不疲倦地練習對弈，就練棋次數而言，所有人類「棋聖」合起來與之相比都只是零頭。再加上巨大數據庫和無與倫比的推演速度，絲毫不受情緒影響的「阿爾法狗」不贏才怪。

在我看來，人工智能到現在才開始贏，而不是更早些，倒有點兒不太正常。畢竟，美國邏輯學家匹茨（W. Pitts）首次提出神經元網絡數學模型至今已經七十多年了，當時他是哲學大師羅素和卡爾納普的追隨者。

從技術上講，AlphaGo 可以說達到了目前人類 AI 研究的一大高度。它有了「深度學習」的能力，能在圍棋這種擁有「3 的 361 次方」種局面的超高難度比賽中獲勝，突破了傳統的程序，搭建了兩套模仿人類思維方式的深度神經網絡。加上高效的搜索算法和巨大的數據庫，它讓計算機程序學習人類棋手的下法，挑選出比較有勝率的棋譜，拋棄明顯的差棋，使總運算量維持在可以控制的範圍內。此外，高手一年下一千盤棋已經算是

了不得了，AlphaGo 每天能下三百萬盤棋，通過大量的操練，它拋棄可能失敗的方案，精中選精，這就是所謂的「深度學習」—— 通過大樣本量棋局對弈，它能不斷從中挑選最優的對弈方案並保存下來供臨場搜索比較。

更要命的是，AlphaGo 與人相比的最大缺憾，恰好是它對弈時的最大優勢。它沒有感官系統、沒有主體內可體驗內容、沒有主觀意向、沒有情緒湧動。缺了這些，它在解決完全信息情況下的博弈問題方面就超級強大。與當年擊敗國際象棋冠軍的「深藍」不同，基於 AlphaGo 同種原理的 AI 系統，可以學習把握醫療數據，掌握治療方法，幫助人們解除病痛。它可以讓人類從純功利性質的腦力勞動中解放出來，給我們的生活帶來極大的便利。DeepMind 團隊的新目標，據說是開發出可以從零開始的參與所有博弈競賽的通用學習型人工智能。

二、所謂「機器消滅人類」的臆想

提到人工智能，很多人會問，人工智能一旦強大到一定地步，或者「失控」，會威脅人類生存嗎？這次 AlphaGo 贏得圍棋比賽，這樣的問題再一次牽動人們的神經。本來，比爾・蓋茨、史蒂芬・霍金等大牛就警告說人工智能的發展可能意味着人類的滅亡。2015 年 1 月，比爾・蓋茨在 Reddit 的「Ask Me Anything」論壇上表示，人類應該敬畏人工智能的崛起。蓋茨認為，人工智能將最終構成一個現實性的威脅，雖然在此之前，它會使我們的生活更輕鬆。

這種擔心可以理解，並且這種警醒也並非多餘。只是，像「機器人會消滅人類嗎」之類的問題，在我看來都不過是暴露了人們由於概念混亂而導致的摸不着北的狀態，這種狀態又與不合時宜的思維陋習結合，才將人們帶入無根基的焦慮或者恐懼之中。

我們要看到，所有的人造機器，包括 AlphaGo，都是某些方面的能力高於人類。這本來就是人造機器的目的。在現有條件下，它還不會失控，以後真失控了的話，與飛機高鐵大壩火箭核能之類的失控基本屬同類性

質。無論是無人駕駛技術，還是如今的 AlphaGo 下棋程序，這些智能機器的發明，複雜程度日益提升、智能日趨強大，但與人們驚呼的「人類將要被機器消滅」之間，並不存在什麼客觀的聯繫。

以上提到的 AlphaGo 的相對於人的缺陷，正是它能贏棋的重要因素。現在，我們又要反過來想想，又正是這些缺憾，使得它只能在「弱人工智能」的領地中徘徊，充當純粹的工具。這種「弱人工智能」很可能通過圖靈測試，但這與人的意向性（intentionality）及主體感受內容（qualia）不相干，也不會有愛恨情仇、自由意志，而沒有這些，它就不可能產生「征服」或「消滅」誰誰誰的動機。

在學界和業界，早就有「強人工智能」相對「弱人工智能」的概念，雖然初聽起來好像這裏只有強弱程度的差別，但這種區別具有分立的性質，而不只是程度問題。所謂的「強」，其實指的是超越工具型智能而達到第一人稱主體世界內容的湧現，還包括剛才提到的意向性、自由意志等的發生。

哲學家尼克・博斯特羅姆（Nick Bostrom）在美國《連線》（*Wired*）雜誌 2016 年 1 月刊針對 AlphaGo 的新技術直接發表了看法。在波斯特姆看來，這（指此前 AlphaGo 的發展）並不一定是一次巨大飛躍。波斯特姆指出，多年來，系統背後的技術一直處於穩定提升中，其中包括有過諸多討論的人工智能技術，比如深度學習和強化學習。波斯特姆說，「過去和現在，最先進的人工智能都取得了很多進展」，「（谷歌）的基礎技術與過去幾年中的技術發展密切相連。」

看起來，AlphaGo 的表現在波斯特姆意料之中。在《超級智能：路線圖、危險性與應對策略》一書中，他曾經這樣表述：「專業國際象棋比賽曾被認為是人類智能活動的集中體現。20 世紀 50 年代後期的一些專家認為，『如果能造出成功的下棋機器，那麼就一定能夠找到人類智能的本質所在』。但現在，我們卻不這麼認為了。」也就是說，下棋能贏人類的機器，終究還是機器，與人類智能的本質無甚關聯，曾經那麼宣稱的人，不是神化了下棋技藝的智力本質，就是幻想了下棋程序的「人性」特質。波斯特姆看來也不會認為 AlphaGo 與「強人工智能」有何相干。

　　我去年剛在《哲學研究》發過一篇文章，論證按照現在這種思路來搞人工智能，搞出來的東西是不可能有自我意識和意志的。按照量子力學的基本構架來進行，倒有可能。

　　對這種思路，1998 年我在美國出版的專著（英文）中已有闡述。最近，美國量子物理學家斯塔普、英國物理學家彭羅斯、美國基因工程科學家羅伯特・蘭扎（Robert Lanza）都提出了人類意識的量子假設。清華大學副校長施一公院士、中科大副校長潘建偉院士等也大膽猜測，人類智能的底層機理就是量子力學效應。看來大家的想法不謀而合。早先我提出了一個針對強人工智能的判準，為了與圖靈測試相對照，叫作「逆向圖靈人工智能認證判準」：

> 　　任何不以已經具有意識功能的材料為基質的人工系統，除非能有充足理由斷定在其人工生成過程中引入並隨之留駐了意識的機制或內容，否則我們必須認為該系統像原先的基質材料那樣不具備意識，不管其行為看起來多麼接近人類意識主體的行為。

　　基於以上看法，我認為「強人工智能」實現以後，這種造物就不能被當作純粹的工具了，因為它們具有人格結構，正常人類成員所擁有的權利地位、道德地位、社會尊嚴等等，他們應該平等地擁有。與我們平起平坐的具有獨立人格的「機器人」，還是機器人嗎？不是了，這才是真正的突破。

　　最為關鍵的是，這樣的「強人工智能」主體，不就真的可以與人類對抗、毀滅人類嗎？要理解這種擔憂的實質，就需要我們好好自我反思一下，我們在這裏如何把基於個人經歷形成的一己情懷當作有效的價值判斷了。我們主動地設計製造了這種新型主體存在，不就等於以新的途徑創生了我們的後代嗎？長江後浪推前浪，青出於藍而勝於藍，人類過往的歷史不都是這樣的，或至少是我們希望的嗎？一旦徹底做到了，為何又恐懼了呢？所以，我們看待它們的最好和最合理的態度是：他們是我們自己進化了的後代，只是繁殖方式改變了而已。退一萬步講，假如它們真聯合起來向前輩造反並將前輩「征服」，那也不過就像以往發生過的征服一樣，新

人類征服了舊人類，而不是人類的末日。

其實，對人工智能的過度期待或深度憂慮，大多基於缺乏學理根據的科幻想像或人們對自身的身份認同前景的恐慌。一百年前小說家講述的科學怪人「弗蘭肯斯坦」創造了怪物，最後自己被怪物控制的故事，確實讓我們覺得，與一般的自然災難相比，我們自造的怪物「失控」了並回過頭來對付我們，的確讓人更加懊惱。但是，目前這種人工智能，再怎麼自動學習自我改善，都不會有「征服」的意志，也不會有「利益」訴求和「權利」意識，這是我多年研究後得出的結論。

三、AI 給我們卸載，VR 讓我們飛翔

當前，無論從緊迫性還是從終極可能性上看，人工智能問題都屬於常規性問題，並且都是漸進呈現的，我們不必過於興奮或擔憂。我們有更值得擔心、警醒的緊迫事情要去做。

比如說，人工智能對人類生活的影響，無論從哪個角度看，都遠沒有虛擬現實與物聯網整合後的「擴展現實」的影響更具顛覆性。並且，這樣的擴展現實很快會在大家都不知不覺之際突然撲面而來，因此今年被稱作「虛擬現實元年」。微信領頭人張小龍不經意地說：「希望五年後大家開會不用出門，戴上一個眼鏡全都和在現場一模一樣。」到時，我們的微信群就不是一個頭像、一個昵稱湊一起了，而是共同進入一個與現實世界的「會所」不能分別的虛擬會所，面對面互動交流。

另一方面，各國政府和非政府力量都在大量投入物聯網領域，谷歌掌門人施密特又宣稱「物聯網即將代替互聯網」。在我看來，網絡化的虛擬現實和物聯網整合後就是「擴展現實」。這裏，人工智能可以被用來豐富世界的內涵，也可以方便我們操控物聯網，但起關鍵作用的卻是主從機器人，這基本上是一種「無智能機器人」，與人工智能無甚關聯。

由此建造出來的人工世界，必須以由分別的自由主體直接操控的「人替」為中心，它們各自的主體性必須具有絕對優先的權能地位。這就要求

一開始就在技術標準中為每一個人替建立一堵防火牆，使得它們與外界的信息交換具有本體論上的不對稱性。對於監視和操控性的信號和信息的攝入和輸出，決定權和控制權要完全落腳在人替端，這樣才能保證每個人都可以通過人替認識和操縱外在世界，而來自外在世界（包括他人）的監視和操控信號和信息，則不能擅自進入。這樣的不對稱性，應該成為人替本體工程的第一原則。

這條原則，也就是「人是目的」原則的技術標準化，其功能與在我們現今世界的一樣，就是要維護人的基本尊嚴和促進大家獲得更多的幸福，等等。

此外，因為虛擬世界的「物理」規律是人為設定的，這就要求有一個「造世倫理學」的學術領域，在這個領域我們以理性的方式探討和制定一套「最佳」的相互協調的「物理」規律。譬如，虛擬世界中的造物是否可以變舊，人替是否可以在與自然和他人的互動中被損壞，虛擬世界中是否允許「自然災害」的發生，等等。要回答這類問題，有賴於一種前所未有的「造世倫理學」的誕生。如果我們不想把創建和開發虛擬世界這個將對人類文明產生巨大影響的事業建立在毫無理性根據的基礎上，我們必須以高度的責任心創建這個學術領域並在這裏進行系統深入的研究探討。

總而言之，在虛擬現實和物聯網融合成無所不包的「擴展現實」之前，我們必須事先預想、防範可能出現的侵犯人的尊嚴和權利的問題。正像我們和某基金會簽訂的協議中所說的那樣，讓大家一起在這裏「預先注入鮮活的人文理性」。這個世界上，總有一些權力慾、控制慾爆棚的人，想要以思想控制和信息壟斷乃至物理強制的方式壓制他人從而凌駕於他人之上。這樣，他們很渴望把大多數人及其虛擬替身變成物聯網的附屬，進而服務於他們的權力意志。擴展現實如果向這個方向發展，將是人類的大災難。

只是，我在這裏沒機會深入討論這個激動人心又令人擔憂的話題。我只能說：AI 給我們卸載，VR 讓我們飛翔，但這個全新人造空間暫時還沒有航標燈也沒有雷達，那裏充滿機會又危機四伏，最緊迫的，是要制定「虛擬世界大憲章」。天空還是深淵，就看我們此時的抉擇了。

虛擬現實技術發展的終極倫理 *

今天我要講清楚 VR 是什麼，VR 技術有什麼風險。之後，才給我們自己定規矩，最終要把它融入到我們的文明和生活狀態裏面，才能使 VR 真正有價值。我的實驗室工作並不是非要做具體產品，最主要的目的是把 VR 的終極可能性展示出來，直接考察它會給人類生活帶來什麼樣的顛覆性的衝擊。

我的實驗室，現在主要是由我本人設計建成了一個可操作體驗的模型，是 VR 加 IoT（物聯網）的 ER（expanded reality）系統，或叫「擴展現實」模型。這個體驗叫「虛擬與現實之間的無縫穿越體驗」。實驗室在哲學樓，我也是哲學系的教授 —— 一個哲學系教授做這個幹什麼呢？

首先我想講一講哲學到底是什麼東西。我想從大家討論得比較多的人工智能講起。中國科學院自動化所有一位在世界人工智能界非常有影響力的人，叫王飛躍。在不久前的世界人工智能大會上，他做了一個主題報告，總結了 60 年以來人工智能領域的主要人物，其中最具核心影響力的人物基本都是哲學家。他講了很多故事之後，總結說，人工智能起源於哲學。

在中國，很多人都知道一位叫羅素的西方哲學家。他有一個著名的理髮師悖論：有一個理髮師，他只給不給自己理髮的人理髮。在這樣的前提下就產生一個問題 —— 這個理髮師該不該給自己理髮？一說「該」就變成「不該」，一說「不該」又立馬變成「該」，也就是一開始想到一個符合的東西，一啟動就不符合。如果計算機編程裏面有這樣一個東西，你產

＊　2017 年 3 月 25 日於清華大學 RONG 系列論壇。此處略有修改。

生了一個不能停機的循環，就是一個最大的 bug（漏洞），導致死機崩潰。所以，羅素提出這個理髮師悖論以後，因為當時的數學預設所描述的對象的集合可以包括自己為元素，而這個悖論卻揭示了這個預設不能成立。所以那時候不少數學大家認為羅素別論挑戰了整個數學的基礎，使數學陷入危機，這可是一件大事。

羅素和另外一個哲學家懷特海（Alfred North Whitehead）一起寫了一本書，叫《數學原理》（*Principia Mathematica*）。羅素這派哲學家認為描述世界所有的問題一定要先觀察或實驗，單靠思想只能揭示概念之間的關係，不能對世界的事實有所斷言。但是理性主義哲學家認為我們關於世界的有些命題的真與假是不需要由觀察來證實的，康德舉的例子就是幾何和算術，是關於空間和時間關係的學問，而空間和時間屬人的心智的先驗結構，並非來源於觀察對象。羅素寫《數學原理》的本來目的，是把數學還原為邏輯，反駁康德。

王飛躍這次總結名人堂的時候，說人工智能發展最重要的數學就是從那本書裏面來的。幾個人工智能核心人物的共同點，就是都讀了這部厚厚的《數學原理》，並深受啟發。

當代直接討論 VR 虛擬現實的哲學家不多，從我二十年前出了英文版的系統探討 VR 的哲學專著至今，也沒見到有誰認真跟進。但是你要追溯的話，思想源頭可以追溯到古希臘柏拉圖那裏去，後來的笛卡爾、萊布尼茲、康德、謝林、休謨、貝克萊等都有重頭戲。

平時我們認為的所謂「物質」的東西，到底是啥呢？我們一般認為，獨立存在的一團「材料」在那裏持存，通過我們的感官給我們刺激，我們就「認識」到它們的「在那裏如此這般」的狀態了。VR 是什麼？它把事情發生的最底層秩序給顛倒了，一個人的不同感覺（比如視覺和聽覺）分別刺激產生，不同人的感覺也各自激發，然後計算機在背後一協調綜合，每個人就有了自己的世界，不同的人之間也可以共處一個共同的世界。每個人的感官刺激分別起作用，一個共同的世界就產生了。既然我們的 VR 世界緣起的順序是反過來的，結果與自然的世界又不可分別，那麼問題來

了：我們原來對世界的理解是不是搞錯了？這是不是哲學？當然是了。

所以我的那本書，就要論證這些內容。我當時主要討論的不是社會倫理責任問題，討論的是「世界是什麼」「人的自我意識是什麼」這樣的純哲學問題。這就要在思考推理過程中做很多思想實驗，虛擬現實的原理要說清楚，技術路線要設計出來，我在書中的插圖把頭盔都畫出來了。這一連串的思想實驗，後來都變成十幾個專利腳本，已批准的有兩項。現在我的人機互聯實驗室，就是基於二十年前我書中的設計。作為類似電影《黑客帝國》描述的情景的模型，我們現在可以進去體驗了。

《黑客帝國》其實就是 VR 和互聯網的整合，一進去是什麼樣子？我先講體驗，有些教授去了我的實驗室，進去以後，他確實也不能判斷他乘坐的那輛車開出過實驗室沒有。我們自己人開，你在旁邊戴着改裝過的頭盔。你戴上去一開始看到的是現場，如果把電腦背身上，去上廁所也沒問題。一上車，我們就往前開，外面一關門，吃瓜群眾就看不見你了。而你呢，你會感覺到在我們實驗室外面的樓道上走了一圈，在那走了一會就出去，看到街上是外國的風情小鎮，有一點穿越的感覺。當然，你知道這是假的。但是，哪一刻從真變假的？你沒法判斷，這就是無縫穿越。

然後再轉了一圈，你發現在天安門，那一定是假的。但是車還是在開，旁邊開車的人還在，戴着頭盔，你自己看得到自己，車也在，方向盤也在，但是這時候你們開到了長安街上，那就一定不是真的了。然後中間會碰到另外一個人（他在另一個地方戴着頭盔踩着一輛鎖在地面的自行車），通過互聯網連接，與你在虛擬的場景裏接頭相遇了，和你聊兩句，各自繼續前行。一會飛來一個飛碟，把這輛車吸了上去，上到太空，又叫你下去，大部分人會猶豫好久才敢下去，感覺如果踩空在宇宙空間回不來了怎麼辦？

你在飛碟中行走，看到了帶着頭盔的自己迎面而來，你伸手觸摸自己之後，艙門開了，太陽、土星從你身邊飛速而過，過了一會兒飛碟把你緩緩放下，你一看，自己已回到地球，落在中山大學校門口。車開進去，走過校園的部分，就開到我們實驗室所在的一樓。進去以後，剛開始沒有看

到保安，開到一個角落，轉回來看到了保安，活的、正在上班的、真的保安。那就是真實場景通過互聯網無線傳過來的，你自己感覺就在那哲學樓的一樓。緊接着，嗖的一聲，你被送回六樓的實驗室，沒摘頭盔就發現回到了出發時的地點，摘下頭盔，果然回來了。整個過程，是大概 15 分鐘的無縫穿越體驗。

所以現在就要講這個東西了，這到底涉及什麼？ VR，物聯網。物聯網就是把我們的人造物連起來接到互聯網，任何人在任何地方都能看到它們的狀態。知道了狀態，進一步當然就要隨時隨地無障礙地操作它們了。有了網絡化的虛擬現實，我們很多人都在同一個網絡空間出現，物聯網的操作界面，一定會被整合到 VR 中去，這難道還有別的更好的選擇嗎？

那麼這個危險在哪裏？第一，如果我故意讓你相信是真的，想欺騙並控制你，這就非常危險。如果我是控制慾非常強的人，那麼大家遭殃的可能性就非常大。人是自由意識的主體，其控制外物的權利是理所當然的，但被他人控制的危險應該減至最低。

還有，我到處做講演，一說到硬件這些東西要普及，要越變越小，成為我們移動設備的標配，就會有人說往後不要頭盔，把信號源直接接入你的中樞神經，要方便有效得多。這是個非常危險的想法！為什麼危險？VR 以我們的自然感官為界限沒有很大的問題，但一旦繞過自然感官直接輸入信號，問題就是致命的了，這有兩種可能：

第一種，你自以為是自己幹的事，但其實是外面人直接操縱你幹的事。

第二種，可能你自我意識根本就沒有了，別人卻還以為你還是一個正常人。一個小孩原來看書慢，現在看得很快，你認為我的孩子得到幸福生活了，其實幸福生活已經終結了，當然痛苦也終結了，因為他已經變成沒有自我意識的機器人，雖然從第三人稱視角觀察根本看不出什麼區別。這東西一推廣，整個文明就沒有了。那些看起來走來走去的人，其實就是機器，文明已經終結了，這不是非常可怕嗎？這可不是一般的倫理道德的問題，是最根本的人類生存發展的問題。因為我們不知道腦中樞在什麼時候

碰到什麼地方，自我意識會消失，所有物理學、生理學、心理學都不知道在什麼時候在哪裏發生，搞壞的可能性一定比搞好的可能性要大很多倍。這兩個可能性，都是極大的災難，是我們要誓死去杜絕的。

其實還有第三種，就是 VR 與物聯網整合後的擴展現實，不但可體驗還可以操作，這就是我實驗室的模型所展示的。很多人認為，VR 是讓人玩，讓人墮落的地方，而物聯網是「實體經濟」，是「嚴肅」的產生 GDP的地方。這也是一種危險的思路，因為按此思路，VR 就變成物聯網的附屬，讓人為物服務，人和物的關係搞顛倒了。

本來，我們人在 VR 裏面，VR 裏的人是主體，物聯網是工具才對，把物聯網當成主體，這是人物顛倒的世界，又叫人文理性的倒錯。很多人把技術的 VR 應用叫作遊戲的「非嚴肅應用」，而把物聯網的應用叫作「嚴肅應用」，這是整個地倒錯了。是人的生活本身嚴肅，還是工具製造嚴肅？為什麼覺得工具那麼嚴肅，因為以前沒有工具活都活不了；現在活下去不是最重要的，這時候，回到真正的人的生活核心上去才是最重要的，VR 裏面的人是最重要的東西，物是為實現人的生活的內在價值服務的，這就是所有 VR 相關的倫理考量和責任意識的基礎。

其他的沒時間講了，比如造世倫理學，它講的是，我們的自然世界的規律是給定的，不是我們可干涉的，不存在倫理問題，但是 VR 虛擬世界裏面的「自然規律」在相當程度上是我們自己定的，這就出現了前所未有的倫理問題，即判斷怎樣的「自然」規律更符合我們的需求的問題。比如說，ER 世界裏，是否允許「自然災害」的發生？這個世界需要四季更替嗎？等等。還有其他的問題，諸如有關責任與權利的邊界問題，一個責任主體和雙重身份、雙重後果，人身與財產的區別等等，在這個全新的文明形態裏，以前用的法律概念、道德概念全都不太管用了，這就需要我們從最基本的人文理性開始系統重啟。

馬斯克的「腦機融合」比人工智能更危險 *

馬斯克和霍金都在預警人工智能對人類的極大威脅，馬斯克還宣稱有了應對措施：**先把人腦與人工智能融合。** 他還說幹就幹，成立了新公司。

但我的預警卻是：馬斯克要做的事對人類的威脅，比人工智能的威脅要大得多。我們要聯合起來，堅決抵制！

一、致命的問題

埃隆‧馬斯克（Elon Musk）成立的新公司 Neuralink 要把人腦與計算機直接融合。**馬斯克宣稱，人類社會即將全面進入人工智能時代，為了避免被新物種 —— 超人工智能威脅甚至消滅，人們唯一的出路就是將自己的大腦與 AI 融為一體。**

無獨有偶，我最近在很多場合做演講談到 VR（虛擬現實）的未來發展，期望頭盔越來越小、越來越輕，變成一般眼鏡的樣子，就經常有業界人士接著說，以後哪裏需要眼鏡，接到腦中樞就是了。

馬斯克希望「腦機界面」能進行人類意識的實時翻譯並將之轉化為可輸出的電子信號，從而可以連接並控制各種外部設備，用他的話說就是「當你的念頭一閃而過時，電視機或車庫門便自動打開了」。初一看，這裏說的是人腦控制信號的輸出，但是所有的控制都需要信號的反饋，也就是說，在設計輸出的接口時同時還要設計輸入的回路，才能實施控制。

但是，無論是馬斯克之流的 AI 腦機接口派還是 VR 領域的直接輸入

---

* 原載於《南方周末》2017 年 5 月 25 日。此處略有修改。

派，都沒回答過這樣一個致命的問題：「**你們知道如何防止人類的自我意識被徹底抹除嗎？**」

二、信息與信號的分離或混淆

我們的自然感官，主要是讓我們接受認知性的信息，而不是讓外來的控制信號隨便侵入，這就為保護和維持我們每個個體的主體地位打下了基礎。有鑑於此，**我們必須要堅持如下三條初始狀態的「非對稱原則」**：

1. 從客體到主體這個方向，信息越通暢越好，控制信號阻滯度越高越好。

2. 從主體到客體這個方向，控制信號越暢通越好，信息密封度越高越好。

3. 以上兩條的鬆動調節，以最嚴苛的程序保證以各個主體為主導。

那麼，**如果現在放開搞「腦機連接」，危險在哪裏呢？** 對照以上原則，我們可以歸納出以下幾方面的可能風險：

其一，由於現今人類對自己的大腦與自我意識的關聯的認識還非常有限，也對認知性智能與自由意志之間的關聯的認識基本為零，在這樣無知的前提下貿然實施大腦直接干涉，**很有可能將人類的自我意識（或曰「靈魂」）嚴重破壞甚至徹底抹除。**

其二，就算沒有抹除，在作為認知材料的「信息」和控制人的行為的「信號」之間不能做到基本分離的社會和技術條件下，有了繞過人的自然感官直接刺激腦中樞的技術手段，將給一部分人控制另一部分人提供極大的方便，**對人的自由和尊嚴構成嚴重的外來威脅。**

其三，當人們還沒達成法律共識將腦機接口的信息和信號的流向設置權完全賦予同一主體之前，**一個人由於可能直接被外來意識控制所帶來的損失，比他可以直接控制外部設備所帶來的方便，或許要大得多。**

以上幾條不同層面的風險，哪一條都足以構成我們聯合抵制馬斯克等人的「腦機融合」項目的充足理由。

三、被誇大的人工智能的威脅

當今，滲透到人類生活各個層面的互聯網、飛速運轉的計算機、海量儲存能力的雲儲存以及時下大熱的虛擬現實與人工智能等新興科學技術，將人類拋進一個既似熟悉又還陌生的環境中。人們熟悉的是，以往傳統生活模式中的基本事務的處理在這些技術的協助下變得更為方便快捷，而陌生的是，**在如此快速的技術迭代下，人們對現實與虛擬之間的界限的感知變得越來越模糊、對人類與機器的關係的把握越來越恍惚、對人類社會既定的規範制度的有效性的判定也越來越迷茫。**

以 2016 年阿爾法圍棋（AlphaGo）與李世石的博弈為例，圍棋世界冠軍、職業九段選手李世石以 4：1 的總比分落敗於一款人工智能圍棋程序，過後不久，AlphaGo 更以 Master 為賬號橫掃所有人類頂級對手。這樣的結果，讓不少觀者開始憂心忡忡，甚至擔心發展到**具有「人類意識」的人工智能會不會統治甚至毀滅人類社會。**馬斯克、蓋茨、霍金這些偶像級的大人物，都在發出警示。

而馬斯克還即刻付諸行動，要將人類每個個體先用 AI 全面武裝起來，以對抗壟斷 AI 的假想的邪惡勢力。但是，從上文我們已經看到，如此具有行動力的人，卻有着一個思想力上的致命傷，對人的自我主體意識問題缺乏思考，從而成為了一個危險人物。

馬斯克在哲學界有個同道，這就是尼克·博斯特羅姆教授。他相信無論只有智能的 AI 還是具有自主意識的 AI，都完全是由計算來實現的。由此他還作出了一個逆天的判斷：我們人類的意識，在接近 100% 的概率上，不是真實存在的意識，而是被計算機模擬出來的「假意識」。但是，第三人稱世界的對象可以分真假，第一人稱世界中的意識何以分真假？博斯特羅姆基於自然主義的計算主義使他陷入到虛妄的境地之中。更為嚴重的是，如果大企業家馬斯克之流也循着這個思路前行的話，就會徹底忽略「腦機連接」項目最致命的危險。

經過多年的獨立研究，加上近來與美國量子物理學家亨利·斯塔普的

討論，著者已經得出結論，物理主義和計算主義對人類意識的解釋是誤入歧途的，因為這些解釋者都不可避免地陷入了「整一性投射謬誤」之中不可自拔。

著者得出的結論是，**以計算機模仿神經元網絡的方式造出來的人工智能不可能具有真正的自我意識，只有按照某種非定域原理（比如量子力學）建造出來的人工系統，才有可能具有第一人稱視角的主觀世界和自由意志。**所以，除非有人以確鑿的證據向我們證明如何按照非定域原理把精神意識引入某個人工系統，不管該系統的可觀察行為與人類行為多麼相似，我們都不能認為該系統真的具有了精神意識，該系統都還是屬於工具性的「弱人工智能」。

弱人工智能是在特定領域類似、等同或者超過人類智能／效率（不具備自我意識）的機器智能。就目前已廣泛應用的人體識別、機器視覺、自動駕駛、機器深度學習等 AI 技術而言，都屬於擅長單一活動的弱人工智能範疇。可以「戰勝」李世石一百次的 AlphaGo 也不例外。

AlphaGo 的工作原理是訓練多層符號化的人工神經網絡進行「深度學習」，這種「學習」，實質是將大量矩陣數據作為輸入，通過非線性激活方法取權重，再產生另一個數據集合作為輸出，調整權重分配，反覆迭代逼近期望值，直至滿意，就把權重矩陣固化下來，從學習狀態轉到工作狀態。本人與斯塔普的研究表明，**這樣的學習過程，從頭到尾都沒有任何機會讓「自我意識」湧現。**

以雷·庫茲韋爾（Ray Kurzweil）為代表的未來學家認為「智能爆炸」正在發生，但他們並沒有論證過人類的自我意識和人類的智能之間的分別在哪裏，也就無法揭示這種所謂的「智能爆炸」到底是福還是禍，從而所謂的「樂觀」還是「悲觀」的區分都顯得膚淺和不得要領。**雖然我們在這裏沒法展開系統的論證，但分析一下這種威脅論的直接起因，還是可行的。**

首先，**人工智能可以通過「學習」無窮迭代改進其「能力」，而這種權重分配為何能達到這個能力，卻是一個無人可以破解的黑箱內的矩陣狀**

態。這樣的事態，聽起來就會引起大家的心理恐慌。此種危機意識是人類自己將「對未知領域的不確定和不可控性」「對未知領域可能產生的巨大影響」與「缺乏學理根據的科幻想像」糅合之後的產物。

也就是說，這種危機感類似於被迫害妄想症，而問題癥結不在於人工智能這項技術，而在於有這種意識的人群本身。因為在沒有完全弄清楚人工智能與自主意識的問題之前，將人工智能擬人化，或主觀賦予其行為動機都是出於人們臆想的焦灼和恐懼，所以這種威脅實屬「人為」而非「機為」。

其次，以馬斯克為代表的一部分人擔憂，**如果懷有惡意的個人／組織／集團／政府率先掌握了超人工智能技術並用其實現自己的邪惡計劃，那麼人類的處境將會變得岌岌可危。**這類危機來源圍繞的仍舊是人的動機，關涉的依然是人與人之間的操縱與被操縱的「政治」問題，而無關乎人工智能是否具有「征服」的意圖。只要不脫離人際關係，看似由人工智能所導致的控制危機實質上就仍然屬於人類自古以來一直都在面對的統治與被統治的話題。

這與黑幕後的政客或極端恐怖分子掌握大規模殺傷性武器本質上是一樣的，也與我們造了大壩卻對其後果難以預測和把控的情況相差無幾。所以，人工智能這項新型技術可能會對我們過往經驗構成嚴峻挑戰，但並不會產生完全不同類型的新問題。也就是說，人們擔心的「智能爆炸」所引發的後果並不是一個新難題，而是一系列老問題的疊加。

再次，**對於人工智能技術的焦慮還來自另一類認為它將取代人類勞動力，從而造成大量人類失業的威脅。**這類憂慮，實則是對人類內在價值的誤讀。其實，「不勞而獲」只是在有人「勞」但另有人「獲」時才是壞事，而使得所有人都可以「不勞而獲」，正是所有技術進步的應有目的。

人類謀生所需的體力勞動和腦力勞動被機器替代是必然的趨勢，而這正是我們所有經濟發展技術創新所謀求的主要目標。由此看來，人工智能取代人類勞動，我們應該拍手叫好才是。只要我們的分配制度與人類勞作的關係理順了，人類並不會因為失業就喪失了生活的意義，反而這讓人們

有更多的機會去使其內在價值大放異彩，直接謀取生活的意義。

　　所謂人類生活的內在價值，是與其外在價值或工具價值相對而言的。比如，單從一個人來說，為了購買食物讓自己生存下去而不得不從事一份枯燥乏味的工作，這種工作並沒有任何獨立的價值，其價值完全是工具性的、附屬於生存需要的。

　　另一方面，內在價值卻是非工具性的。或許哲學家們在幾千年的爭論中還未能將具體哪些是人類的內在價值給出一個精準的劃分和描述，但對諸如幸福、自由、正義、尊嚴、創造等這類基本內在價值是鮮有否定的。這些價值不是為了其他價值或目的而存在，它們本身就具有至高無上的價值，失去這些價值訴求，人們生活所慾求的全部內容將不復存在。而**人工智能取代人類勞動力從事基礎工種的勞動，恰恰是將人類從勞作謀生的桎梏中解放出來，讓人們投身到藝術、認知、思想、情愛、創造等實現人的內在價值的活動中去。**

　　最後，正如最近大熱的科幻劇集《西部世界》和《黑鏡》系列所隱喻的那樣，**部分人認為人工智能的「覺醒」才是對人類最致命的威脅。**他們害怕人工智能發展到具有自由意志和自主意識的強人工智能階段後，會擁有跟人類一樣的「人性」腹黑面而與人為敵。

　　但是，正如以上所說，現今馮・諾依曼框架下的二進制計算機的工作原理依賴經典物理學的「定域原則」，永遠不可能「覺醒」，而只有以「非定域原則」為構架的計算機（比如量子計算機）才有可能產生自我意識。所以，在現今神經網絡人工智能獨領風騷的情況下，這種擔心完全多餘。

　　那麼，**如果基於量子力學我們真的製造出了具有自我主體意識的強人工智能呢？**這時我們就要徹底轉變思路了，此時有意識和情感的人工智能也具有與人類對等的人格結構，在社會地位與權利尊嚴等方面應與人類一致。拿它們去買賣，相當於法律上的販賣人口。進一步地，我們必須將它們看成是我們的後代，與我們在實驗室培育試管嬰兒並無本質上的差別。自古以來，我們都希望自己的後代超越自己啊，「強人工智能」比我們強，我們慶賀都來不及，還焦慮什麼呢？

　　總之，按照人文理性的要求，面對自己創造的具有自我意識的強人工智能存在體，我們的基本態度應是接受並認可他們是人類進化了的後代。正如經過上萬年的演變後，躲在山洞裏的智人成為穿梭於摩天大廈裏的現代人的歷史進程一樣，人類以嶄新的方式繁衍出一種新面貌的超級智能人，這不是滅世的劫難而是人類的跳躍式進化。

　　但是，目前以 Neuralink 為代表的科技公司所試圖做的腦機互聯，卻極有可能將人類個體變成徒有人形的機器人，亦即行走的「殭屍」，徹底終結人類文明。如若僅僅出於害怕人類在超人工智能時代到來時不能與 AI 在勞動力市場相匹敵甚至被淘汰而企圖將人類變成 AI，這將是對人類最緊迫且最嚴重的威脅。就像上文所說的那樣，**人腦是迄今為止我們所知的最為複雜精巧的東西，在我們還沒有基本摸清其運作原理之前，對其進行任何加工改造都是極端危險的行為。**

四、虛擬現實的顛覆性

　　著有《未來簡史》的哲學家赫拉利（Yuval Noah Harari）最近在英國的《衛報》發表了一篇文章，題為《無需就業就實現人生意義》，宣稱人工智能的發展將大多數人變成「不可就業」後，虛擬現實讓人們直接實現生活的意義。他還把人們在 VR 世界中與生產力脫離的活動類比於古往今來的宗教活動，試圖說明人們從來都是在生產活動之外才找到深層意義的源頭。

　　赫拉利認為勞作不是生活意義的源頭，與我們前述的觀點不謀而合。但他將人們在虛擬世界中的活動與宗教類比，卻忽略了一個最重要的問題，那就是，在宗教中，人一般被當成被造的存在，而在虛擬世界中，每個人都可以是世界的「造物主」。他沒注意到，「創造」與「被造」，是相反的。

　　在 VR 與物聯網結合在一起之前，VR 只是一個體驗的世界，很多東西並不會在真實社會中直接造成實質性後果。VR 和物聯網結合在一起就

不一樣了，那就是 ER，擴展現實，我們此時就可以從虛擬世界操作現實世界中的物理過程，完成生產任務了。我們將這方面界定完以後，就可以討論，在現實世界不能幹的事情，到底是否可以允許人們在虛擬世界中去實現。

有人認為現實世界不許幹的事都是壞事，那可不一定。因為，**現實中的自然限制不一定符合人的需求，人為的規矩也不一定是最合理的規矩。**比如說孫悟空的七十二變，還有《山海經》那種古代傳說中的很多東西，我們在現實中就幹不了。但是如果我們看不出這種神仙般的能力有啥不好，甚至或許很好，我們就讓大家 high 起來啊。再比如說，現實生活中有國界，而虛擬世界中可以沒有國界，沒國界到底是好事還是壞事？沒有進一步討論之前，我們先不要輕易下結論。

一下子從管制角度看，它好像是壞事，但是從終極的角度來看也許並不是壞事。是我們的制度要適應這種東西，而不是反過來，讓我們適應已有的制度。這就需要非常嚴格的邏輯思維，對人類社會本性有一種透徹的理解，對我們的生活的內在價值有一些比較深刻的理解，才能想清楚這些我們必須面對的新問題。這就涉及很多思想資源，有兩千多年來哲學家討論的東西，平時人家並不關心，但是現在虛擬世界和人工智能等東西來了，那些東西就變成所有人都要面對的事情。我們立法，和人建立關係打交道，都變成要思考最抽象的哲學問題了，這就要激活大家的人文理性。

VR 領域真正的問題，其實是與馬斯克的「腦機融合」項目類似的問題。虛擬現實行業的不少人與馬斯克有類似的危險想法，就是繞過人的自然感官直接刺激腦中樞來給人輸入虛擬世界的信號。經過我們以上的分析，我們知道，這是萬萬使不得的。

不同的是，這邊形勢更加緊迫，卻少有人關注。**虛擬現實與物聯網的結合是不久後幾乎必然要發生的事情**，我已在實驗室中做出了可操作的原型了。做出這個，就是要警示大家，弄好了我們接近神仙，弄不好呢，馬斯克還沒來得及做的事，被虛擬現實大牛搶先了。一旦大家腦部被插，無論是在 VR 還是 AI 領域的人幹的，可能的結果就是人類文明的終結。

為虛擬現實預先注入鮮活的人文理性 *

—— 翟振明教授做客北大課堂

邵燕君（北京大學中文系副教授，以下簡稱邵）：2016 年號稱 VR 元年，不過，我們對虛擬現實的關注，並且進行哲學層面的思考是從閱讀翟振明老師的著作開始的。您這方面的研究給人一種石破天驚之感，而且是一種整體上的、世界觀的衝擊。

我們這個團體本來是做網絡文學研究的，又從網絡文學研究進入到新媒體研究。在相關課程中，我們仔細閱讀過麥克盧漢有關媒介變革的理論，也討論過羅蘭·巴特有關「文本」的概念，最近正在討論福柯提出的「異托邦」概念。我們發現，這些大師級的思想家們有一個共同的特點，就是當他們提出一個全新理論的時候，描述的並不只是一個總體性框架，而是非常具體的，充滿了細節。也就是說，他們的思維早已撐破了時代局限性，所預見的那個未來世界在他們的想像裏幾乎是可觸摸的。當那個時代還沒有到來的時候，我們聽不懂他們在說什麼，而且很不耐煩。而當時代降臨的時候，我們才發現，他們真是先知啊，他們的理論一點也不晦澀，一下子全懂了！讀翟老師的書時，我們也有這樣的感覺。應該說，雖然艱深，但實在精彩，像科幻小說一樣，拿起來根本放不下去。不過，還有很多似懂非懂之處。所幸，我們能把翟老師的「真身」請來，給我們面授，回答我們的提問。讓我們歡迎翟老師。

---

* 　原載於《花城》2016 年第 5 期。此處略有修改。

一、虛擬現實探討的是哲學上的老問題

翟振明（以下簡稱翟）：這是一本哲學書，最簡單的理解法就是這是笛卡爾《沉思錄》的電子時代版。笛卡爾提出「邪惡的精靈」（evil genius）創造出一個新世界。而當我們戴上 VR 設備的頭盔時，現有的世界沒有了，新的世界出現了，這個新世界是我們自己造的，邪惡的精靈欺騙我們不再是一個猜測了。這就引出了一個哲學問題，我們創造的這個世界和原本的世界在本體論上到底有沒有什麼差別？我們探討 VR 就是探討最原本、最傳統的哲學問題，根本不是新的哲學問題 —— 當然，這個話題很新。

由於虛擬現實的出現，我們與技術的關係發生了劇烈的轉變。同先前的所有技術相反，虛擬現實顛覆了整個過程的邏輯。一旦我們進入虛擬現實的世界，虛擬現實技術將重新配置整個經驗世界的框架，我們把技術當作一個獨立物體 —— 或「工具」—— 的感覺就消失了。這樣一個浸蘊狀態，使得我們第一次能夠在本體層次上直接重構我們自己的存在框架。當所謂的「客觀世界」只是無限數目的可能世界中的一個時，感知和意識的所謂「主觀性」或曰「構成的主體性」（constitutive subjectivity）就顯露了它原本的普遍必然性之源的真面目。

在這裏我們要防範兩種常見的自然主義的錯誤。一個是，將主體性等同於以個人偏好為轉移的意見的主觀性；一個是，將心靈等同於作為身體部分的頭腦。要記住，我們能夠理解為什麼自然實在和虛擬現實同等地「真實」或「虛幻」，是就它們同等地依賴於我們的給定感知框架而言的。但是，如果虛擬實在同自然實在是對等的，為什麼我們還要費心去創造虛擬現實呢？當然，明顯的不同是，自然實在是強加於我們的，而虛擬實在是我們自己創造的。

所以在這本書裏，我作出了兩個斷言並為之辯護：

第一，虛擬實在和自然實在之間不存在本體論的差別；

第二，作為虛擬世界的集體創造者，我們 —— 作為整體的人類 —— 第一次開始可以過上一種系統的意義主導的生活。

邵：正是您這兩個斷言讓我們有石破驚天之感。它給我帶來的最大的狂喜是，我突然覺得人類永生的願望可能以另一種方式實現了 —— 永生是生命無限地長，虛擬世界卻可以讓人在有生之年的體驗無限地多。然而，也帶來恐慌。當人類的感知框架可以無窮改變時，不變的是什麼？人類還有沒有一個錨定點？

翟：我這本書第一、二章首先討論的就是這個問題。我在這裏證明的是，無論感知框架如何轉換，經歷此轉換的人的自我認證始終不會打亂。此不變的參照點根植於人的整一感知經驗的給定結構中。

這裏首先要討論的是關於人格同一性（personal identitiy）問題，其中新引入了「地域同一性」（locality identity）的概念。如果要證明一個非人的物體和另一個物體是同一個物體，最終標準就是有沒有時空的連續性。比如一棵小樹長成了一棵大樹以後，被移到其他地方去，兩棵樹還是同一棵樹，同一性的得出有賴於時空連續性，因為從小樹到大樹到移植，一直是時空連續的。在這裏，時空是非常重要的。但是在討論「人」時，會有觀點認為人不僅僅是身體，談「時空」沒什麼必要；但又有觀點認為迴避「身體」的問題會找不到同一性（identity），否認它又不行。像佛學的觀念內就沒有同一性 —— 其實預想中還是有，只是這種觀點會被表明為，同一個自我是不存在的，每一個瞬間都是新的自我。但說這話的人又非常明確地知道自己是在和同一個人在說話，而不是不同的人。「剛才的你不是現在的你」，這句話中，有個「你」字被跨過來了。雖然會說「每個瞬間都是新的你」，但這句話中已經設想了一個恆定的「你」，而不是隨便湊一個東西，把一本書、一個杯子和「你」這個人湊在一起。因此，當指定一個東西，說「這不是你」時，這個判斷已經預設了一個同一性，這同一性是什麼呢？古希臘有「忒休斯之船」的問題：忒修斯之船被雅典的人留下來作為紀念碑，隨着時間過去，船壞了，木材腐朽了，於是雅典的人更換新的木頭來替代。最後，這艘船的每根木頭都被換過了。因此古希臘的哲學家們就開始提問：「這艘船還是原本

的那艘忒修斯之船嗎？」同一性的問題就這樣。其實我們看起來這裏邊沒有什麼神祕的東西，只是概念不知道怎麼用而已。對於虛擬現實的哲學探討，我想進入實質性的討論，它可以有結果，而不僅是概念的存在。我論證的兩個基本原理是：

第一，人的外感官受到刺激後得到的對世界時空結構及其中內容的把握，只與刺激發生界面的物理生理事件及隨後的信號處理過程直接相關，而與刺激界面之外的任何東西沒有直接相關。

第二，只要我們按照對物理時空結構和因果關係的正確理解來編程協調不同外感官的刺激源，我們將獲得每個人都共處在同一個物理空間中相互交往的沉浸式體驗，這種人工生成的體驗在原則上與自然體驗不可分別。

邵：您這本書英文版出版是在 1998 年，早於全球 VR 熱幾乎 20 年。您為什麼這麼早就開始關注這個問題呢？

翟：說起研究 VR 的動機，對我而言，這其實是找到新機會，來討論傳統上最原始的、最硬核的哲學問題；用一個新的手段，提供新的洞見、新的答案。這其中有兩個方面的問題：第一個，可以理解虛擬現實在最後會成為什麼東西；另外，附帶的問題是 —— 這個附帶的問題是現在我最關心的，當時是附帶的 —— 這種世界造出來之後，對人類文明的影響到底是什麼？後者和傳統的哲學問題沒有硬核性的關係，屬於文化批評，以及涉及其他學科的範疇。其實最關心這問題的，大部分集中到中文系；在世界範圍內集中在英語系、德語系、法語系，等等。

邵：為什麼呢？

翟：因為很多人做學問，覺得價值判斷跟他們沒有關係。而中文系等語言文學系的研究者，因為他們可以將感受性和學術性都放在自己的述說中，研究 VR 可以既做理論又做價值判斷，比較無拘束。這是一個

觀察，我不知道對不對。就是說，除了做哲學的人和小部分研究倫理學的人，大多數理論研究者，都認為價值判斷是不能被理性討論的，屬情感的或傳統習慣的範疇，所以他們就採取中立態度；做社會科學的人也都是中立的吧 —— 他們本來就應該中立。因此，按排除法，只有非常少數的人，比如研究政治哲學的一部分人，做倫理學的一部分人會認為，如果 VR 關係到人類文明、前途好壞，那麼他們自己有做價值判斷的責任。當然，對所有研究者而言，附帶着也會討論這個問題。倘若 VR 真的建成，對人類生活、文明底層的影響、實際生活的價值的定向等問題也是可以附帶討論的。而部分語言文學類的學者、一些文化批評家們在理論與情感以及傳統習慣之間遊移，作出某些理論洞察和一些情懷闡發，都可以被人接受，價值判斷到底屬於理性還是情感，他們也不會太過計較，也就不會太過忌諱進入新的話語境域。然而現在我做 VR 實驗室，卻是理性的反思和建構先行，先從理性出發釐清形而上學和價值倫理基礎問題。現在 VR 時代真的來臨了，這一切就不只是這個形而上的問題了，而是真的會影響甚至顛覆我們的生活。我是哲學教授，是倫理學的教授，這是我的責任 —— 要在虛擬現實到來之前預先注入鮮活的人文理性。

對於哲學，我要澄清的一點是，我這裏說的哲學不是一般泛指的生活態度，而是嚴格的學術，需要作出判斷，需要證明自己的命題是真命題，與相反的命題不相容。像蘇格拉底那個時候，每說一句話都要證明那是對的，不妥的東西你要收回。蘇格拉底的追問法，看着很散，沒有像現在的數學那樣一步一步地證明，但是他的手段是這樣，他最終的結果是要說明你是錯的，我不說你錯，而是一步一步引導，一步一步按邏輯推，最後不用我說，你自己知道你是錯的。所以一般學生問我一些哲學問題，要找答案的時候，我也是這種態度：你要的話，就和我坐下來慢慢討論，一來一回，一點一點道來。你直接問我結論是毫無哲學意義的，你需要自己把道理想清楚了。

所以本書第一、二章根本不是談虛擬現實，而是為了做思想實驗，

把討論虛擬現實的前設、基本原則，在不是虛擬現實的地方找出來，然後再在虛擬現實中才有說服力。我先藉着一般性的原則弄清「什麼是實」「什麼不是實」「人在哪裏」等問題，在虛擬現實之中，它們怎麼對等？VR 世界的空間是從一個電腦裏造出的。有人說電腦這麼小，造出一個空間和無限大的宇宙空間對等難道不是悖論嗎？我要證明它不是悖論，就要從悖論本質說起，從空間結構 —— 康德的空間觀等等說起。這本書沒有專門提到康德，但其實裏面有康德的空間觀。我寫完了以後非常後悔，沒有多費點筆墨寫康德哲學的關聯，事實上他是我最重要的資源。空間本來就不是在外邊的，空間是我們心靈的框架，理解外界的所有經驗的一個框架。以前康德老被批判，被唯物主義批判。但假設一個正常的人，他從小被關在一個狹窄的房間裏面，不被允許出去，那麼他對無限空間的理解和我們的理解有沒有差別？他和我這個全世界跑過的人，其實是沒有區別的。只要有視覺的感覺，他就會想，我能看到的空間外邊一定還有空間，窗外一定還有世界，他會和我們一樣納悶，如果整個宇宙有邊的話，是否外面還會有宇宙。這種空間的觀念，和你實際體驗過多大的體積是沒有實質關係的，它不是經驗得來的，不是外邊的東西輸入給我們的，我們任何人見到過的空間，與可能的空間廣度和深度相比都微不足道，從這麼點經驗推出關於整個宇宙的見解，那是不可能的。如果是外界給你空間感的話，你不可能由此得出一個「宇宙觀」，只有你的心靈去理解世界的結構，才有可能是有效的。我不能說，我看到一個人長着兩隻眼睛，全世界的人一定有兩隻眼睛。即使這個論斷碰巧是對的，但這樣推理也是錯的。但是對於空間的性質，我們卻可以將個案推向普遍而完全有效。經驗判斷和先天綜合判斷，是康德式的範疇，這個要分開來，有些東西不需要經驗歸納就可以判斷，有關空間及其性質的判斷就屬於先天綜合判斷。

邵：翟老師，看這本書的時候，我覺得您給我們思維最大的衝擊是，我們的人體不過也是一套裝備，也是一套感知框架，也就是說它是可替代

的感知框架。虛擬世界和我們所感知的「現實世界」之間的關係是平行關係而非衍生關係。如果感知框架是可以選擇的，那麼什麼是不可以選擇的？您說的是心靈，有的時候您也說是「道」。在這裏您想表達的是什麼？這是不是有點神祕主義的意思？

翟：這裏指的就是心 - 物統一體。你說心身也可以，心和物最終並不是分開來的兩個東西。不能說是心，也不能說是物，所以只能找個詞，我用的是「道」。

秦蘭珺（北京大學中文系比較文學博士，中國文聯文藝資源中心應用與推廣部幹部）：翟老師，我補充一下，我想，邵老師可能想問的是，您有某種宗教情結嗎？

翟：我沒有宗教情結，可以說我沒有宗教信仰。這本書裏的內容是講道理講出來的，不需要相信故事，不需要相信傳說，也不需要相信有個「人格神」的存在。另外，講到「人格神」，那是什麼東西？我們也不知道，起碼，它既不是心也不是物。

二、不管有沒有造物主，我們都可以是自己的上帝

邵：一談到虛擬現實，我們特別容易想到《黑客帝國》的後背插管啊，《美麗新世界》的快樂劑……我們曾經所有關於惡托邦（dystopia）的想像都是往這個方面去的，您這本書裏也討論了這個問題。

翟：對，第五章，專門講這個。

邵：「惡托邦」的想像雖然有着極其重要的警示意義，但是不是有點太悲觀了？因為都是基於極權主義和資本主義大工業生產背景的，受眾也

是作為被動的接受者被想像的 —— 這也是法蘭克福學派的慣常思維。需要問的是，我們恐懼的到底是 VR 還是極權？在這一點上，正是我們目前所做的網絡文學研究和您的研究結合得最緊密的地方。網絡文學和傳統精英文學有一個很重要的分界點 —— 五四以來的新文學基本上是以現實主義為主導的，而網絡文學大部分是幻想性文學，其實是虛擬現實的。在這裏，我們觸及了這樣一個問題：在這樣一個虛擬現實之中如何重新架構一個世界？您在本書談到的一個觀點給了我們非常大的啟發 —— 不管這個世界有沒有造物主，我們都可以，也應該是自己的小寫的上帝，也就是在一個有限範圍內操控自己的命運把握自己的未來。

　　不過，我們真能成為自己的上帝嗎？那個虛擬的世界會不會更容易被某種極權的人、危險的人控制？然後最後我們自身就變成了那個後背插管的人？您在書裏邊特別談到了這個疑慮，在第五章您說，「儘管許多評論者對未來電子革命的其他方面評價不一，但他們幾乎一致認為虛擬現實和賽博空間同赫胥黎所描述的『美麗新世界』正好相反，它將前所未有地激發人類創造力並且分散社會的權力。」如果說 VR 能夠前所未有地激發人類的創造力並且分散社會權力，這可能跟電子革命這種媒介革命有直接的關係。現在，在網絡空間內部，已經形成了一個又一個的粉絲部落文化群體。這些粉絲部落文化群體是有機的，粉絲們不再是法蘭克福學派描述下的那些個被動的、孤立的原子，他們靠「趣緣」凝聚在一起，有着共同的、具體的生活。在他們的部落中他們有着某種程度的立法權，理想狀態下每個「小宇宙」的規則由「趣緣群體」成員通過協商來設定。這樣的一種可能性和媒介革命是息息相關的。正因為有了網絡空間，普通人才有了組織有機的網絡部落的可能性，他們才有可能獲得某種虛擬的新世界的立法權。所以我們也特別希望您能再討論一下，首先，您對這樣的未來樂觀嗎？在媒介革命之後，人們自願形成的「趣緣群體」可能分散社會權力嗎？

　　翟：這個是一般性問題。我先造一個問題來讓大家反思一下，你這個

特殊問題的答案，估計會顯露出來。比如說，虛擬現實在美國發展，同樣的，它也可以在朝鮮發展。你覺得它們的走向會一樣嗎？肯定不一樣。所以，在技術上 VR 會發生，但是對我們人類生活怎麼關聯的話，這就由原來所有的制度、文化、民族心理共同決定。因此在我看來，最值得討論的並非虛擬現實來了以後「我們該怎麼辦」，而是我們開始研究虛擬現實時就要想清楚「我們該怎麼做」。這兩個問題是完全不一樣的，一個是被動式的，另一個則是主動做的。

邵：那您打算怎麼做呢？

翟：現在就是在做呀。我也不想成立組織什麼的，我就是來北大講講，到這裏講一講，再到那裏講一講。最後，寫一寫，讓人看看實驗室，告訴大家這樣的未來快要到了，再問一問：我們怎麼辦？

我不能幹多少，需要大家一起幹。我的這本書裏主要講的並不是這些，但第五章關於人類《美麗新世界》的內容是與之有所關聯的。諾齊克（Robert Nozick，美國哈佛大學教授，二戰後至今最重要的古典自由主義的代表人物）做了一個思想實驗：我們生活的目的是什麼？有人說是快樂。諾奇克反駁說，真的嗎？如果是這樣，那麼就和《美麗新世界》差不多，把人接上一個快樂機器，刺激你快樂，你願意把你自己接上去嗎？大多數人回答說「不願意」。不是說人生活的目的是快樂嗎？那為什麼不接進去？這不是自相矛盾嗎？這時我們就要反思了。快樂是重要的價值，但是我們真正的最高價值，叫尊嚴。虛擬世界不是有多少快樂的問題 —— 當然主流意識形態反對快樂也是非常讓人頭疼的問題 —— 新一代年輕人追求快樂的方式，只要是掌握話語權的年長者們不理解的，就說是邪惡的，這是糟糕的一件事情。每一代人都這樣，現在的年輕人說父母不懂就說是邪惡，他自己可以下象棋，我玩遊戲就邪惡。這樣的邏輯延續下去的話，年輕的父母玩樂高，孩子玩「我的世界」—— 邪惡。父母玩 iphone，孩子玩 VR 頭盔 —— 你怎麼玩頭盔？邪惡！一代一代的

人就是這樣子的，每一代人都覺得下一代人是在墮落。覺得自己不懂的東西是壞的東西，這樣的恐慌是因為人們害怕自己控制不住，一失控就覺得是邪惡的。但是我們人類的目的就是要自己控制自己，而不是被別人控制。我們都有控制別人的願望，但是我們要反思：這是錯的、惡的，要讓善冒出來。權力意識、性獨佔意識，誰沒有？這些意識確實有可能產生邪惡，但是愛美之心、愛爽之心、享樂之心呢？誰都有，沒有就糟了，除了尊嚴之外，這些都是生活裏最應該有的正面內容，只要人為了獲得這些內容不發生爭鬥，都是正價值。要防止爭鬥，就需要理性。但是理性之心，有強有弱。最重要的，就是在可能的範圍內自己決定自己的命運，這基本就是人類尊嚴的核心含義。虛擬現實也好，人工智能也好，這個問題是極其重要的。

三、所有的東西都可改變，唯獨意識不可改變

傅善超（北京大學中文系碩士研究生）：我的問題是一個比較細節的問題，我大概說一下我的理解吧。因為我學過理科，所以這本書，尤其是前幾章非常非常數學化的分析方式，可能大家不太熟悉，但我是覺得非常親切的。翟老師在書中也提到他為什麼要思考虛擬現實，是因為我們需要在技術來臨的時候以主動的姿態思考我們能做什麼。我的理解是，前面的那一些非常數學化、非常證明式的東西，與後部分連接起來，這本書實際上說的是我們可以有虛擬現實的技術，它可以改變一些東西，但仍然有些東西是不會被這個技術改變的。說得比較保守一些，最不可改變的，是類似於胡塞爾先驗主體性的這種東西，它不會被技術改變。可能在虛擬現實技術出現之後，比如說，頭盔，像是我們在虛擬世界裏面的眼睛；緊身衣，好像是我們在虛擬世界裏面有另外一套身體……儘管是這樣，但是我們的主體性是沒有改變的，更準確地說，先驗主體性沒有變。當我們進到虛擬世界之中，很多經驗的東西是會改變的，而且非常容易被操控；但是當我們在思考的時候，那些和主體性相關的問題，它們仍然是存在的，

而且是關係越緊密，可能改變的就越少。我覺得這可能就是我們人文學科在思考技術的時候的一個比較好的起點，比較好的思路。

翟：你講得非常好，這就是第四章說的，所有的東西都是可改變的（optional），唯獨意識（consciousness）的先驗結構是真正不可改變的。有人問我，人與人之間接觸，不是我們用物理、信息可以說清楚的，比如一見如故，兩個陌生人之間好像很有親切感，這樣的感覺，虛擬現實能做到嗎？我說，好吧，有這樣一種東西，是超物理的，我不知道有沒有，設想它有的話，如果是超物理的，只要它原來在，那麼它現在照樣在，虛擬現實沒有碰到那一塊；如果它不是超物理的，那麼它就可以被做出來。這個貌似複雜的問題，一下就解決了。所以當時我就有一句話，宣傳這本書：人工智能不可完成，但是宇宙可以被再造（It's impossible to realize AI, but it's possible to remake the whole universe.）。製造整個宇宙，大家覺得不可思議。但是，這裏的製造並非一磚一瓦的建構，而是從根底上改變空間的關係，出現整個新的世界。這樣的話，一開始的「物理」規則、倫理原則等，現在都要由我們自己來定，所以我說需要一個叫作「造世倫理學」的新學術領域。很多人認為倫理規則是從這個世界總結出來的，但其實無論怎麼總結，對外在經驗的描述不可能導出規範性的規則，經驗主義的道德哲學在規範上是不可能的，普遍有效的規範，源於人的理性的自我要求，或曰，源於目的王國中的自由理性人的自我立法。

邵：作為一個學文科的，我想問您一個問題，可能不一定合邏輯。從我們需要的角度出發，其實您剛才說的這個虛擬世界，對我們這些人來講，對我們的最大的誘惑恰恰是各種主義。比如，我們能不能在虛擬空間建一個女性主義空間？

翟：女性主義的空間，什麼主義都可以的。這無關正確與否，只要是

空間都可以，關鍵是不能以此強加於他人。

邵：就是我們這一些人，有這樣一種主義，然後我們用這個方式去設定這個世界。

翟：對，這不是最高層面的主義。女性主義，把一個性別當主義，一定是過渡性質的，不可能有永久的女性主義。因為男性太過強大，女性及其同盟想要糾正過來。這很正當，隸屬於一般的正義原則之下。「我們要來了！」是這個意思。當然，你要有說服力，要有理論建構，要有價值訴求了。如果只是為了女性而搞這樣的主義，作為社會行為都好，但作為最後的哲學學術就不行，學術不能預定立場的。有人宣稱所有的學術問題，都可以化歸為意識形態問題、話語權問題或立場問題，這是智性墮落的表現，我堅決抵制。

邵：我覺得我們需要警惕一種精英霸權。讓我再把姿態放低一點，我們想要建構的那個世界可能沒有完整的理論邏輯，只是我們這個小群體的意願，我們就是想要在虛擬世界立法的權力。我覺得在虛擬世界裏要抗拒「極權設定」不能靠知識精英發明一個更完美的設定，建構一個烏托邦，而是要靠多如牛毛的小團體建構自己的異托邦 —— 它們可能是不完美的，甚至是「變態」的，但卻是自願自足的。因為我們不願意在現實世界服從於權力秩序的邏輯，在一個虛擬的世界還要服從於精英的邏輯。

翟：不願意，就因為「人是目的」嘛，不是嗎？

邵：所謂人是目的，應該是每個人都是目的。所以，這個設定權不能讓渡給任何一個別人，不管他是佔有了知識，還是佔有了財富。而且，我覺得在今日和未來的社會，反抗專制的有效方式不是對抗而是分散，而且，在整個社會進入犬儒狀態的今天，恐怕每個人只願意為了捍衛自己的

生活方式而戰鬥，如果還會戰鬥的話。

翟：非常對，每個人都是目的，即康德說的，每個人都是目的王國中的平等成員。說到底，你還是在堅持這樣的一條原則，說這條原則不能被去除。

邵：這點我同意，如果您說的基本原則是人的主體性的話。

翟：對，最抽象的、最基本原則，要遵守。中文系和哲學系的思維不一樣，哲學要把思想的整體用邏輯組織起來，在分析能過關後才來綜合，先要找毛病，挑錯，然後再把相容的東西加以綜合；中文系、文藝批評呀，這個主義那個主義呀，就是要鬆動人的習慣，特別是不良習慣，發明新詞彙，用語言來衝擊既有秩序。

邵：剛才我有一句話沒聽懂。您說再造宇宙是可能的，那麼怎麼造？我是不是可以這麼理解，並不是造宇宙，而是我自己造一個裝置，通過這個裝置，就看見了一個新的宇宙。恰恰是因為有了這樣的一個網絡空間，才有可能讓更多的人有可能去造他那小宇宙。我不知道這樣的理解對不對？

翟：說「造宇宙」還不如說「造世界」，這個世界是時空框架中的經驗的集合，不是規律的集合，規律是不能造的。而通過虛擬現實，和我們感覺發生作用的那個界面，所有的東西都是可以造出來的。

四、沒有主體意識的人工智能是「殭屍」

陳子豐（北京大學中文系直博生）：我有兩個問題。首先，本書第四章比較着重地談到，唯一我們被給定的從而不可以選擇的就是意識本身。

我想知道的是，您設定的這個前提是，您是否相信我們有，或者沒有這種手段，可以通過在物理空間層面的操作去影響到我們的意識？第二個問題是，在大家都可以創造自己的小世界的時候，到最後，我們都會創造一個自己的世界，世界外剩下所有的東西於我們都是「殭屍」（zombie）。您的書裏也提到「他者心靈」這樣的問題。在這種情況下，如何去理解一個人和一個人的「殭屍」的關係，他們在社會中的地位和位置，以及對於我個人的主體性的差異呢？

翟：第一個問題，雖然意識是獨立的，但在物理空間的操作是否影響它？當然是。現在，我跟你說話，就是因為能影響你，我才說。但是這不能說明，我能把你的意識給做出來。有些計算主義者覺得人腦就是電腦，神經元的激發無需相互作用湊在一起，就有意識。這樣的想法，我專門發表過論文，證明它是謬誤。計算機的運算速度快了就有意識了？這是很傻的想法。快慢跟意識沒有關係，把算盤都擺在一起，不可能有一點點意識的種子。中山大學校園內有個超級計算中心，全世界最牛的計算機「天河二號」就在中山大學的校園裏邊。普通的電腦就是四個核、八個核，它有幾百萬個核，湊在一起協調。這就有意識了嗎？兩個沒有，五個就有了嗎？一百個沒有，兩百個就有意識了嗎？這是不可能的。但是用量子力學設計，量子計算機就有可能不是這樣子的，量子力學的對象不一定是物質也不一定是意識，它是中性的，叫「道」也可以 —— 這個我們先不談。關於第二個問題：在很多被做出來的世界裏，有很多人工智能造出來的對象，在虛擬世界中有些人是真正的人，有些則不是，我叫它「人羣」。這個「殭屍」問題，其實不是新的問題，在我們進入虛擬世界之前，在這個自然世界中，「殭屍」就是人工智能驅動的擬人機器人（其實我稱其為「人偶」），做到最後，我們怎麼將它們與真人區別開來？

陳子豐：不光是論區分的問題，可能還有更倫理的層面。

翟：是的，在一個你自己的世界裏，「殭屍」出現時，我想怎樣就怎樣。大部分人是沒有戴頭盔的，只有我一個人戴着頭盔，其他都是我造出來的，這是我自己的世界。在這樣的世界裏，道德問題是不存在的，儘管單純的價值問題也還存在。道德問題起碼要有兩個或兩個以上的主體。價值問題不一樣，純價值的問題沒有交互主體關係也可以討論。至於「殭屍」，我們區分不出來，他們看起來和真的一樣，按定義也分不出來，這是問題的症結所在。在我們現在所在的這個世界，機器人造得很像，但是它本身沒有人格。一個像人的機器還是機器，我損害它，損害的就是物體而已。現在很多搞實證科學的人覺得，「殭屍」和人的區別是不存在的，我們就是「殭屍」。丹尼爾·丹尼特就持這個想法，他是認知科學家和哲學家，在西方搞心靈哲學的圈子裏邊很出名。但也有人，比如原籍澳大利亞哲學家大衛·查爾默斯，他把心靈問題區分為「困難問題」（hard problem）和「簡單問題」（easy problem）。困難的問題解釋意識是什麼，簡單問題就是解釋在神經元的對應項上，它會發生什麼反應，那是某種對應關係，但不是意識本身的內容。以丹尼特為代表的前者覺得沒有這種區分，簡單問題到最後等同於取消了困難問題，這代表了學術界大多數人支持的觀點，這個大趨勢被稱為自然主義哲學或者叫自然主義認知科學。按照這一說法，虛擬現實是不存在的，因為電腦的運行和人的觀察是一樣的，VR頭盔不需要存在的，因為說到最後，把頭盔掛在兩個攝像頭跟前和戴在眼前沒什麼區別。這種運行簡單計算機就等於是虛擬世界的說法，是謬誤，我堅決反對。虛擬世界的概念一開始就不能把人的心靈等同於計算機，不然一開機，沒人去感受就有虛擬世界了，這很荒謬。意識與計算機一定要被區分開來，才能談論虛擬現實。但是，這裏即刻就會有個判別僵局出現，就是他者心靈的問題，這在我們這個世界也是個僵局。比如說，邵老師如果有個機器人替身，看起來和她完全一樣，用經驗觀察完全無法區別，我怎麼知道她是沒有心靈的？完美的擬人殭屍和有自我意識的真人之間，如何從第三人稱視角作出判斷，似乎是不可能的事情。但是，從第一人稱出發，自己自我判

斷才知道，我在書中論證過，不管旁人對一個人的人格同一性的認同產生了多大的混亂，這個人的自我同一性的認同一點都不會受影響。這個從第三人稱對第一人稱的認同的有效判據卻是問題，叫他者心靈問題，是傳統哲學的形而上學核心問題之一，與虛擬現實沒有什麼特殊的關聯。丹尼特說意識是一種「幻覺」，但「幻覺」概念本身就預設了意識的存在啊。單純的物理過程中，「幻覺」是啥意思？非意識性的「幻覺」是不可能的。說自我意識是一個幻覺，這是自相矛盾的。

邵：翟老師您能不能更清晰地來表述一下，您覺得虛擬現實和人工智能有什麼區別？

翟：它們一點關係都沒有。人工智能把機器造得像人，可以幹人的體力勞動、腦力勞動，那叫機器人（robot）。虛擬現實裏沒有那種意義上的「智能」，智能在人類自身身上。在虛擬世界中我戴上頭盔進入虛擬世界，我是在線的，我有個 avatar，我譯為「人替」，在線的人以人替的方式相互交往，這時就有了網絡化的「虛擬世界」，這裏不需要人工智能。但是當我不在線想冒充在線的時候，就可以用到人工智能和大數據等等其他東西，這就是「人替摹」的概念。當然還可以有獨立的人工智能驅動的擬人對象，就像現在遊戲中被射殺用的「敵人」，這叫「人摹」。由此看來，人工智能可以存在於虛擬現實中，但是這和虛擬現實沒有必然的聯繫。所以我們的主從機，是無智能的。上次討論 AlphaGo 時，我說我認為人工智能能造出最強大的工具代替我們的腦力勞動，這是遲早都要發生的事情。人工智能下棋打贏人，這是必然的，這就是我們的技術進步的要義，沒有任何新問題。任何技術都可以代替我們的勞動，做我們的工具。在我的網絡化虛擬現實與物聯網整合起來形成擴展現實的構想中，執行遙距操作時需要用到一種「無智能機器人」，就是像電影《阿凡達》中的那種主從機器人，在遠方，你的機器人替身按照你的意願做動作，是你的「人體替」，沒有獨立的智能。

邵：從麥克盧漢的「媒介即延伸」的概念來講的話，原來的工具（比如錘子、汽車）是我們四肢的延伸，互聯網是人的中樞神經的延伸。我可不可以理解為，您剛才講的，比如說人工智能，是人的智力的延伸？

翟：我不叫它延伸，因為智能機器人是與每個個人相分離的人造物，使人的勞作性活動越來越少。虛擬現實是延伸，它使我們的生活空間突然擴大，原來的地域障礙幾乎完全被消除。人工智能是把人類的世界給做減法了，不是做加法的，延伸是個加法。

邵：或者更準確地說，人工智能只是把人的腦力勞動的部分做了延伸？

翟：對，是腦力勞動能力的延伸，但勞動不是人本身。你可以不管它，腦力勞動自動化了，和你脫離關係。

戴凌青（原《科幻世界》編輯）：翟老師，我們作為第一視角是沒有辦法區分虛擬現實和自然現實的，但是像《黑客帝國》裏面，它會有一個第三視角，或者說，上帝視角，他會告訴人們你現在就是在虛擬現實裏面。那麼您認為，在未來我們可不可能出現這樣的上帝呢？

翟：牛津大學有一位哲學家尼克·博斯特羅姆。他說我們本身的意識就是計算機計算出來的，如果是這樣的話，我們本身到底是否是真正存在？他宣稱，幾乎可以確定的是，我們的意識和自我意識是假的。但是他這個命題本身的預設是錯誤的，因為他假設，意識本身從第一人稱的角度就可以有「真」和「假」之分。什麼叫真意識，什麼叫假意識？我們知道我們的意識是真的吧，但他說我們的意識有極大的概率是假的，那真的是什麼東西呢？物件要區分真假比較好辦，但意識及其內容怎麼分真假呢？真假的區分沒有被交代，也不可能被交代，他的哲學思維是半拉子的。

五、VR 時代可能讓人類第一次過上意義為本的生活

吉雲飛（北京大學中文系碩士研究生）：您在書中談到 VR 時代的到來會讓我們人類作為整體而言第一次過上一種意義生活。但什麼樣的生活才是有意義的呢？誰又有權力和能力來為我們繪製 VR 世界的藍圖呢？於網絡文學而言，這種意義本身可能會變成在文學的場域內要匯集億萬網民的「集體智慧」去探討、去奮鬥、去鬥爭的。您認為現在的文學和文藝是不是就在為成為那個意義世界而鬥爭？

翟：你提到了「意義」，這個很值得講。在本體論中物質和意義是可以分開講的，而在平時的生活過程中，和物質相反的概念就是意義，二者無法擺脫對方單獨存在，它們是思想矛盾的兩個對立項。人家經常抱怨啥啥「沒意義」的時候，指的就是赤裸裸的物質，石頭、沙子還沒被用來做材料時，就是「毫無意義」的。但是現在，虛擬現實來了，很多人覺得看到的物體其實後邊沒有什麼硬邦邦的材料，只是信息流，就出爾反爾地抱怨這是幻覺的世界，後邊沒有「物質」支撐，是「沒有意義」的。按說，沒有物質又能感知到，就只剩意義了，為何覺得意義非要由物質來支撐？這種自相矛盾的心態，很多人都有。

吉雲飛：對，到我們這個世界只剩下文學的時候，我們就不知道這個東西是文學，以及文學有什麼意義？如果說到了只有詩和遠方的時候，詩和遠方是什麼？

翟：要回答你的問題，我們不講虛擬世界，先釐清我們自己。我們的生活要追求什麼？一定不是工具。我們不想只做工具，誰都不想，不管是柏拉圖還是孔仲尼，是汪峰還是那英。我不想當工具，也不會想把你當工具，但有不少人都有把他人當工具的衝動。但物質性，它的實用性就是因為它的工具性。而我們講的物慾橫流，分析一下會很有意思。物慾橫流，真的是存在嗎，有這種人存在嗎？有這種社會嗎？沒有。我們把金錢叫作

物吧，這是錯的。金錢是最不是物的，它是符號，連紙都不是。真的物，房子、食物是物。但是就那一點點食物而言，大家是在追求這個嗎？講物慾橫流的人，都是指責已經有很多錢的人，還繼續追求錢。但錢本身不是物呀，它和物的關聯是，它可以換到任何的產品或服務，市場上流通的任何想要的東西。把錢叫作物是最大的誤導。黃金它看起來有價值，可以當項鏈，為什麼當項鏈那麼貴呢？我們現在用合成的方法做出來的項鏈很像真的，為什麼人們不讓其完全代替金項鏈呢？因為項鏈的值錢之處不是其項鏈的功能，而是其符號的功能。因為黃金本來沒有什麼其他的用途但非常適合當貨幣，它就成了通用的記賬符號，人家想把自己與貨幣的某種關聯展示出來還要一點其他藉口（「飾」），黃金就變成項鏈的材料了，似乎很「有用」了。所以，僅從這一點上，我們就知道，這裏，「意義」概念是先行的，其符號性的「意義」是使本來無用的物質材料變得似乎很「有用」。

　　這樣的話，我們還可以試問，是遊戲重要還是工作重要？工作是工具啊，工作，或者更準確些說「勞作」，按照定義，就是為了其他有價值的目的才需要幹的事情，幹這種事情，並沒有獨立的意義。可以說，勞作無意義，除非其導向的目標有意義。蓋樓是地基重要，還是樓房裏的空間重要啊？從操作意義上講，地基重要，因為地基沒打好就是豆腐渣工程，風一吹就倒；但是從價值意義上講，空間重要，地基一點都不重要，地基是為上面的生活空間服務墊底的。太空站，因為擺脫了地心引力，就無需「打地基」。我們要得到的真正的價值，是與生活的內在價值最靠近的那些東西，是在空中，而不是在那個地基上。

　　邵：那我可不可以簡單一點說，有了虛擬世界以後，實現意義可以不搭物質地基了，變得便宜了，容易了？

　　翟：對，大大方便了！現在不是有共享工具嗎？直接共享就不是標準的經濟行為，所以「經濟主義」的時代也許要過去了，用「資本主義」或「社會主義」這些經濟主導的社會標籤來描述這樣的新世界，是萬萬不

能的。比如說，我分享圖片，或在《我的世界》遊戲裏面建造房子讓你住進來，這也不是經濟活動。很多現在正在改變的東西，大部分不屬於經濟領域市場化的活動，而是把分享直接當成生活內容的一部分，而不是「謀生」的行為，這其實是對現有人類生活模式的顛覆。所謂經濟主義，就是幾乎所有人類活動都以經濟活動為中心，其他東西都變成無所謂。這是本末倒置的一種社會，是人類在現有自然空間不得不採取的一種生活方式。有了虛擬世界，事情可能就會發生根本的變化。當然，我最擔心的是，權力在手的人把虛擬世界的「人聯網」當成他們操作「物聯網」的工具，最後也就是少數寡頭把大多數其他人當作實現他們權力意志的工具，這就是災難了。我設計建造的中山大學人機互聯實驗室，就是要展示虛擬現實與物聯網整合後會是怎麼樣的一個世界，我把它叫作「擴展現實」（ER），以作警示。

　　邵：所以就是您這裏講的，人類第一次可能過上有系統的有目的有意義的生活，當然，這也取決於人類是否能預先為虛擬世界注入鮮活的人文理性，使人類在自然世界生存階段以無數災難和死亡積累的文明成果發揮良性作用。非常感謝翟老師！我們在最後一分鐘，走到了問題的核心，達到了思想的狂歡！

關於 VR 與 ER 實驗室及人文意義 *

近日，在北京電影學院未來影像高精尖創新中心主辦的第七屆北京國際先進影像大會暨展覽會上，中山大學人機互聯實驗室主任、哲學系翟振明教授發表了關於虛擬現實與電影結合的演講。

值此機會，影視工業網專訪了翟教授。

影視工業網：我理解您製造虛擬現實場景的一個目的，是將其作為未來可能有的衝突的容器、模擬器、演練場。那麼您已經模擬或者預見到了哪些倫理的、法律的衝突和困境呢？

翟振明：這個實驗室就是整合虛擬現實和物聯網，把觸碰到危險、對人類生活有威脅的方面做出來。再走一步，可能真的觸及人類生活的底線了 —— 可以叫作倫理吧，不是一般的倫理道德，而是人類生活最基本的原則。

倫理倘被違背，VR 就把我們帶進深淵，而非天堂了。弄得好，人類就有大的進化；弄不好，就像走向地獄，VR 極具顛覆性。人工智能是做減法的，就是我們原來要幹的事，越來越不用我們幹了，原來體力勞動給解放了，就是靠一般的機器，現在計算機代替了腦力勞動，人工智能，連我們學習的部分都能代替，以前我們覺得機器做不到的，人獨特可以做到的一些事情，它可以做。大家比較恐慌，覺得這個世界上，勞動力市場不需要人了。

---

* 本文源於「影視工業網」，2016 年 12 月 31 日。此處略有修改。

　　這事對人類不是威脅，大體上是好事。科技發明是為了減輕我們的勞動，使我們要幹的活越來越少，這是好事。只是，在一個社會安排下，你沒工作做，分配的份額就到不了你手裏。所以調整分配方式就可以了，對於人類不是壞事。

　　但 VR 不是做減法，而是做加法，是把人的能力、存在領域擴充到以前想都想不到的場域，是對人的生活方式、存在界面的擴充。對人的生活衝擊，應該是更前所未有的，以前沒有這種技術。人工智能和其他技術之間的區別，是它把人自以為機器做不到的事情也做到了，腦力勞動自動化了。而原來其他技術沒有類似 VR 的東西，有點像傳說中的神仙，有一部分實現出來了。當然，人工智能結合 VR 那就更厲害了。

　　我的實驗室就整合了 VR 和物聯網，人可以在 VR 裏面聯網，大家在一起，用 VR 連接起來的世界，不用出來就可以操作物理世界，這叫擴展現實（ER）。原則上，就像《黑客帝國》電影，不用出來就可以生活，人可以移民進去了。這樣的情況就是我們看到的，和人工智能不一定要結合就能做到的事情。如果我們真的所有功能都在那裏完成了，那就是一個真實的世界，而不是假的世界。我的書裏論證過，兩個世界最終在本體論上是對等的。

　　但是，在半中間的狀態，我們所有的功能都還要在這個物理世界，我們的社會功能都在原來這個世界，才能真正得到完成，那就不對等了。設想進去以後，那裏面沒有支撐我們生存發展的功能，只有體驗的功能。如果進去以後再出來的過程，始終讓人不自知，不知道到底哪個是哪個，分不清那是有真的功能的地方，還是一個幻覺的世界，那就非常危險了。我就把這個界限先做出來，我的實驗室做到了進去：在進入虛擬世界的瞬間，你是不知道你已經進去了的，從現實世界過渡到那裏去，是無縫的，你是發現自己在那裏，但不知道何時進來的。出來的時候，還沒摘下頭盔，你就發現回到真實的實驗室的現場了，摘下來一看果然就是，出來也是無縫連接。中間還要聯網，聯網還是用互聯網的方式連的，證明全世界人所有東西都可以接進去。在這種情況下，抹掉了

虛實的界限，展示了它的危險性。如果有人想控制別人，比如說我專門想要控制人，我做出這種實驗室來，把它一擴充，不讓別人知道，進去就出不來，那時我就變成一個最危險的人。我和媒體、我們的校領導開玩笑：這個地方是非常危險的。現在我是理性地思考邊界，但如果我失去理性，繼續往邊界走，你們該怎麼對付我？應該把我抓起來才對，因為我可以控制人的想法、行動。

　　還有一個，有些 VR 圈裏的人，說以後頭盔可以不要了。我經常在做講演的時候，說到頭盔越來越小，馬上搞技術的人就接話，說我們以後不要頭盔，直接接到腦中樞去就行了，輸入信號。這也是一個界限，需要被嚴格地劃出來的。我們現在 VR 用的是自然感官，自然感官的話，沒東西插入腦中，我們知道沒有發生對自我意識的干涉，和我們平時的體驗是從同樣的途徑來的。但是，一旦直接插進去，我們不知道插到哪裏去，干涉到什麼程度，我們的自我意識是否會消失，我們是不知道的。直接進去有兩種可能：一種可能是我們還有自我意識，我們還能行動，但是我們被欺騙了，我們以為是自己幹的事，其實是別人操控我們幹的，這是非常糟糕的一種事情。這就是人的尊嚴的底線受到了挑戰，受到了貶損，不管你得到快樂也好，最後結果如何，它本身就是一件壞事，不需要其他結果壞，它才壞，這是內在價值本身的壞，這就是被另外一個人控制了。另一種可能，就是我的自我意識都沒了，別人看起來，我還在動，好像還幫了我的忙，比如我原來有病，現在看起來沒病了，但是其實我已沒有自我意識，已經不存在了，叫殭屍。哲學家討論殭屍，就是說，在第三者觀察，它像真的有自我意識一樣。其實呢，他是沒有自我意識的，就是有行為表現的機器。我們的機器人做得足夠好，他就是看起來和人一樣，比如說模仿我做一個機器人，做得足夠好，它的目標就是做到和我不可分，但是我們知道，如果沒有把人的自我意識做進去，它就是沒有自我意識的。但是自我意識到底是怎麼產生的，我們現在所有理論，哲學理論、物理學理論、心理學理論、生理學理論，所有都不知道，所以我

們隨便一插是非常危險的，有可能把人搞沒了，還沒人知道。這就是第二種，插進人腦有兩種可能，都是非常可怕的。第一種是被人控制，第二種，他根本不存在了，但別人還以為他存在着。所以這兩個界限，我要把它做到邊上，警示人們的注意。

影視工業網：現在虛擬現實的形態尚不明朗，此時就對虛擬未來嘗試某種控制，您覺得是否為時尚早？您提出的「造世倫理學」和「虛擬世界大憲章」是未雨綢繆還是杞人憂天呢？

翟振明：我做這個實驗室，作為 ER 的原型，就是有人說時間太早，沒必要，不知道什麼時候的事，還做什麼做呢。我說我都做出來了，就做到危險的邊緣上了，現在都分不清虛擬還是實在了。倫理學不只是要規範人的行為，不讓他幹什麼。反倒它最怕人用這種東西來控制人。有人以為倫理學是要專門控制人的，它叫倫理學，所以很多人把它理解成，不能幹這個、不能幹那個的，也不講道理。倫理學最根本的不是要做這個，是相反的，它怕一小部分人拿這個東西專門用來控制一大幫人，或者把人變成物的附屬。我們的倫理學，主張人要控制物聯網，把物聯網當成虛擬世界中人的工具，這才是正道。

有人以為，VR 屬於遊戲，屬技術的「不嚴肅應用」，人家覺得那個是玩的，而且引人墮落的，他們要把 VR 整到物聯網那邊去，而不是倒過來，這是很危險的。這不是杞人憂天，我們堅持最基本的倫理學。人的基本自由、權利不能被侵犯，不能讓在 VR 裏的人為物聯網的物服務，而應該反過來。有人說我們的規矩是我們的傳統觀念，被破壞了怎麼辦？我們說，有些規矩，本來就不應該存在，我們還真的要破壞。所以我們這個叫造世倫理學，不是一般的倫理學。因為我們要創造物理世界的規則，這叫造世。與此相關的，是造世的憲章。

人與物的關係，在自然世界裏，原來是不存在倫理學的，因為自然界的規律我們無法改變。現在我們要造這個世界，這個虛擬世界是我們的

編程、我們的設計者設計進去的。比如說該不該四季更替，還有人在沒幹什麼的時候，自然界發生災害，颱風、地震，應不應該放在那個世界裏面去，這就叫造世倫理學，這是以前不存在的人與物的關係問題。第二個是人與人的關係，關於誰被控制，誰要控制誰，界限在哪裏。人不要變成二等存在，是另外一小撮人的自由意志，強加在另一大撥人的自由意志之上，讓他們變成工具。倫理學的鐵律，就是不應該把人僅僅當工具。所以這個東西，違反這個鐵律的人從來都存在。現在的 VR 以及 ER 一開始有這個跡象，我們應該都不讓它發生才對。

影視工業網：您剛才提到憲章，這既是政治意志的體現，其基礎也來自倫理學。您也說過，如果制定規則的權利落到錯誤的人之手，可能未來會失之毫厘，謬之千里。如果可以選，您會選誰設計規則？像您這樣一個教授、哲人王 —— 柏拉圖的理想，還是一個民選代表，一個獨立的政治機構來制定規則？

翟振明：要把理性本身作為源頭來制定規則。政治上掌握了話語權的，不應該是當然的選擇。應該說，不應讓他們來制定，他們來制定是最糟糕的。商業則是第二糟糕的。投票的民眾也靠不住，所以應該是誰呢？

哲人王有點接近，但不是叫一個人哲人王，他就是哲人王了，而是要調動大家的公共理性進行討論，還有吸收幾千年來思想家關於人類價值的討論，加在一起。所以這個東西，並不是現成的哪個機構就可以做。剛才你說是政治問題，政治的前提，只要是規範性的，都是以倫理學為基礎的。刑法為什麼要禁止濫殺無辜呢？就是因為濫殺無辜是倫理上不好的事情，我們才禁止它。所謂道德與政治的分別，看你怎麼講。傳統道德不能成為根據，人家傳統觀念在歷史上自然形成，但並沒有經過理性的討論。我們此處要的是以理性推導出來的，普遍的、人人都要接受的這種倫理規則。這也就是所有人的行為，包括集體行為、政府行為，還有個人行為的

基礎，這樣的倫理學，就是價值判斷的源泉。

有些人，包括學者，不太願意把權利問題放到倫理學裏面去，認為那是屬於政治的概念。人的權利的概念，它的理性根據是什麼？一般的政治學可以不討論它，而政治哲學是要討論的，這是和倫理學相結合的政治哲學，它是需要討論的東西，我們叫它規範性研究。法學家也可以不討論，但是法哲學的一部分，確實要討論這類問題的。比如說自然法理論，直接就是從倫理學那裏嫁接過來的。

影視工業網：之前國外學者論證，作為中國的一部分，香港地區的政治制度不可能超過中國現有的政治制度框架。假如說 VR 是現實世界的延伸，那麼我們為其制定的憲章，會不會超出我們既有的政治憲章的框架呢？

翟振明：我覺得有可能。我說過好多次「虛擬世界大憲章」。我們剛才說的是，不可能超出限制，但要看我們是在什麼意義上來超越。其實我們制定憲章，有很多這個世界的功能是要堵住的，不讓這個世界不合理的規則進去，它應該有這樣一個功能。道理講得通的、人的共同理性能接受的，才讓它在虛擬世界裏發生作用，其他的東西不讓它進去。這樣就不是超過它，只是比它少而已。其實我們把不應該有的東西清除掉，那也是個比原來要好的一個世界。剛才講的對人的控制，我們在不同的社會制度下有不同的程度，但是我們要看，人是要控制的，但是怎麼個控制法，在哪個層次控制，我們就可以坐下來，心平氣和地用理性的聲音來商榷。

也不要搶什麼話語權，不要說我是某個傳統的，我是儒家的，你是基督教的，你是什麼主義的，就來爭話語權。有些東西是任何國家、民族都要共同遵循的東西，沒什麼文化傳統的問題。比如沒一個人會說，人就是要當工具。別人當工具可以，但是說我生來就是要給你當工具的，沒有人會這樣認為。難道有人會相信，我的權利本來就不應該存在，我說話不

應該自由，應該你說話才自由，我不應該自由嗎？沒有這種人，不管是在古代還是現代，在非洲還是在外星球，只要有社會存在，有人存在，有獨立思維能力存在的人，就不會認可這種想法，就不會將那種想法用在自己身上。人只要是有自主意識的，都必然有要堅守的東西。其他的傳統「道德」，以偶然的因素混到這個倫理規則裏面，找不到任何理性根據的，我們就要把它清除掉。

影視工業網：您會稱之為普適價值嗎？

翟振明：普適，「適合」的「適」。（不是世界的「世」）我回答你這個問題得先假設。

如果假設沒有普適價值，那社會制度的根據是什麼呢？比如說你要講道理，一定不能只是說我喜歡這個東西，我的文化傳統中大部分人相信這種東西。要知道，你是為未來的人設計制度，未來的人還不存在，你為他設計的東西，如果是有意義的話，就一定存在普適的東西，不然的話，誰搶到話語權，就把自己一己的偏見、偏好推給千秋萬代，這個不僅是橫蠻，而且比暴君還要壞。

影視工業網：在電影、遊戲裏經常看到您盡力避免的那種灰暗的反烏托邦。虛擬現實往往會成為法外之地。這種灰暗的未來，往往根源自人的慾望和遊戲的天性。有遊戲業嘉賓在大會上說，雖然政府對遊戲諸多管制，有很多事情遊戲業都幹不了，但人們玩遊戲就是想幹在現實裏面幹不了的事。您看未來會樂觀嗎？

翟振明：人家一般把它看成負面的，現實中不讓他去。在這一點上，也許大部分是正面的。不過也有可能反過來，有可能大部分是好事不讓幹，只讓你幹壞事，有這種現實情況啊，並不是不存在。有些制度、歷史階段，就鼓勵人幹好事；有些體制、歷史階段，幹某一類壞事倒可以，真

的好事還不讓你幹，但那種殺人放火的壞事還是很少；比如說誠信是好的，有些人不鼓勵誠信，實際上是不讓你幹的。

但是虛擬現實的網絡裏的誠信，在某些方面能讓我們更好地表達自己的東西，沒有身份的，反而更誠信。有了這種身份，和政治掛鈎的誠信，它就不誠信。有的時候真我在網絡上表露出來，但是它又隱掉的是另外一種東西。

比如說在現實中，我們隨便出國是不行的，國界是有管制的。有了ER，就沒有這個問題了。在任何國家，有緣人一下子就聚在一起了，出國和不出國好像沒有大的差別。從管制角度看，它有可能是壞事，但是終極來看並不是壞事。是我們的制度要適應這種東西，而不是倒過來，讓我們適應已有的制度。有一部分是要讓制度來適應，而另有一部分則是顛倒過來的。這就需要非常嚴格的邏輯思維，對人類社會本性的一種透徹的理解，對個人的本性、我們的生活的內在價值的目的、追求最終的目標，都有一些比較深刻的理解，這就有很多思想資源，有兩千多年來哲學家討論的東西，平時人家不關心，到了虛擬世界和人工智能時代，那些東西就變成任何人都要面對的了。立法，和別人打交道，都要思考以前最抽象的哲學問題了。

所以騰訊給我的實驗室捐款 300 萬進行升級，現在已經到款 150 萬了。在協議裏面我就說，拿你的錢不是為了商業；雖然你們是商業巨頭，但我是為了在虛擬世界變成我們生活的一個重要部分之前，先注入鮮活的人文理性。人家一講人文，以為都是感性。其實那叫文人情懷，不是人文理性。人文的東西是理性的，人文的東西，比如啟蒙理性，裏面的東西和人文主義是一回事，就是人獨立使用自己的判斷力。

影視工業網：您也參與 VR 內容的生產，您怎麼看這一塊？特別是敘事手法上，有沒有進行一些創新？

翟振明：我現在的實驗室做的是無縫穿越，裏邊有一些 VR 的內容，

但涉及的敘事內容不多。說到這個，以前所有的內容，包括電影和其他視覺，都是以第三人稱的視角來製作的，和 VR 無關。VR 的特點就是任何畫面都可以立即聯繫到第一人稱視角。VR 的特點是有一個消失點，所有場景都消失到我身上，進入我的第一人稱。所以我們做內容，這些用不上，要 VR 就沒多大區別，3D 視頻就差不多了。

電影拍很多鏡頭，都是接上去的。我拍這個電影，就是蒙太奇手法，這個鏡頭變成那個鏡頭，和「我」這個點是沒有關係的，「我」是不存在的，可以是浮在空中的另一個點。人家在牀上私密地做愛，我可以拍他的特寫鏡頭，但是不讓觀眾覺得你在場，拍的人也假裝不在場。但是如果在 VR 鏡頭，因為拍攝，你馬上就可以讓電影裏面的空間畫面，和「我」作為觀眾的實際上人的空間連接在一起。它沒有一個畫框（frame）把兩個空間隔開，所以影像裏面的空間和觀眾的空間是同一個空間，我任何時間都可以回到「我」的所在點。

不管你是不是真的想讓自己進去，你都在那裏，你都在現場。所以這個內容，就是 VR 內容最主要的特點。所以它可以縱向穿越，可以繞到後面去。可以看到你，看到你的後面，因為我是在現場的，這個內容，所有東西如果沒有用到這一點的話，是不是 VR 就沒有大的區別了。在這種情況下，切換的只是角度 —— 原來是從這個場景，切換到那個場景。現在不是了，現在從這個角色切換到那個角色。所以這個最基本的轉換就是，原來的觀眾都是偷窺，拍電影、拍視頻都一樣，觀眾都屬於偷窺者，演員在表演時都假裝不知道我們在場。但是 VR 拍的東西，一定要把觀者算進去，你是作為一個存在物，有自我意識的存在物在演員面前發生。所以圍繞這個東西來創造內容，人，第一人稱可以變化，男人變女人，大人變小孩，人變狗、變蟲子，本來在地上，現在變到空中、宇宙中，什麼都連接到自己，觀眾從第三人稱的觀察者變成第一人稱的參與者了。從消失點上通過人替進去，這就是和人的精神世界直接相連了。所以製作內容時，掌握了這個原則以後，才能發揮 VR 電影的獨特作用。不然得到 VR 這種設備，拍到的效果就還和原來的一樣，只是 3D 而已。

影視工業網：您知道電影現在正在向數碼轉型，膠片電影很可能成為一個大的類型（genre），偶一為之。您覺得電影院會不會被 VR 頭顯所取代？即電影整個成為一個大的類型，大部分的體驗以 VR 為主。

翟振明：膠片這個東西，因為沒有在業界，所以我一開始以為膠片基本上沒人在用了，再大的電影，也是用數字的，但是現在發現，還有一部分人在用。他這樣一定是因為懷舊，因為自己的情感，並不是說數碼的質量真的達不到膠片的。你原來的效果我可以做出來，那就沒有什麼存在的必要了。

但是 VR 電影不一樣，剛才講的是第三人稱和第一人稱的轉換問題，有些東西我還需要用第三人稱切來切去的。比如說我戴上 VR 眼鏡，我全用我們現在講的第一人稱的方式來看 VR，但是我可以在 VR 裏面弄個屏幕，放我們一般的電影，也可以照樣放啊，我可以拍這種東西。甚至可以倒過來，這個我上午本來要說，但是沒時間了。就是我們 VR 裏面的東西，不是像現在很多人認為的那樣，我們專門為了用 VR 頭盔看才拍的，而是用 VR 裏面的場景代替攝影棚。實際上拍出來的東西，並不是用 VR 看的，還是用屏幕看的，但是我們的演員在 VR 世界裏面表演，還混入很多電腦造的角色，像玩遊戲一樣進行表演，這是另外一種 VR 電影。就是我們把拍電影的過程，變成玩遊戲的過程，經過電子替身的打鬥，把這個過程全拍下來，變成 VR 電影，也可以變成一般電影，變成視頻，什麼都可以。所以這個東西，倒過來，也是 VR 的一個新發展方向：代替攝影棚，代替野外，拍攝的所有東西，都在 VR 裏面造出來，電影演員就是戴上一個傳感器就開始演了，或者是電子替身演，演完以後，把人臉再整上去，明星效應可以不要，但明星也可以整進去，把他的臉換到角色上。還有就是把網絡化的 VR 裏大家在一起玩的東西記錄下來，變成電影，這種東西是反過來的，照樣拍的是 video 的電影，跟現在的電影一樣，是以第三人稱視覺為主的，也是蒙太奇，切來切去的，但是場景不用搭了，用電子的東西，場景互動全部在 VR 裏面搞定了，這兩個方向互補的，如果這

樣的話，它就沒有代替的問題了。

影視工業網：您剛講到 VR 有一個消失點。我們知道，3D 就是西方的透視美學。那麼大會還有嘉賓講到 VR 中主觀可以扭曲現實。您認為 VR 有沒有可能和一種特定的美學觀結合，比如水墨畫？

翟振明：VR 用在哪裏，我們不知道。VR 的特點就是空間的連續，一直連續到自己身上。從這一點來看，即便是水墨畫，也要用這個連續性，不然就和 VR 沒關係了。所以你要找到一個最基本的點，就是說，在 VR 的情況下，導演要把自己想成是無所不能的一個魔術師，但是你做魔術不是為了讓人展示魔術效果，你用魔術的方式講故事，還要把故事講好。這樣的話，你不要管它虛擬不虛擬，就是依據某種現實性，可以把各種效果變出來，把它變成一個大家喜歡看的故事。還有，記得給看者派個角色進去，你就代替那個看者的角色，這就是導演的功能。水墨、中國、西方、美學等等都歸於 VR 的獨特性。

　　剛剛你說透視點，原來透視點可以在畫框裏邊也可以在外邊，3D 電影的透視點全在觀眾的眼睛上。但 3D 電影，觀眾只和電影內容有透視關係，不會和你的鞋子還有座椅有什麼透視關係。但用 VR 的話，視域內的任何東西，包括自己的身體，都在同一透視框架之中，這就是根本的不同。

影視工業網：您作為一個哲學老師，親手製造這樣一個科技，您在技術上碰到哪些難點？是不是也得跟其他業內人士一樣緊跟前沿？

翟振明：我這個技術設計是整合各種技術，整合了 VR 頭盔技術，還有我們平時影視技術裏面的摳圖，那些我都知道原理，還有機器人技術，就是遙控，還有一些藝術，我會作曲、畫畫，我上過美術館做過作品。我對科學基本原理，人類的技術的整體狀態都把握得較好，我把這些東西整

合起來，找公司去做，我自己的學生根本做不了。現在遇到最大的問題就是，要讓幹活的人理解我的思路非常困難，他們那個攝像頭和頭盔怎麼配合才能非常精確，才能把這個世界整合進去，又能和虛擬世界混在一起。要搞成無縫的話，這個無縫是非常難做到的。我就自己手工做（改裝）一個頭盔，做出來以後，它是沒有確定下來的，可以調試。還有代表物聯網的遙距操作裝置，也要自己先弄出模型，等等。後來，公司的人終於學會，做出來了。

影視工業網：看到您的演講放了一張 Oculus 開發者版的圖片。您的 VR 系統用的是哪家頭顯？

翟振明：現在正在換成 CV（消費者）版。換的時候，攝像頭要重新與之配合，又要搞好幾版。

影視工業網：不知道以後有沒有機會拜訪您的實驗室？

翟振明：我要設計一套申請體驗的整個程序，因為這是危險的東西。你要首先知道這是危險的，我是為了講邊界的，我的目的要實現，告訴你這個邊界是不能跨越的東西，要認真學習我的想法，不然不能讓你看。

我弄了六個條款，還沒公佈，看起來像是免責條款：你來看，造成的後果需自負。其實不是的，而是說，你要認同我的一些概念，你的做法不能在某些方面跨越我的系統。如果之後再進一步，把專業頭盔變成虛擬的，甚至說不要頭盔，把我這個無縫穿越系統弄成插人腦的系統，那就要不得。

你要理解我的意圖，我才讓你進我的實驗室。我現在沒有權力搞虛擬世界憲章，就動用一點點小權力。我的實驗室，不讓你進是合理的，不用藉口就可以不讓你進。你想進，就要學習我的想法，認同了才讓你進。

希望有同行仿效我，不讓人隨便模仿，否則很容易就多走一步，真的是非常危險的。所以我做的這個危險的東西，不能隨便讓人在沒認同我的理念

的情況下就進去，否則真會變成是我傳播這種危險。我是為了防止它發生的。

影視工業網：有人把今年稱為 VR 元年。年關將至，您怎麼看過去的一年？您對產業有怎樣的展望？

翟振明：今年確實是元年。原來沒上市的都上市了，儘管頭盔是硬的技術。有些內容都上網了；有些硬件大家可以買了，進入市場了，有一定消費能力的消費者，想要買也能買得起了，以前的頭盔一個幾十萬，在 VR 熱之前，甚至是幾十萬美元，效果還沒有現在的好，並且差多了，又重，電子計算機又跟不上、算不過來，網絡傳輸更別說了，因為有延遲。現在真的各方面基本上可以做了，如果你很願意花錢的話，體驗還不錯。

手機版的就更便宜了，陀螺儀、加速度儀到處都有，我們的手機都有陀螺儀，動作捕捉靠陀螺儀，現在一弄到 VR 頭盔中就可以用得非常好，所以這個時機確實到了。

最大的問題就是人才缺乏，很缺乏。VR 創業公司投了很多錢，幾千萬，你給他錢，他幹什麼呢？他又招不到人。如果到國外挖那種特別牛的、幾百萬的，招十個這樣的人，工資發一年就沒了，也不行。現在給我幹活的那個公司也是這樣，合格的很難招到。廣州這個地方，比北京還難招到，這就是大問題。所以內容少的原因就是人才奇缺，大學也沒有這種專業。原來搞遊戲的團隊，很多甚至還沒有見過頭盔。我碰到好幾個搞 3D 遊戲的，半年前還沒見過頭盔。

元宇宙的哲學基礎 *

一、人機互聯實驗室

在中山大學哲學系有個人機互聯實驗室，已經建成第六個年頭了。你們三個人進入一個實驗室，一輛高爾夫球車正停在那兒，你被叫上副駕駛的位置，戴上被我改裝過的頭盔，你跟一起來體驗的朋友說再見。高爾夫球車往前開了一會兒，你看見了翟教授的辦公室，還有其他教授的辦公室。又過了一會兒，車開到走廊的盡頭，你會發現這個車到了一個街道。這個街道有英文的街牌，你會奇怪，「六樓怎麼會有街道呢？」你就知道這是假的了。但是你再回憶一下，什麼時候從真變假，從現實變成虛擬？你是不知道的。不知道不是因為你笨，而是因為在原則上這是沒有縫隙的，所以你不知道。你正在和他們繼續往前開，你在街上碰到了和你一起來的另外一個人，你們打個招呼就分開了，其實這個人騎着自行車在另外一個地方也戴着頭盔，也通過互聯網的信號連接起來了。往前走，走了一會兒，穿過了一條街道，發現這就是長安街，因為你看到天安門、國家大劇院等標誌性的建築物。這明擺着不可能是現實：「我怎麼從廣州穿越到北京了呢？」你正在納悶，又飛過一個 UFO，投下陰影。你往上一看，UFO 把高爾夫球車吸上去了，車到了空中，駕駛員叫你下車，你下車走在 UFO 的地板上。你猶豫了半天，大概三分鐘後才敢下車。你明知道這不是真的，但是你覺得太逼真了，心理上怕在太空踩空了，不太敢下。終

---

*　原載於《認識元宇宙：文化、社會與人類的未來》，《探索與爭鳴》2022 年第 4 期。此處略有修改。

於下了車以後，你往前走，發現在自己的對面，自己的形象帶着頭盔向你走來。你覺得很奇怪，接着發現翟老師也從對面走來，你以為這又是假的。翟老師（我）拍了一下你的肩膀 —— 原來不是假的，是可觸摸的。我和你說了幾句話，和你隨機地聊天，這可不是假的。飛碟往下降，掉到地上，一看是中山大學的正門。高爾夫球車帶着你繼續往前開，開到實驗室。你看到保安，跟他對話。他如果上廁所了，你就看不到保安了，因為這是真實的保安。你正在奇怪，在一樓逛了一圈後上了電梯，你發現好像回到原來的實驗室，駕駛員叫你把頭盔摘掉，你摘掉一看，果然是實驗室 ——「我什麼時候回到實驗室了，回到現實了？」這也是無縫連接，一開始從現實到虛擬是無縫的，現在從虛擬出來，回到現實，也是無縫的，這叫作無縫穿越實驗室。這就是實驗室體驗的全過程，大概有十五分鐘。

二、比特世界與原子世界

以上的體驗，是虛擬世界加物理世界，也可以叫比特世界加原子世界。是從實到虛和從虛到實無縫穿越的過程，也可以叫從原子到比特和從比特到原子無縫穿越的過程。但其主要的新奇之處，在於十五分鐘的大部分時間在虛擬世界的體驗，在於比特世界中發生的事情。而元宇宙，就主要是軟件的事情，是比特世界發生的事情。

過去約三百年來，是原子物理世界發生革命的時代，從蒸汽機到織布機到汽車到原子彈到飛機到電視機等等，都是在原子世界發生的事情。這三百多年的巨大變革，等於過去幾千年的變革的總和，可謂翻天覆地。但是，20世紀四十年代以降，出現了圖靈、諾依曼和香農等人，計算機革命開始了，迄今為止已經催生了史無前例的信息革命和智能革命，比特世界發生的革命深刻地改變了人類文明的進程。自那以後，原子世界的事情逐漸出現停滯不前，而比特世界的事情卻是如火如荼，直到元宇宙概念的提出，令人眼花繚亂，卻是蔚為壯觀。

可以說，中山大學人機互聯實驗室的體驗，已經覆蓋並超越了元宇宙

的體驗，因為其中加入了遙距操作的部分。從其運行五年多的經驗來看，雖然其技術比較原始，但其理念基礎卻非常超前，效果也是超出預期的。在今天元宇宙概念已為人所熟知，但其概念內涵卻還沒有定論的時候，可以以此為引子，作為我們進一步澄清元宇宙概念與比特世界和原子世界的關聯的突破口。

三、AI 與 VR

元宇宙的概念有賴於虛擬現實和人工智能的概念，但在進一步澄清元宇宙概念之前，我們先把虛擬現實與人工智能兩個概念在一張圖中以特殊的方式連在一起，看看這裏邊有什麼樣的哲學預設。

圖 13　AI 與 VR

這張圖大家看着會覺得非常奇特，人戴着頭盔、計算機也戴着頭盔，大家一看就知道，人這邊有虛擬世界，而這個計算機代表 AI，卻沒有虛擬世界。它可以與無限複雜的計算機連在一起，但是無論多麼複雜，頭盔戴不戴是沒有用的，摘掉它照樣運行，戴上以後也不會有虛擬世界。人戴上以後就有虛擬世界，人工智能則沒有。這是為什麼呢？這是因為，我們先設定人有意識，有情感、自由意志這些主觀世界的東西，或稱第一人稱的東西，戴上頭盔後才形成了虛擬世界。右手邊，代表我們理解的圖靈計算機，無論多麼複雜、強大，都不會有意識，裝上兩個攝像頭、戴上頭盔

也無濟於事，不會產生虛擬世界。這個計算機及以其為基礎的人工智能發展到將來，確實有可能它的行為方式與人不可分別，但這照樣不會產生意識和依賴意識的虛擬世界。這就引出了強人工智能 AI 的認證判準，就是：

> 除非有人以確鑿的證據向我們證明如何按照非定域原理（也就是量子力學的原理）把精神意識或意識的種子引入了某個人工系統，不管該系統的可觀察行為與人類行為多麼相似，我們都不能認為該系統真的具有了精神意識。

這是一個反圖靈的判準，這並不是說這條原理和圖靈的相對立，而是判斷的方向往相反的方向走的。強人工智能就是有意識的人工智能，我們在特殊的情況下，即在宣稱者提供了確鑿證據的情況下才能認同。為什麼要特別提到量子力學的非定域原理呢？有興趣的人可以參閱我的《心智哲學中的整一性投射謬誤與物理主義困境》一文，[1] 文中有系統的論證。我在《「強人工智能」將如何改變世界 —— 人工智能的技術飛躍與應用倫理前瞻》[2] 已經明確了這一點，表達了類似觀點。

在心智哲學和認知科學領域，有許多的「計算主義者」「物理主義者」，他們認為，人的情感、意向性、自由意志等以及意識與意識直接相關的內容，包括 qanlia，在牛頓力學框架下的物理因果關係模型已具有足夠解釋力，在人的第一人稱主觀世界與第三人稱客體世界之間，也沒有明確的界面。但是，也有一部分研究者，包括著者在內，持相反的看法，認為這種「計算主義」「物理主義」具有悖謬的本性，他們希望從量子力學原理的非定域原理出發才有些許希望可以克服這個解決意識問題的障礙。

最近，美國量子物理學家斯塔普、英國物理學家彭羅斯、美國基因工程科學家蘭扎都提出了人類意識的量子假設，施一公院士、中科大副校長潘建偉院士等也大膽猜測，人類智能的底層機理就是量子效應。我以上提

1　翟振明、李豐：《心智哲學中的整一性投射謬誤與物理主義困境》，《哲學研究》2015 年第 6 期。
2　翟振明、彭曉芸：《「強人工智能」將如何改變世界 —— 人工智能的技術飛躍與應用倫理前瞻》，《人民論壇‧學術前沿》2016 年第 7 期。

到的論文中的論證，就是對斯塔普量子假設的深化。

也就是說，以定域性預設為前提的物理主義和計算主義，在原則上就不可能解釋人類的意識現象，量子力學已經不得不拋棄定域性預設，這就在邏輯上打開了其解釋意識現象可能性之大門。但這僅是可能性，並沒有確定性。

包括計算主義在內的物理主義有一個基本預設，即設定任何物理系統都能夠被分解為單個獨立的局部要素的集合，且各要素僅同其直接鄰近的物件發生相互作用。這是經典力學的基本原則，也是當代神經科學默認的前提，從而也是物理主義的預設。計算主義則強調符號關係，它與其他版本的物理主義相比，主要是分析要素的不同，但這種不同卻無關宏旨。這是因為，符號關係試圖解釋的，也是意識現象或心智事件的產生和關聯的機理，是實質性的關聯，而不是純邏輯的關聯。基於這種認知框架，他們傾向於認為，大腦的符號系統的狀態，就是各個單一獨立要素的神經元的激發／抑制狀態聚合起來的某個區域的總體呈現。

但是，這樣的出發點，連最基本的意識感知現象（比如說雙眼綜合成像）都解釋不了，因為這類現象中涉及的同一時空點的變量的個數遠遠超出在局域性預設中每個空間點可容納的物理變量個數。他們無視這種困境的存在，正是他們混淆了「內在描述」與「外在描述」功能而陷入「整一性投射謬誤」的結果。

美國著名哲學家查爾默斯基本認同博斯特羅姆的觀點，認為仿真人很可能會有意識，因為他認為意識可能不依賴於質料，[1] 但他並不確定。他對我的虛擬物體不是幻覺的論證基本認同，但對我的更深的預設表示不敢苟同。但我認為，他誤讀了我的論證，因為我並沒有對虛擬物體的實在性作出判斷，而是認為虛實兩邊對其反面論證為幻覺的理由是對稱的，因而要實則兩邊都實，要幻則兩邊都幻。

1　David Chalmers, *Reality+: Virtual Worlds and the Problems of Philosophy*, New York: W. W. Norton & Company, 2022, p.159.

　　人工智能問題暫時討論到此，現在我們看看虛擬現實（VR）的兩條基本原理。這兩條原理，可以看成是虛擬現實的設計原理，敍述如下：

　　VR 的第一原理（個體界面原理）：人的外感官受到刺激後，得到對世界時空結構及其中內容的把握，只以刺激界面發生的物理、生理事件，及隨後的信號處理過程直接相關，而與刺激界面之外的任何東西不直接相關。

　　VR 的第二原理（群體協變原理）：只要我們按照對物理時空結構和因果關係的正確理解來編程協調不同外感官的刺激源，我們將獲得每個人都共處在同一個物理空間中相互交往的沉浸式體驗，這種人工生成的體驗在原則上與自然體驗不可分別。

第一條原理怎麼理解呢？什麼是個體界面？比如說視網膜就是視覺界面，耳膜就是聽覺的界面。只要視網膜上發生的信號的內容和自然刺激的內容是相同的，它就能得到整個世界的虛擬世界，和幾十、幾百萬光年以外的事情沒有關係。想想看，如果你的耳膜聽到一個立體聲，立體聲就意味着它有距離感。但是只要耳膜的刺激發生的和原來的東西一樣，它就是一樣的，無限的空間也就應運而生。眼睛更是這樣的，視網膜上只要接收到與原來一模一樣的信號刺激，而且隨着我們的頭部的擺動得到不同的信號，恰到好處，我們就得到了無界空間的整個宇宙。第二個原理是關於在網絡化的 VR 中不同的人為何可以獲得共處同一空間的知覺的原理，它說明，我們不同人的不同感官之間，包括我們的視覺、聽覺、觸覺等個人的不同感官之間有不同之處，以及我和他人的不同感官之間，包括我的視覺和他人的視覺、我的視覺和他人的聽覺等等之間，也存在不同之處。我們通過編程將這些差異協調起來，就將獲得每個人都共處在同一個物理空間中相互交往的沉浸式體驗。這是兩個先天綜合判斷，是康德式的先天綜合判斷，是非分析永真判斷，這個就是康德的 synthetic a priori 的概念。

　　說到康德，他的時間與空間概念是根本性的，是先於範疇和統覺的概念。元宇宙剛好在三維世界中實現了人的交流，第一次實現了人對空間這個感覺形式的隨意操縱，這個和以前的圖像技術完全不同。有人把這個元

宇宙追溯到遠古時代人的夢的出現，或者語言的誕生，而不與空間的重構相關，這是把元宇宙的概念用得太寬了。在我看來，從虛擬現實開始才有元宇宙的基本元素，此時時空結構的形而上學層次才被虛擬出來，才基本有了元宇宙的萌芽。

這個就預示了，第一點，人的感官界面，是第一人稱與第三人稱的分界面，以視覺為例，視網膜外邊是第三人稱的客體世界，進去就是第一人稱的主觀世界。最重要是第二點，第一人稱世界不是第三人稱世界的一部分，這裏有的都是第三人稱世界，是客觀世界。這裏不可能產生第一人稱世界、產生主體世界，除非以量子力學原理來設計它，才有可能。這裏，主體與客體的分離，是必須的，而不是可選擇的。第三點，在整個循環中，虛擬世界中的事件可以發生當且僅當一個有意識的心智在界面刺激（在第一與第三人稱之間的無限小空間實現）後參與其中。這個刺激界面（視覺上就是視網膜）是無限小的空間，是一個理論空間，不是實際上的空間。也就是說，在這刺激以後，有了意識，有個意識發生作用，才有了第一人稱的世界，亦即虛擬世界。

四、擴展現實

擴展現實（ER）是一個關鍵概念，它和元宇宙的概念不一樣，比元宇宙概念覆蓋了更多的東西：它就是人聯網加上網絡化的虛擬現實加上物聯網（IoT）。網絡化的虛擬現實中的 avatar 通過主從機器人的從方 avator（人體替）來操作物聯網中的機器設備。avatar 操作 avator，進而操作 IoT。《第二人生》和《我的世界》等沙盤遊戲裏邊的數碼替身就是 avatar，我稱其為人替，不過這些遊戲沒有主從機器人，從而不能連接物聯網，所以不屬於擴展現實。之所以說擴展現實概念比元宇宙概念大得多，是因為在擴展現實裏我不但可以體驗，而且可以操縱物聯網，可以操縱機器。這樣，人不用從虛擬現實出來就完全可以生活發展在擴展現實之中，超越了元宇宙。

五、VR+IoT 及其擴展（ER）

物聯網一定要操作，如果一個物聯網單獨操作，這個界面就是離散的，但是如果 VR 已經完全連起來了，物聯網不可能不利用它。這就是說物聯網現在和虛擬世界是各發展各的，但是到時兩邊都一樣強大的時候，一定會合併，控制物聯網的界面就是連續的，這樣操控過程、自然過程、虛擬空間就變成了操控自然因果過程的實踐空間，以及它們為生存和發展而勞作的地方。馬斯克的移民到火星，扎克伯格的空間就是向虛擬世界移民，這兩種「移民」衝不衝突呢？不一定會衝突，到了火星以後，你照樣可以戴着頭盔在虛擬世界裏邊生活，有人認為是有衝突，我的看法是不衝突。

擴展現實中的存在物有七個種類（參見第 239 頁圖 12）：

人替就是 avatar，人模就是人工智能驅動的模擬人 NPC；物替即 intersensoria，對應於物聯網的物體，服務於操作的感覺複合體；物摹即 physicon，在虛擬世界中不被賦予生命的意義的東西，房子、山、水、海洋、汽車、自行車等。人替摹 avatar agent，被人工智能驅動的模擬人替，用戶脫線的時候假扮真人。你不在線的時候如果要假裝在線，就用人替摹來代表你。你一個人可以有無限多個人替摹。此外，如果我們給動物做個頭盔，讓動物戴上，它就有個虛擬形象，就叫動物摹（animal agent），這就是人工智能的驅動的模擬動物，像模擬恐龍、模擬狗、模擬貓，等等。

六、人機交互的三原則

需要特別注意的是，在上述圖中最關鍵的是最下面的從左向右的箭頭，這就是倫理上的底線。物聯網一定是要人去控制它，而一定不能讓物控制人，人是目的，物是手段，永遠不能顛倒。但是現在的實踐者、政府、大公司的自然傾向是把物聯網的物作為主導，因為這是產生 GDP 最多的地方，妄想以這個來控制虛擬世界的 avatar，這是相當危險的。

這個箭頭又是有進一步的預設的，這些預設就是，第一，認知信息，就是外部世界給人提供判斷的原材料；第二，控制信號，即我們在對外部世界對象按照主體的需求發生改變（或者保持）周邊環境，就是控制系統的腦神經信號。第三，人的自然感觀主要監視、接收認知信息，人的神經元主要發射出控制信號，兩者不一樣。任何信號的輸入，人接收了以後進行判斷、認知、寫小說等等。人的腦子的神經元是發出信號的，這個控制信號發出來以後，人就可以動了，可以搬東西了，可以拳擊了，等等。第四，信息與信號在概念上不可混淆，但是這兩個事實上是混淆的，所以人可以被控制，也可以提供或者泄露自己的信息，這既提供了人機合作的可能，也產生出攻與守的最基本的個體安全問題。

以上的箭頭，就導出了人機交互的三原則：1. 客體到主體這個方向，信息越暢通越好，信號阻滯度越高越好；2. 主體到客體這個方向，控制信號越暢通也好，信息密封度越高越好；3. 以上兩條原則的鬆動，以最嚴苛的程序保證以各個主體為主導，注意是各個主體，不是集體。

七、造世倫理學及其他倫理問題

首先，因為虛擬世界的「物理」規律是人為設定的，這就要求有一個「造世倫理學」的學術領域，在這個領域我們以理性的方式探討和制定「最佳」的一套相互協調的「物理」規律。譬如，虛擬世界中的造物是否可以變舊？人替是否可以在與自然和他人的互動中被損壞？虛擬世界中是否允許「自然災害」的發生？等等。要回答這一類的問題，有賴於一種前所未有的「造世倫理學」的誕生。如果我們不想把創建和開發虛擬世界這個將對人類文明產生巨大影響的事業建立在毫無理性根據的基礎上，我們就必須以高度的責任心創建這個學術領域並在這裏進行系統深入的研究探討。

其他倫理問題舉例如下：

1. 單個責任主體 vs 雙重身份。在道德和法律層面的單個的責任主體，卻在現實世界和虛擬世界各有一個不同的角色，最常見的就是性別和

年齡的不同。如果一種道德或法律責任與性別或年齡緊密相關，在虛擬世界內部發生的糾紛在追溯到現實世界中的責任主體時，原來的適用於現實世界的規範的適用性就要求按照新的原則進行新的解釋。這種新原則到底是什麼，如何論證其合理性和普遍有效性？

2. 隱私 vs 隱匿。如何保證虛擬世界中以人替為中心的私人空間的界定既能有利於維護每個個體的基本權利，又不賦予用戶以完全隱身的方式活躍在賽博空間中製造事端？

3. 物理傷害 vs 心理傷害。原來用於區分物理傷害和心理傷害的標準已不再適用，比如攻擊一個人的人替從虛擬世界內部看是「物理」性質的，而從現實世界的觀點看卻有可能只是心理的。如有相關的糾紛發生，如何決斷？建立什麼樣的規則，才最符合普遍理性的要求？

4. 人工物 vs 自然物。虛擬世界裏的山山水水等「自然」景觀，都可以是用戶創建的，當然房屋居所等都是毫無歧義的人造物。於是，人工物與自然物的界限已經模糊不清，這也就要求我們對財產、佔有等概念的內涵和外延進行重大的修改。我們根據什麼原則來修改呢？

5. 人身 vs 財產。在虛擬世界中以及在一般的網絡遊戲中，攻擊一個人替，一般是出於人身攻擊的意圖或衝動，但是如果這種攻擊不與某種導向現實世界人身攻擊動作的遙距操作相連接的話，實際的結果最多只能是對方的財產損失或尊嚴的貶損。這種行動的當下意向和預料中的結果之間的必然的相悖，勢必導致道德或法律判斷的困境。我們要遵循什麼樣的路徑，才能走出這種困境？

6. 意圖 vs 後果，雙重意圖、雙重後果。用戶要在虛擬世界裏活動，在虛擬世界內部要發生作用，就首先要形成意圖並引起後果。但是，如果你在虛擬世界裏的這一切行為只是為了向物聯網施加遙距操作做準備，那麼真正的期待的後果是在虛擬世界之外發生的。這樣，我們也可以把遙距操作實施前在虛擬世界中做的事僅僅看成是具象化的意圖。再把一般情況下人替互動導致的在現實世界溢出的後果與遙距操作導致的後果歸為一類，我們就要面對一個棘手的雙重意圖相對雙重後果的問題。而意圖與後

果的關係問題，從來都是責任概念的一個關鍵點。問題是，效果與意圖的四種組合將帶來何種責任關聯的新模式？

7. **人替、人摹、人替摹之間的識別及其不同責任關係的界定，在當事人無法區分時的責任問題。**對於虛擬世界中的物摹和物替，從原則上，我們就沒有將其設計成與人替不可分別的理由，所以就不會存在原則上的區分問題。但是，衡量人摹與人替摹的設計之成功的最重要的指標，就是要其行為表現無限接近人替的行為表現。這樣，人摹與人替摹的逐日完善，就意味着用戶逐漸失去區分這三種對象的能力。但是，人替是人的直接的感性呈現，是道德主體，我們對其也負有直接的道德責任；而人摹和人替摹卻屬於「物」的範疇，只是我們的工具而已。這樣，我們就要回答這樣的問題：如果用戶不能在這三種對象之間作出區別，用戶如何能夠被要求做一個在道德上負責任的人呢？

8. **過渡階段虛擬世界與現實世界的界限混淆問題。**當技術上允許我們做到將虛擬世界和現實世界的界限在經驗層次抹掉的時候，我們應該如何面對這種顛覆性的越界的可能？

倫理問題遠不止這些，除了前所未有的造世倫理學，其他倫理問題也都是顛覆性的。我們要達成共識，既不能訴諸宗教，也不能訴諸個人偏好，唯一的途徑，是訴諸理性。不然的話，倫理的建設乃至法律的制定，就會變成話語權的爭奪，最終退回到叢林法則。

此外，元宇宙被商業寡頭壟斷也是一個相當大的危險，這就要求算力的去中心化以及動員力的去中心化，這就是 DAO，即去中心化的自主組織。這就要依靠區塊鏈和 NFT 為手段，建構新的經濟框架。

我原來寫過一個假想時間表，從 1998 年開始寫的，後來 2001 年在《哲學研究》上發表的。第一階段是感官層次的體驗，至今二十多年來基本在現實中印證了。第二階段是感覺傳遞到遙距操作的物理過程，從 2300 年開始，人類的大多數活動都在虛擬現實中進行，在其基礎部分進行遙距操作，維持生計，在擴展部分進行藝術創造，人際交往，豐富人生意義，通過編程隨意改變世界的面貌。一直到 2600 年，在虛擬現實中

生活的我們的後代，把我們今天在自然環境中的生活當作文明的史前史，並在日常生活中忘卻這個史前史。3000 年，史學家把 2001 年至 2600 年當作人類正史的創世紀階段，而史前史的故事成為他們尋根文學經久不衰的題材。3500 年，人們開始創造新一輪的虛擬現實，也就是新一輪的元宇宙。

　　霍金在《大設計》一書中說過，我們的宇宙也許就是一個虛擬現實，像 Matrix 一樣的虛擬現實。他從整個宇宙說起，我從人造的虛擬世界說起，在中間不約而同地碰上了。

對待虛擬人也應恪守法律與倫理規則 *

江蘇衛視元旦跨年音樂會虛擬鄧麗君與周深同台歌唱，現場效果足以以假亂真；萬科集團給虛擬人「崔筱盼」頒發優秀新人獎；央視 AI 手語主播正式上崗，為冰雪賽事提供 24 小時實時手語服務；多個互聯網巨頭積極佈局虛擬人帶貨直播，聲勢浩大 …… 近段時間以來，有關虛擬人的新聞不時見諸媒體，引發社會關注。

虛擬人是人嗎？答案是明顯的：虛擬人不是人。儘管回答容易，但要說清楚絕非易事。在這裏，我沒打算把這個問題說清楚，只是想就虛擬鄧麗君、虛擬員工、以及元宇宙中使用虛擬人這三種情形進行分析，看看存在哪些相關的懸而未決的法律與倫理問題，與大家探討。

逝去的明星、職場上活躍的虛擬員工、虛擬的主播，與真人最大的不同在於其沒有主觀世界，但又貌似有主觀世界，這就給我們提出一個最根本的挑戰：法律與倫理是以人為主體的，虛擬人沒有主觀世界，不是主體，那麼是否應該有對應的虛擬法律和倫理來規範這種「貌似」？

先說虛擬鄧麗君，鄧麗君本人已經仙逝多年，她已經管不了人間事了，主體不存在，也就不可能有肖像權。但《中華人民共和國民法典》規定，已逝人士的肖像受到侵害時，其配偶、子女、父母有權依法請求行為人承擔民事責任（無配偶、子女且父母已經去世的，其他近親屬可以進行維權）。但當已逝人士沒有近親屬時，在有人嚴重侵害死者肖像，損害公共利益時，是否可以考慮由檢察機關來履行相關職責？這就涉及人的「權利」與「利益」的區別問題，在哲學上可以追溯到道義論與功利論，也涉

---

* 本文原載於《法治日報》2022 年 2 月 9 日。此處略有修改。

及一個「人的度規」（humanitude）的概念及尊嚴問題，有待深究。

萬科把優秀新人獎頒給了一個虛擬人，這就引出了虛擬人與真實員工競爭是否合乎倫理的問題。據報道，虛擬人「崔筱盼」催辦的預付應收逾期單據核銷率達到 91 · 44%，遠超其他真人員工。其實，這個核銷率是人工智能的功勞，其他員工與人工智能比賽，怎麼能比呢？這裏涉及的主要倫理問題是將人物化，可以類比為讓清潔工與掃地機器人進行掃地競賽，是對人尊嚴的貶損。在我看來，萬科此舉很大程度上是宣傳的噱頭，萬萬不可當真。

如果虛擬人是以現實生活中的真人為藍本，比如有人故意使用了某當紅明星的肖像，虛擬出一個人物形象，在商業上獲得很大成功，那麼這算不算侵犯了這位當紅明星的肖像權？如果有人認為算，我是不同意的。道理很簡單：如果算，那麼建模者建模的任何一個虛擬人，都有可能侵犯了某個未知人士的肖像權，因為在全世界範圍內能找到與虛擬人酷似的真人的概率是相當高的。因此，在我看來，更為合理的做法是，這種情況不應該被視為侵權，否則，我們就無法設計和推出虛擬人了。不過，需要注意的是，虛擬人不能以相關真人的名義出現，否則就可能出現某些法律風險。

如果在元宇宙裏使用虛擬人呢？由於元宇宙裏的人都是虛擬的，就看這個虛擬人是否以一個真人為承載，沒有以真人為承載的叫 NPC，以真人為承載的叫人替（avatar）。但不管是 NPC 還是 avatar，都是虛擬的，不會被混同為真人。但如果對於虛擬現實世界中真實存在的人，要以他們各自的名義出現，那麼就應當經過本人同意，否則這些虛擬人就有可能被誤認為是他們自己的人替，這些虛擬人在元宇宙中的行為，就有可能被追溯到現實世界的真人，如此一來，這些真人的人權就被侵犯了。在倫理上，侵犯基本人權要比一般的損害利益更為嚴重，虛擬世界的規則就應該以此條倫理原則為基礎。

附錄五
探索實踐案例

大西洲科技對虛擬世界與
人類文明的探索和實踐 *

　　成書於公元前 350 年左右的古希臘哲學家柏拉圖的著作《對話錄》在《蒂邁歐篇》（*Timaeus*）和《克里底亞篇》（*Critias*）兩個章節記載了大西洲（又名亞特蘭蒂斯）的故事：迄今 12,000 年前，有一塊神奇的大陸 —— 大西洲，那裏富裕、輝煌、璀璨、絢麗，生活着智慧超凡的人，創造了高度發達的物質和精神文明，是人類文明的理想國。

　　柏拉圖的哲學體系博大精深，對後世影響巨大，他認為世界由「理念世界」和「現象世界」組成，理念的世界是真實的存在，永恆不變，而人類感官所接觸到的這個現實的世界，只不過是理念世界的微弱的影子，它由現象組成，而每種現象是因時空等因素而表現出暫時變動等特徵。

　　翟振明教授在《虛擬現實的哲學探險》中，以柏拉圖《理想國》一書為例論證了自然世界和虛擬世界人類終極關懷的對等性，以及超驗聯繫和人格內含的關係：

---

* 本文作者彭順豐，畢業於中山大學管理學院，虛擬世界與人類文明領域資深研究人和實踐者，大西洲虛擬世界創建者，「致敬生命」人類數字化身公益機構理事長，明篤資本投資人。

接着，我分析了我們的終極關懷在自然世界和虛擬世界中如何是相同的；我們將追問同樣類型的哲學問題而不會改變它們的基本意義，並因此，自柏拉圖的《理想國》以降至本書所包含的一切哲學命題 —— 只要它們是純粹哲學的 —— 將在兩個世界中具有同樣的有效性或無效性。

……

因此，無論何時我們閱讀柏拉圖的《理想國》，當我們理解或誤解他的思想時，我們都在重塑着柏拉圖的人格的內涵，即使柏拉圖無法經驗到這一切。但是這種超經驗的聯繫，是通過柏拉圖寫作這本書的活動植根於柏拉圖的經驗生活中的。

「柏拉圖、理想國、大西洲、虛擬世界、人類文明、翟振明、彭順豐……」這些字面概念，似乎冥冥之中自有暗合，「即使柏拉圖無法經驗到這一切」，但他應該意想不到，兩千年後的今天，「大西洲」竟然成為了虛擬世界的探索載體，人類居然在向這個全新的數字文明「移民」，人類居然用技術手段開始創造一個對於本體而言和自然世界無差異的「新世界」！

時間回到 2008 年的夏天，我研讀到翟振明教授的著作時，不禁驚歎不已：原來多年來一直思索的虛擬世界與人類文明的問題，已經有人作了如此精闢深刻的探討！一時感到醍醐灌頂、茅塞頓開，在新浪博客中找到翟教授的主頁「自由的綠洲」（多年後元宇宙電影《頭號玩家》中的虛擬世界即名為「綠洲」）並與之取得聯繫，恰好翟教授是我母校中山大學哲學系的博導，於是我直接從上海奔赴廣州向翟教授請教討論，多年來我們建立了亦師亦友的深厚情感，乃至成為虛擬世界實踐的量子糾纏般的合夥人。

我生長於梅州客家地區，在濃郁厚重的客家傳統文化浸蘊中，對宇宙、時空、人類文明有濃厚的興趣，對 21 世紀人類的數字化生存趨勢及虛實相融的「數智社會」對人類文明的升維重塑動向非常關注，是虛擬世界最早期的探索者。

圖 14　彭順豐在 Second Life 虛擬世界中的截圖

　　2003 年，最早的虛擬世界平台《第二人生》上線，我是其中最早的玩家。我在其中購買了土地，創作了不少虛擬資產，銷售交換成「林登幣」，並兌換成美元，在虛擬世界完成整個經濟系統的閉環，深刻體會到「在現實世界可以做到的事情，在虛擬世界同樣可以做到」，為人類在數字世界的生存積累了豐富的經驗。後來，全球數千萬用戶甚至 IBM、Intel、麥當勞等眾多機構和我一樣，在 Second Life 虛擬世界中極盡探索和創作之能事，創造了無數世界第一和堪稱波瀾壯闊的故事，延展出一系列發人深思的事件，讓 Second Life 虛擬世界成為了當之無愧的元宇宙鼻祖！

　　2007 年，許暉創立的 HiPiHi 中文版虛擬世界平台上線，我是其中「開天闢地」的元老級種子用戶，為後面的開發優化提供了大量的意見，並購置儲備了很多土地、開發虛擬房地產、打造虛擬商店、創作和經銷各類虛擬資產、開設廣告公司等，成為了虛擬世界的大富翁，絲毫不遜色於 2022 年元宇宙世界擁有土地的「大土豪」們 …… 翟教授、許暉和我先是在 HiPiHi 虛擬世界以「數字化身」的存在彼此熟絡，但不知道對方的真實身份，後來線下見面才知道彼此，在激情探索的歲月裏交流碰撞出無數的思想火花，流傳出很多坊間佳話，以至於多年來一直被業界稱為「虛擬

圖 15　「虛擬世界三劍客」：許暉、翟振明、彭順豐

世界三劍客」。

2010 年，「虛擬河源恐龍世界」在時任河源市委書記陳建華（後來任廣州市市長）的主導下在 HiPiHi 建成開放，成為全球第一個在虛擬世界「虛實相融」的城市項目，陳建華彼時即深刻洞見到：「虛擬世界是穿越時空的全球化開放平台，發展不可預料，前景廣闊，傳統產業可與之融合創新，對國家實現民族產業崛起意義非凡」，十多年後「元宇宙首爾」橫空出世，似能從河源這個最早的城市嘗試者中覓得蹤跡。

Second Life 和 HiPiHi 歷經了 PC 時代的輝煌，而又在移動互聯網來

圖 16　陳建華主導在 HiPiHi 虛擬世界建設的「河源恐龍館」

臨時無法及時轉型而衰落，但這絲毫不影響這兩個平台的「江湖地位」和歷史貢獻。翟振明教授、許暉和我以及眾多虛擬世界「狂熱分子」，在主要虛擬世界平台沒落後，依然懷着飽滿的熱情，探索數字化生存對人類的巨大影響，我們甚至創立了專門的論壇（www.kaitanla.com）發表對虛擬世界的觀點並時常展開激烈的討論。

2013 年初，我 33 歲，回到廣州，歷經一年，基於對未來虛擬社會、人工智能、區塊鏈、高速網絡、量子技術、生命科技、太空探索等綜合技術發展趨勢做了一個預判：21 世紀中葉，在我們有生之年，人類文明將因科技的綜合疊加效應向更高維度躍遷，作為「碳基生命」的人和「硅基智能」的計算機（如果屆時還稱呼其為計算機的話）將形成虛實相生、有機融合的全新形態，人類用最大的想像力去構建和創作這個世界都不為過⋯⋯結合自己對人生終極使命的思索，儘管條件非常不成熟，我毅然決定創立大西洲，全力實踐「人類數字化生存」命題和「虛擬世界與人類文明」的探索。傳統的「公司」，已經無法滿足構建虛擬世界的邊界，於是我將組織命名為「大西洲跨界創新機構」。在簡介上我敲下這段話：

> 大西洲，又稱亞特蘭蒂斯（Ατλαντις），是柏拉圖《對話錄》一書中記載的人類最高智慧和文明的理想國所在地，我們致力於用科技、商業和人文的力量，推動人類往更高級別的文明形態躍遷的事業。
>
> 使命 —— 勇探人類未至之境，用虛擬世界構建造福人類的文明新形態。
>
> 願景 —— 構建大西洲虛擬世界，讓人類通過感官沉浸和萬物智聯突破物理世界時空和資源限制，成為 n×10 億級別的人類生活、工作、創造、體驗的「新世界」，形成廣袤無垠且高度智慧的新文明。這種文明降低自然資源消耗，人類與地球萬物和諧共榮，成就更高維度的人生價值，讓人類作為宇宙智慧物種的存在有更深遠的意義。

彼時，翟振明教授正在「中山大學人機互聯實驗室」開展「虛擬 - 現

實無縫穿越系統」的研發。經過兩年的全球考察深入學習和團隊組建，我們於 2015 年正式和翟教授共建中山大學人機互聯實驗室，決定突破萬難攻克各類技術難題，找到「現實世界 — 虛擬世界 — 現實世界 ……」無盡循環的技術通路。經過兩年多在實驗室挑燈夜戰式的奮鬥，「虛擬 - 現實無縫穿越系統」2.0 版終於在 2016 年底徹底打通，原則上實現了人類「現實世界無縫穿越到虛擬世界 — 在虛擬世界沉浸（生存、生活乃至從事現實世界能做到的一切活動）、往更高維度時空中任意穿越 — 在虛擬世界反過來操控現實世界 — 從虛擬世界穿越回到現實世界」的整個人類未來文明形態閉環系統。該項目展示了一個「黑客帝國」般供人類生活的虛擬世界的原型，將網絡化的虛擬現實通過主從機器人與物理系統結合，展示一個以人替、人摹、人替摹、物替、物摹為主要存在物的虛擬世界，此世界又通過人替與物聯網中的物體互動，使人們無需走出虛擬空間就能實施對物聯網中各種對象的監控和操作。這種「擴展現實」（即以虛擬現實為基礎，將現實世界整合進來後的虛實共存的世界），是未來人類文明新形態的一個雛形。

「虛擬 - 現實無縫穿越系統」2.0 在業界產生很大的反響，迎來了來自全球包括 UNDP（聯合國開發計劃署）、蘋果、微軟、華為、騰訊、阿里、NASA、北大、清華、復旦等眾多的參觀者，並引出了和華為公司合作的「ER 原型系統」以及和中國科學院季華實驗室先進遙感技術研究室、廣州大學 R 立方研究所、英偉達寧波超算中心、山東未來網絡研究院等一系列機構的聯合研發合作和大量的商業應用。

2017 年之後，隨着技術體系的不斷積累和研發團隊的不斷充實，大西洲在虛擬世界元宇宙領域已成為全球僅有的掌握「現實 - 虛擬 - 現實」無縫穿越系統和元宇宙各關鍵技術通路的領先科技公司，產出了 100 餘項專利 / 著作權，開始了虛擬世界技術體系的對外釋放和產業化應用，至 2021 年底，已在世界範圍內為 30 多個產業（旅遊、互聯網、能源、交通、教育、醫療、地產、汽車、零售、展覽、演藝、體育、衛生、建築、金融、藝術、公益等領域）提供超過 300 多項虛擬世界元宇宙綜合科技解決方案。

圖 17　大西洲－中山大學人機互聯實驗室早期大量的虛擬世界研發探索

圖 18　大西洲虛擬世界研發和應用體系已產生大量商業應用

　　大西洲科技多年研發的「大西洲虛擬世界」，是涵蓋了雲存儲／計算／渲染技術、VR/AR/ER 虛實融合技術、光學動捕技術、人工智能技術、區塊鏈技術、物聯網技術、智能傳感技術、智能建模技術、3D 打印技術、動態光場技術、遙距操作技術等技術的綜合技術體系，是完全沉浸式的 3D 立體互聯網化的虛擬世界，已於 2021 年 7 月全球發佈上線。其中包含場景豐富的體驗中心、功能齊備的用戶中心、自選擇數字化身系統、自由度很高

圖 19　大西洲虛擬世界是全球最早完備上線的元宇宙平台

的社交系統，具備平面和立體的完整的創作中心、基於區塊鏈的虛擬資產
交易中心、以「人類文明貢獻值」為底層的經濟系統等，其內容來自與現
實世界 1:1 映射的鏡像世界，更多來自用戶創建的想像力的世界，已經進
化出虛擬世界元宇宙所必須具備的所有要素。人類可以進入大西洲虛擬世
界，進行自由的沉浸式的社交、創作、學習、生活、旅遊、會務、工作、
觀展等活動，具備了人類虛實交融未來文明的基礎功能。

　　除了大西洲虛擬世界平台，還有幾個突出研發和實踐是值得提及的：

一、大西洲 VR 主從機器人

　　大西洲 VR 主從機器人是翟振明教授 ER 概念中連接物理世界和虛擬
世界的重要載體，它是一種遙視操作系統。其特徵為：機器人作為從端，
以人的感知方式採集包括視頻、音頻等數據，通過網絡連接的方式反饋至
主端。操作人員佩戴 VR 頭盔瞬間以第一人稱視角進入機器人所在的場景
之中，實時獲取現場信息；並通過主端發送指令，控制從端機器人進行相
應的動作操作（以動作來控制，機器人跟操作人員的動作保持一致），以
此實現遠程信息獲取和操作控制。VR 主從機器人的最大特點在於：以人
的主動視覺實現遠程觀看，且從端機器人與主端控制者的動作是實時匹配
的，使人類不用從虛擬世界出來即可感覺到自己在操作物理世界，並實現

圖20　大西洲 VR 主從機器人成為 2019 中國發明展頭條新聞

人類主體意識的「空間穿越」。VR 主從機器人的應用將有效解決遠程醫療、遠程巡檢、遠程社交、跨地域考察、帶電作業、遠程會議、遠程生產、遠程培訓、跨物種視覺體驗等一系列實際問題。

二、大西洲數字化身系統

虛擬數字化身是虛擬世界元宇宙交互的主體，虛擬數字化身的逼真化實現是數字化生存的關鍵問題之一。伴隨 VR 硬件的迭代，具有面部捕捉功能的新一代 VR 頭盔臨近全球發佈，VR 將迎來一個高沉浸感、高互動性、高社交性的應用爆發期。大西洲運用自主研發的人像建模技術與高清渲染技術，實現超寫實的真人化身，且以 AI 技術賦予化身生命，由此支撐更豐富、生動的沉浸式交互體驗。

三、大西洲超高清數字資產生產系統和交易平台

U face 設備，是大西洲擁有自主知識產權發明專利的一套用於快速拍照建模的設備，根據所需拍攝物體不同的尺寸規格及材質，設備提供三種拍攝模式，分別為高反光材質拍攝模式、大規格物件拍攝模式、人像拍攝模式。此設備解決了快速拍照建模形成虛擬世界所需數字資產的問題，同其他拍照建模的方法相比，其生成的模型完整度更高，效率提升十倍以

圖 21　大西洲超寫實數字化身系統

上，適用的拍攝物體更加廣泛，不受物體規格尺寸、靜物及非靜物屬性的影響。解決了人像快速建模的問題，比其他人像拍照建模裝置更加簡易、便捷，且拍攝及設備成本更低，同時不受場地的約束，可移動性極強。U face 設備，成為了虛擬世界內容體系快速生成的重要生產工具。

　　大西洲虛擬資產交易平台，則是在大西洲虛擬世界中，凡是用戶創造的數字資產（文字、語音、照片、視頻、3D 模型、場景等）都可以融合區塊鏈技術進行「鑄造」，變成可確權、可溯源、受保護的數字權證，其他用戶可以進行選擇、購買、收藏、受贈、應用等。這在產業元宇宙領域中形成了可共享的大量的數字資產，降低模型的重複建模，可大大提升行

圖 22　U face 設備生成高清立體數字資產和交易平台的展示

業運行效率、降低整個產業鏈的成本；在消費元宇宙領域，由於產權受到加密技術的保護且可以通過經濟系統流通，可大大激勵創作者創作更有價值的數字資產，大大繁榮文化創意產業的興盛和傳播。

四、「致敬生命」人類數字化身計劃

2015 年，我基於對彭氏族譜的研究，認為虛擬世界的技術，能夠構建出一種高級族譜，甚至能實現人類在數字世界的「永生」，於是我發起了「致敬生命」人類數字化身計劃。該計劃將「數字生命」當成是嚴肅的話題，將「留下數字遺產」界定為人的生命曾經存在過，是新時代的一項基本權利，將人的時代性的生命軌跡、音容笑貌與周遭環境當成是數字資產進行採集和重現，並成立公益機構用切實的行動去踐行此計劃。

本項目最大的特色，是用 VR 虛擬現實技術，將在時空中不可複製的老人體態形象、生活場景、語音動作、房屋建築、個人物品、文字照片等進行數字化採集和保存，老人的後人或授權人可以通過 VR 虛擬現實設備身臨其境，「重回老人身邊」或「走進曾經的生活場景」，有了這些基本數據，再加入 AI 人工智能、大數據算法、虛擬世界引擎後，這些在時空中原來已永遠消失的場景和人物將再次「鮮活」過來，形成人類另一種生命形態 ——「數字生命」，在數字世界實現「永生」，成為人類文明存在和延續的重要組成部分。

圖 23　大西洲「致敬生命」人類數字化身計劃（1）

　　至 2021 年底，大西洲「致敬生命」人類數字化身計劃，已經在中國、美國、泰國三個國家的 20 餘個省份開展，為 100 多名老人建立了數字化身和虛擬世界個人館。「致敬生命」項目，因在科技、公益和人文方面的前瞻探索和突出貢獻，獲得聯合國 2018 年「全球社會影響力領袖獎」。

圖 24　大西洲「致敬生命」人類數字化身計劃（2）

圖 25　「致敬生命」公益行動在各地的開展

圖 26　「致敬生命」人類數字化身計劃的實踐獲得聯合國
2018 年「全球社會影響力領袖獎」

五、開創「吉尼斯世界紀錄」向虛擬世界進發之先河

2020 年，大西洲聯合 IAI 國際廣告節，發起了「虛擬世界」吉尼斯世界紀錄的挑戰，經過半年時間的開發，將 IAI 國際廣告節 20 年的廣告作品濃縮在大西洲虛擬世界的展館中並向全世界開放。2021 年 1 月，大西洲正式挑戰吉尼斯世界紀錄成功，創造了全球第一個在虛擬世界中誕生的吉尼斯世界紀錄，將成立 65 年以來的吉尼斯世界紀錄在物理世界的挑戰延展到廣袤無垠的虛擬世界，開創了人類在虛擬世界挑戰世界紀錄的先河，為新的挑戰者們在充滿想像力和創作力的數字世界中創造世界之最開闢了全新的模式和道路。

除了研發和產業應用，在大西洲實踐虛擬世界的這些年，還主辦或參加了大量社會活動：

2014 年，在韓國釜山國際廣告節作為中國代表發表《虛擬世界智慧新時代》的演講。

2015 年，在第 118 屆中國進出口商品交易會做《虛擬科技與智慧建築》演講並舉辦展覽，在第 16 屆 IAI 國際廣告節做《數字化生存已來》分享，在北京大學生命與思想論壇做分享，並舉辦虛擬世界展覽，啟動「致敬生命」人類數字化身計劃行動。

圖 27　大西洲於 2021 年引領人類開始在虛擬世界挑戰吉尼斯世界紀錄

2016 年，大西洲獲得最具社會價值企業金獎、「社投盟」（社會價值投資聯盟）盟創冠軍；在北大百年講堂做《讓生命在數字世界「永生」》演講，演講視頻多年後成為代表元宇宙的視頻在全球傳播；在硅谷與蘋果、谷歌、Facebook、特斯拉、斯坦福大學、伯克利大學等機構針對虛擬世界與未來文明進行了系列研討；在廣州舉辦了九部委虛擬世界新時代研討會；發表文章《顛覆重構一切的 VR 到底是什麼鬼？》文章，系統性梳理了虛擬世界的脈絡；接受《中國慈善家》採訪並發表《想要「永生」嗎？VR 讓你重新「活」過來》；在北京舉辦了「未來已來」虛擬世界論壇和「黑客帝國無縫穿越系統體驗展」；與超級計算機之最「天河二號」研討並融合合作；舉辦「VR+ 時代 —— 人類全新文明」分享會；在廣州太古匯落地首個虛擬世界＋零售商業項目；大西洲團隊受聘為南昌虛擬現實基地、貴安新區 VR 基地以及盤古智庫專家；在廣州塔舉辦虛擬世界展覽；上海分公司建立；「虛擬‑現實無縫穿越系統」2.0 建成；廣州美術學院完成虛擬世界＋環境藝術設計項目；投資首個大西洲生態鏈企業「三個世界」，開展數字資產專業化管理。

2017 年，R 立方（VR/AR/ER）研究所在廣州大學建立，大西洲校企聯合研發中心啟動；我發佈虛擬世界系列藝術作品《時間奇點》《黑客帝國》《光年船艙》《回來未來》《氤氳世界》；在清華大學研討虛擬世界底層規則，華為「ER 原型系統」聯合實驗室設立，啟動「家族元宇宙」項目；啟動和開展、參加金磚四國科技會議；舉辦「腦太空」虛擬世界藝術展；在正和島年會發佈「致敬生命，一場人類可持續發展計劃」；在社會創新論壇發表「數字世界讓生命永恆」演講並舉辦無縫穿越展覽；投資黑鏡科技子公司（元宇宙房產、金融）、溪山高科子公司（元宇宙保險）、美池桑竹科技（元宇宙會展）、玩兒吧科技（元宇宙旅遊）；攻克了 3D 無縫超高清採集系統，啟動了虛擬世界保存非物質文化遺產項目，建成了貝聿銘 100 周歲虛擬世界作品展館；發表文章《光、時空、虛擬世界與人類智慧》；翟振明教授成為中國科技與藝術委員主席團隊成員，在中國國家博物館做虛擬世界展覽，大西洲被中國慈展會評為「社會企業」。

　　2018 年，獲得聯合國「全球社會影響力領袖獎」，出席聯合國紐約總部「全球企業社會責任峰會」並發表演講；舉辦大西洲「科技＆藝術」年會，發佈第一個虛擬世界行為藝術；與香港大學、港交所舉辦區塊鏈和虛擬世界研討會；作為社會價值企業代表，前往 NASA 和奇點大學學習；投資嗨的演藝（最早進行數字虛擬人商業化的公司之一）、苔米科技（元宇宙教育培訓）；作為中國企業代表，出席聯合國總部 NGO 大會，登上了《中國日報》（*China Daily*）頭條；在廣州舉辦「先生歸來」虛擬世界藝術展；在上海舉辦第三屆全球虛擬現實大會；發表文章《明日世界將至 —— 虛擬世界七大趨勢》；受聘為國家藝術基金和四川美術學院講師，開設「虛擬世界是藝術綻放的天堂」講座，舉辦「新時代下科技與藝術融合研討會」；和中國聯通攜手舉辦虛擬世界產業應用展，在中航信託舉辦《關心人類、探索未來 —— 虛擬世界前沿探索》講座；受聘為中山大學、廣東金融學院校外導師並以「虛擬世界與人類文明」為主題授課；大西洲獲評「國家級高新技術企業」。

　　2019 年，在上海出席首屆「生命藝術節」並展示大西洲虛擬世界及人類數字化身項目；在深圳鵬湖文化促進會做《虛擬技術帶來的商業變革》分享；大西洲虛擬世界建築博物館全國巡展；大西洲虛擬世界智慧黨建系統在廣東省公安廳發佈；建成朱仁民虛擬世界藝術館，其成為第一個上線的元宇宙藝術館；大西洲在虛擬世界為祖國七十華誕獻禮；出席世界互聯網大會討論「人機共生」話題；用數字活化《清乾隆手繪農耕商貿圖》，並在廣東省博物館展出；大西洲作為粵港澳大灣區代表參加第二十三屆全國發明展；首次將塱頭古村古民居數字孿生到大西洲虛擬世界；召開上海金融業虛擬世界研討大會；華為「ER 原型系統」開發完畢，並在其總部 2012 實驗室完成部署；出席亞太商業領袖峰會研討「虛擬世界與未來教育」命題；大西洲團隊出席第九屆全國虛擬現實大會並做主旨演講。

　　2020 年，以建設虛擬世界中國抗疫博覽館的方式支持國家抗擊新冠疫情，研發上線大西洲虛擬世界直播系統支持國內疫情下商業升級；舉辦「科技時代打造多維立體競爭力」公益講座；參加海絲中心高新科技成就

展，子公司「嗨的演藝」首推虛擬人雲遊博物館並獲大量粉絲；和廣州美術學院舉辦「有無之間」虛擬現實的哲學探險論壇；成為中國進出口交易會的技術供應商，並建設虛擬展館，為疫情下的出口企業提供系統性解決方案；第五屆全球虛擬現實大會在元宇宙舉辦，舉辦企業家創新論壇用元宇宙為商業升級賦能；四川發展集團生態環保虛實融合項目啟動；大西洲虛擬世界沉浸式博覽系統正式為疫情下博物館提供服務；廣州美術學院畢業展在大西洲元宇宙舉辦；在浙江建德市乾潭鎮幸福村啟動「大西洲虛擬世界元宇宙賦能鄉村振興項目」；正式啟動虛擬世界吉尼斯世界紀錄挑戰；大西洲「致敬生命」助力幸福鄉村項目完成。

2021 年，衝擊全球首個虛擬世界吉尼斯世界紀錄成功；國慶上線全球首個元宇宙攝影展館；參加粵澳跨境金融合作數字金融論壇並發表《向虛擬世界元宇宙移民》演講；在山西盂縣鋼鐵廠拆除之際完成其在大西洲虛擬世界的建設，使其成為首個虛擬世界工業廢墟遺址；用虛擬世界技術助力山西雲丘山景區從 4A 級升為 5A 級；元宇宙文旅市場爆發，多個項目在全國開建，大西洲虛擬世界全面賦能文旅升級；大西洲張家界 72 奇樓燈光項目跨業取得全球第一；在 2021 傳鑒國際創意節做《虛擬世界定義未來》演講；開展「用科技與愛為生命擺渡 —— 大西洲助推十方緣公益事業蝶變項目」；大西洲用虛擬世界元宇宙慶賀建黨百年；在成都開展移民虛擬世界元宇宙分享；在中博會發佈「粵港澳大灣區時空幻城共建計劃」；大西洲「致敬生命」人類數字化身計劃登上《人民日報》；在「大灣區之聲」分享元宇宙；和華商律所共同啟動全球首個元宇宙律師事務所建設；在亞洲廣告節做《元宇宙賦能千行百業》演講；在橫琴數字經濟論壇發表以「虛擬世界與人類文明」為主題的元宇宙跨年演講，且演講是首次採用虛實相生、現在和未來穿越的方式。

2022 年，策劃推出「元宇宙之造世倫理學」系列；啟動真人明星數字雙生項目；發起成立廣州元宇宙創新聯盟，並在廣州南沙構建元宇宙產業集聚區；和陳建華先生共寫並向全國人大提交《用元宇宙復興戲劇文化的建議》；製作全球首部元宇宙戲劇《冼夫人》；在粵劇博物館建設全

球首個元宇宙劇場；大西洲虛擬世界元宇宙產業基地項目啟動；大灣區元宇宙產業應用示範中心建設啟動；舉辦「元宇宙電影是一場新革命嗎」學術論壇；和山東未來網絡研究院啟動與確定性網絡構建元宇宙底座的融合合作；啟動體育賽事虛實融合項目為杭州亞運會助力；在麗江啟動「全球虛實融合第一城 —— 麗江大西洲」元宇宙未來之城建設；啟動國家海防遺址公園元宇宙建設；啟動故宮「宮裏的世界」建設；啟動長城元宇宙建設……

2022 年 5 月至此文完成之時，虛擬世界的探索實踐一直在繼續……

以色列歷史學家尤瓦爾·赫拉利在《人類簡史》一書中，認為「虛擬」的能力是人類最獨特的競爭力。縱觀人類發展史，幾萬年前語言的應用使得人類成為團隊協作物種，成為能力超群的種群，七八千年前符號文字的應用讓信息和文明得以跨時空傳承，近代信息技術的發明又將人類世界帶進全新的數字時空。而虛擬世界和元宇宙，按照翟振明教授的看法：以往的技術，都是人類改造客體世界的技術，而虛擬世界技術，則是人類歷史上首次造成一個「世界」，一個人類原則上可以在裏面永遠生存、永遠不用出來的世界！這項綜合技術，將為人類開闢出廣袤無垠的「賽博宇宙」，將使人類文明發生巨大顛覆和迭變。

大西洲，不是一家公司，而是一種從追問人類終極形態之角度出發的探索精神和行動的象徵，短短十年，於宇宙歷史而言，是稍縱即逝，但在無盡的元宇宙開闢進程中，也只是剛剛開始。未來，大西洲將會把已經開發的虛擬世界成果向全人類開放，讓開發者和創作者在裏面揮灑智慧，使其變成人類文明的一部分。

虛擬世界對人類的影響是如此重大，我認為，有「身臨其境、時空穿越」特性的虛擬世界於人類而言，有三大作用：一是最大程度在保真度上傳承歷史文明；二是極大程度上真正解放人類；三是將人類的想像力和創造發揮到極致。而其底層，則是翟振明教授「為虛擬世界注入鮮活的人文理性」的核心思想。

圖 28 　新大西洲

　　茫茫宇宙，浩瀚蒼穹，人類的探索永不止步。

　　「歷史的天空閃爍幾顆星，人間一股英雄氣在馳騁縱橫……」勇探人類未至之境，在 21 世紀的東方，有一群人，以夸父逐日之志、精衛填海之行，在虛擬世界的探索中奮勇前行，只因堅信：人類文明之火種，在任何世界都不會熄滅。

附錄六
虛擬世界普遍法倡議

我們，虛擬世界的成員，為了促進安全、可靠和愉快的體驗，並創造一個安全公平的環境，特此擬出此倡議，因為我們認識到某些技術可能對我們的身心健康以及我們的隱私和自主權造成威脅。通過我們的集體努力，我們將盡最大努力保護虛擬世界的公民免受因不當使用技術而可能造成的任何傷害。

第一條：宗旨

提出本倡議是為了保護個人的權利和自由，並確保虛擬世界擁有更美好的未來。

管理機構的職責

第一節：管理機構應確保所有虛擬世界遵守數字貨幣和數字資產安全的電子標準。

第二節：管理機構還應制定準則，以確保所有虛擬世界貨幣都是合法和安全的。

第三節：管理機構應由理事會選舉產生的董事會、任命的執行董事和其他任命的成員組成。董事會由虛擬世界理事會選出的代表組成。執行董事由董事會任命。

第四節：管理機構有權制定和通過管理虛擬世界的法律法規。此類法律法規可能包括內容限制、用戶權利、遊戲內產權和遊戲內商業。

第五節：管理機構應接受定期審計，以確保其活動符合其制定的法律

法規。此類審核應由獨立的第三方審核員進行。

第二條：安全

第一節：管理機構應制定和實施安全措施，以保護虛擬世界的公民免受惡意行為者的侵害，包括殭屍網絡和其他形式的網絡犯罪。

第二節：管理機構應制定和實施指南和協議，以確保虛擬世界遵守與在線活動有關的法律法規。

第三條：基礎設施

第一節：管理機構應確保所有虛擬世界都能訪問可靠的網絡基礎設施，包括足夠的帶寬和速度。

第二節：管理機構應確保虛擬世界能夠訪問足夠的服務器資源，例如處理能力、數據存儲和虛擬內存。

第四條：貨幣

第一節：管理機構應確保所有虛擬世界都遵守數字貨幣和數字資產安全的行業標準。

第二節：管理機構應制定指導方針，以確保所有虛擬世界貨幣都是合法和安全的。

第五條：稅收

第一節：管理機構應制定法規，確保虛擬世界公民遵守適用的稅法。

第二節：管理機構應制定指導方針，以確保虛擬世界的公民和運營商繳納公平的稅款。

第三節：稅收不得用於侵犯個人權利。

第六條：執法制度及協議程序的制定

第一節：管理機構應制定執法制度，以確保虛擬世界公民遵守管理機構制定的法律法規。

第二節：管理機構應制定協議和程序，以確保虛擬世界的運營符合適用的法律法規。

第七條：基本權利

虛擬世界的每個公民都有以下權利：

1. 言論、表達和集會自由。

2. 隱私和安全。

3. 平等獲得優質教育。

4. 獲得法律顧問。

5. 免受身體、精神和情感傷害。

6. 不受種族與性別歧視。

7. 拒絕侵入性腦機接口技術。

第八條：限制

本倡議規定的權利應以下列方式受到限制：

1. 虛擬世界或物理世界的公民不允許任何形式的侵入性腦機接口技術對人的應用，因為它有可能威脅到公民的隱私、安全和福祉。

2. 虛擬世界的人不允許基於種族、性別、宗教、性取向或任何基於其他受保護特質的任何形式的歧視。

3. 虛擬世界的任何勢力不允許對公民或環境進行任何形式的剝削和濫用。

第九條：倡議的執行

本倡議採納後應由虛擬世界的理事會執行。各虛擬世界平台公司以及每個公民可以推薦候選人，最後投票選舉，人數待定，不少於三十人。

第十條：公民的義務

1. 虛擬世界參與者在進入虛擬世界前必須驗證身份。

2. 所有虛擬世界交易必須以準確和經過驗證的信息進行。

3. 嚴禁黑客等非法虛擬世界活動。

4. 虛擬世界用戶有欺凌、騷擾等不當行為的，將受到處罰。

5. 用戶必須遵守虛擬世界的服務條款和規定的任何附加規則，如果在虛擬世界中違反法律，則應根據虛擬世界中的身份作出裁決。

6. 用戶必須尊重他人的知識產權，包括版權和商標法、NFT 法，以及為保護開源代碼和軟件共享而制定的法律。

7. 任何違反任何法律或虛擬世界服務條款的用戶將被終止，除非申訴成功。

8. 用戶不得發佈仇恨言論、煽動暴力等攻擊性內容。

9. 垃圾郵件和黑客攻擊等破壞性行為是不被容忍的。

10. 所有虛擬世界物品必須通過合法途徑獲得。

11. 任何在物理世界中被認定為非法的虛擬世界物品或服務不得進入虛擬世界。

12. 用戶不得上傳任何病毒、木馬、蠕蟲、根工具包、惡意軟件或惡意代碼。

13. 用戶不得以欺詐手段獲取虛擬世界物品或服務。

14. 用戶不得試圖訪問虛擬世界的任何私人或機密區域。

15. 所有用戶必須遵守虛擬世界規定的安全程序。

16. 任何用戶不得破壞網絡性能或干擾其他用戶。

17. 用戶不得利用虛擬世界宣傳任何違法犯罪活動。

18. 虛擬世界必須確保所有個人或敏感數據的安全和私密性。

19. 用戶不得以濫用虛擬世界為目的創建多個賬戶，但可以創建多個化身代理。

20. 各方必須以負責任的方式使用虛擬世界，而不是以操縱的方式獲得霸權地位。

21. 所有虛擬世界內容必須適合年齡的限制。

22. 所有用戶在對待化身、化身代理和非玩家角色（NPC）時必須遵守虛擬世界的規則和規定。

23. 所有虛擬世界架構都必須安全、無害地搭建。

24. 所有虛擬世界用戶不得使用虛擬世界傳播垃圾郵件或植入木馬。

25. 所有虛擬世界用戶不得在虛擬世界進行不被對方想要的性行為。

26. 各方必須為了共同利益而使用虛擬世界。

27. 所有用戶必須在尊重他人尊嚴的情況下使用虛擬世界服務。

28. 所有虛擬世界用戶不得利用虛擬世界傳播任何形式的性命攸關的

宗教極端主義或狂熱主義。

29. 所有虛擬世界用戶不得試圖進入虛擬世界的任何限制區域。

30. 所有虛擬世界用戶不得擅自利用虛擬世界抄襲任何內容。

31. 確保人們在物理世界和虛擬世界中都免受傷害，同時考慮到這兩個世界的傷害的性質不同而處罰不同。

32. 確保虛擬犯罪者對其行為的常理可預見後果負責，對這些後果承擔責任。

33. 絕對不允許任何人用虛擬化身攻擊他人化身。任何人在虛擬世界和物理世界中進行攻擊，將根據其在兩個世界中後果的嚴重程度進行相應的處罰。

34. 虛擬對象的所有權和擁有權屬於參與創建或修改對象的所有人員。

35. 物理世界中的公眾人物的形象未經本人同意不得用作獲取商業利益的工具，否則用戶將承擔處罰責任。

36. 信任體系需要向電子領域轉移，成為一個客觀的可操作的系統。

37. 金融系統需要去中心化，數字貨幣需要推廣。

第十一條：修正案

本章程可經理事會多數票修改。任何修正案必須經理事會三分之二多數通過。

起草該普遍法的目的：促進安全、可靠和愉快的虛擬世界體驗，並創造一個安全公平的環境，因為我們認識到某些技術可能對我們的身心健康以及我們的隱私和自主權造成威脅。通過我們的集體努力，我們將盡最大努力保護虛擬世界的公民免受因不當使用技術而可能造成的任何傷害。

詞彙表

本體論

一種哲學探求，它詢問、討論以及試圖回答什麼是根本真實的存在或不真實的存在，以及為什麼如此的問題。

CCS

（參見「交叉通靈境況」。）

次因果的

本書所採納的一個特殊術語，用來指謂這樣一種物理過程（如計算機集成塊中的電子過程），其實現的唯一目的是支持預期的數碼過程。

對等性原理

可選擇感知框架間對等性原理指的是，支撐一定程度感知的一致性和穩定性的所有可能感知框架對於組織我們的經驗具有相同的本體地位。

交叉感知

對於兩種感覺樣式（典型的如視覺和聽覺）來說，每一種感覺樣式被提供的信號都是由原本向另一感覺樣式提供的信號轉化而來的；也就是說，光信號被轉化成聲音信號，被聽覺器官（耳朵）接收，而聲音信號被轉化成光信號從而被視覺器官（眼睛）接收。

交叉通靈境況

一種涉及兩個人的境況，在其中，每個人的大腦同另一個人的頸部以下部分通過遙距通訊裝置進行信息傳遞。

浸蘊的

在一個人的經驗中完全被人工環境環繞並且完全與自然環境的感知隔離。

浸蘊技術

一種代替自然刺激系統並將我們與自然世界中的自然刺激系統隔離開來的、對我們的感官產生與之完全協調的刺激的技術。

靈智因子

物理學法則中的一個因子，指示在此法則的描述過程中意識的參與；本書猜測在量子力學和狹義相對論中 -1 的平方根是靈智因子。

模擬

通過創造和運行特定的具有某種參量的計算機程序複製某一自然過程的相互作用模式。

人的度規

指人的獨一無二性，它在根本意義上將人與世界中的物體區分開來，其特徵是通過主體性三模式的交互作用產生的主體間的意義結。

人格同一性問題

關於什麼使得一個人不顧其千變萬化的屬性而仍然為同一個人的哲學問題。

人工智能（AI）

人造物體（如計算機、機器人等）的所謂智能。

人際的遙距臨境

通過遙距通訊的方式在一個人的大腦和另一個人身體的頸部以下部分之間建立起交叉信息聯繫。在這種狀況下，僅僅通過轉換聯繫狀態，一個人能夠移位到另一個人打算離去的地方。

人際遙距臨境社會

人們的功能性感覺器官可以通過遙距通訊相互交換的社會；社會的任何成員都可以不經由實際旅行來到共享身體之一所在的任何地方。

人偶

一個外表和舉止行為看起來像人但是沒有意識或者自我意識，也沒有第一人稱視角的東西。

賽博空間

一個完全被人工協調的系統，在其中各種感覺的刺激被結合起來感知為動態三維畫面；它與我們現在所稱的「物理空間」是本體地平行的，因為我們能夠同該空間的物體相互作用並因此能像在自然世界一樣有效地操縱物理過程。

賽博性愛

通過遙距臨境和遙距操作進行性體驗（包括性交），其經驗的部分在虛擬現實進行，而生育的部分在自然世界完成。

三條反射對等律：

1. 任何我們用來試圖證明自然實在的物質性的理由，在用於證明虛擬

現實的物質性時，具有同樣的有效性或無效性。

2. 任何我們用來試圖證明虛擬現實中感知到的物體為虛幻的理由，在用到自然實在中的物體上時，照樣成立或不成立。

3. 任何在自然物理世界中我們為了生存和發展需要完成的任務，在虛擬現實世界中我們照樣能夠完成。

協辯理性

理性的一種模式，其運作方式在於僅通過理由充分的論辯就一個斷言的有效或無效在協辯團體成員中間達成一致同意；協辯理性的核心是對述行一致的要求，也就是說，除了一般的形式邏輯的要求外，還要求所做斷言與作出這一斷言的行為之間的一致性。

形而上學

一種哲學探求，它詢問、討論以及試圖回答那些具有本體的重要性然而通過感覺感知無法觸及的問題。

虛擬現實（VR）

一種感覺感知的人工系統，將我們與自然實在區分開來，但是允許我們同樣地或更好地操縱物理過程並同他人相互作用，同時為擴展我們的創造力提供了前所未有的可能性。

虛擬現實的基礎部分

虛擬現實的一部分，在其中，我們同模擬物的相互作用引發自然實在過程。為了維持必需的農業和工業生產，通過機器人技術進行遙距操作，從而達到預期的結果。

虛擬現實的擴展部分

虛擬現實的一部分，其目的只是擴充人類創造性的經驗，這部分經

驗是我們在自然實在所不能達到的。它不必然需要如基礎部分的遙距操作。

遙距操作

藉助遙距臨境技術和相應的硬件設施從遙遠的地方操縱物理過程，而操作者感知為實地操作。

遙距控制（自內而外的）

在浸蘊環境中通過與賽博空間中的虛擬現實相互作用實現遙距操作從而操縱自然世界的物理過程。

遙距臨境

一個人在正常的意識狀態下，其感覺經驗在一個地方，而物理位置則在另一個地方。

遙距移位

一個人從一個地方轉移到另一個地方，這種轉移無需穿越兩地間的物理空間的連續移動過程。

意義結

指每一個體在過去、現在或者未來產生的許多意義項之間的非因果相互聯繫，它獨立於任一個體對它的認識。

因果的

在本書中，一個因果的（與次因果的相對）過程被定義為這樣一個物理相互作用的過程，它導致另一個物理過程，並且其作用目的不是促成一個平行的數碼過程。

整一性投射謬誤

是一種將獲得於探究者心靈的整一性誤作為在被客觀化地研究的大腦中發生的整一性的謬誤，後者是經典力學模式中的研究對象。

主體性

主體性是使人成為主體的東西，一個主體經由其主體性觀察而不能被觀察，感知而不能被感知，並因此是客觀性和有意義經驗的前提。

主體性的三個面相

即主體性的構成的、協辯的和意動的面相（見以下各項解釋）。

主體性的構成的面相

主體性的三種面相之一，其特徵是在給定框架內先驗地構成客觀性世界，其運作導致一個客觀化的物理實體世界與意識的分離。

主體性的協辯的面相

主體性的三種面相之一，其特徵是概念性／理論性和論辯性；就概念、斷言或者理論的有效、無效或者效力達成主體間的一致同意。

主體性的意動的面相

主體性的三種面相之一，其特徵是投射性和意願性；其運作導致向着被投射方向或多或少地改變現實的行動。

自然實在

如我們現在所習慣的被自然地給予的實在，與人工製造的虛擬現實相對。

參考文獻

中文文獻

翟振明：《虛擬實在與自然實在的本體論對等性》，《哲學研究》2001 年第 6 期。

翟振明、李豐：《心智哲學中的整一性投射謬誤與物理主義困境》，《哲學研究》2015 年第 6 期。

翟振明、彭曉芸：《「強人工智能」將如何改變世界 —— 人工智能的技術飛躍與應用倫理前瞻》，《學術前沿》2016 年第 7 期。

英文文獻

BENEDIKT, Michael(ed.). *Cyberspace*: *First Steps*, Cambridge/London: The MIT Press, 1991.

CHALMERS, David C. *Reality*+: *Virtual Worlds and the Problems of Philosophy*, New York: W. W. Norton & Company,2022.

DENNETT, Daniel C. *Consciousness Explained*, Boston: Little, Brown and Company, 1991.

DERTOUZOS, Michael L. *What Will Be*: *How the New World of Information Will Change Our Lives*, San Francisco: Harper Edge, 1997.

GIBSON, William. *Neuromancer*, New York: Ace Books, 1984.

HEIDEGGER, Marin. *Being and Time*, John Macquarrie& Edward Robinson（trans.）, NewYork: Harper & Row Publishers, 1962,

HEIM, Michael. *The Metaphysics of Virtual Reality*, New York/Oxford: Oxford University Press, 1993.

HUXLEY, Aldous. *Brave New World*, 2nd ed., New York: Haper & Row Publishers, 1946.

HUXLEY, Aldous. *Brave New World Revisited*, New York: Harper & Row Publishers, 1958.

LANIER, Jaron. "A Vintage Virtual Reality Interview", on his website at http://

www.well.com/user/jaron/vrint.html, available online, Oct., 1996. First published in *Whole Earth Review* titled: "Virtual Reality: An Interview with Jaron Lanier".

LARIJANI, L. Casey. *The Virtual Reality Primer*, New York: McGraw-Hill, Inc., 1994.

NELSON, Theodore. "Interactive Systems and the Design of Virtuality", in *Creative Computing*, Nov.-Dec., 1980, pp.56-62.

NOZICK, Robert. "Fiction", in *Ploughshares*, vol. 6, no. 3, 1980.

PIMENTEL, Ken & Teixeira Kevin. *Virtual Reality: Through the New Looking Glass*, New York: Windcrest Books, 1993.

PUTNAM, Hilary. *The Many Faces of Realism*, LaSalle: Open Court, 1987.

RHEINGOLD, Howard. *Virtual Reality*, New York: Summit Books, 1991.

SEARLE, John R. *The Rediscovery of the Mind*, Cambridge: The MIT Press, 1992.

SLOUKA, Mark. *War of the Worlds: Cyberspace and the High-Tech Assault on Reality*, New York: Basic Books, 1995.

STAPP, Herry P. "Why Classical Mechanics Cannot Naturally Accommodate Consciousness but Quantum Mechanics Can", in *PSYCHE*, vol.2, 1995.

TURKLE, Sherry. *The Second Self: Computers and the Human Spirit*, New York: Simon &Schuster, 1984.

TURKLE, Sherry. *Life on the Screen: Identity in the Age of the Internet*, New York: Simon & Schuster, 1995.

WALKER, John. *Through the Looking Glass*, Sausalito: Autodesk,Inc., 1988.

WEXELBLAT, Alan (ed.). *Virtual Reality: Applications and Explorations*, Boston: Academic Press Professional, 1993.

Zhai Zhenming. *The Radical Choice and Moral Theory: Through Communicative Argumentation to Phenomenological Subjectivity*, Dordrecht/Boston: Kluwer Academic Publishers, 1994.

中文修訂版致謝

本書的中文修訂版，得到廣州大學的認同和支持，在此表示感謝。

本書在修訂過程中，還得到大西洲科技有限公司的科技實踐支撐，其創始人彭順豐先生對擴展現實技術的深刻理解及其團隊的努力，使本書的技術設計方案的落實得到保證，對展示本書作者的超前理念起到了重要的作用，在此一併致以真誠的謝意。

翟振明

再版說明

　　本書的主體內容原為英文，題為 *Get Real: A Philosophical Adventure in Virtual Reality*，於 1998 年由美國的 Rowman & Littlefield Publishers 出版，中譯本由孔紅豔女士譯。本書的論文及訪談部分是 2015 年以後的作品，原文皆為中文，標題和內容稍經加工修改。本書成書期間「元宇宙」還沒有流行，其實本書討論的問題已大大超出了元宇宙的概念，主要是引入了主從機器人的設置，使得網絡化的虛擬現實與物聯網完全融合，以至於人們不用出門，就可以永遠生活在虛擬世界中。為此，本書也可以看成是早期「元宇宙」問題討論的 1998 年版本。

虛擬現實的哲學探險

翟振明　著

責任編輯　李夢珂　王　穎
裝幀設計　鄭喆儀
排　　版　黎　浪
印　　務　劉漢舉

出版　　開明書店
　　　　香港北角英皇道 499 號北角工業大廈一樓 B
　　　　電話：（852）2137 2338 傳真：（852）2713 8202
　　　　電子郵件：info@chunghwabook.com.hk
　　　　網址：http://www.chunghwabook.com.hk

發行　　香港聯合書刊物流有限公司
　　　　香港新界荃灣德士古道 220-248 號
　　　　荃灣工業中心 16 樓
　　　　電話：（852）2150 2100 傳真：（852）2407 3062
　　　　電子郵件：info@suplogistics.com.hk

印刷　　美雅印刷製本有限公司
　　　　香港觀塘榮業街 6 號 海濱工業大廈 4 樓 A 室

版次　　2024 年 2 月初版
　　　　© 2024 開明書店

規格　　16 開（240mm×160mm）

ISBN　　978-962-459-280-1